König/Klocke · Blechbearbeitung

Studium und Praxis

Fertigungsverfahren

Band 5
Blechbearbeitung

Prof. em. Dr.-Ing. Dr. h.c. mult. Wilfried König VDI
Prof. Dr.-Ing. Fritz Klocke VDI

Dritte, überarbeitete und erweiterte Auflage

SPRINGER-VERLAG BERLIN HEIDELBERG GMBH

Die Deutsche Bibliothek – CIP-Einheitsaufnahme

König, Wilfried:
Fertigungsverfahren / Wilfried König ; Fritz Klocke.
(Studium und Praxis)
Bd. 5. Blechbearbeitung. – 3., überarb. und erw. Aufl. – 1995
ISBN 978-3-662-11734-7 ISBN 978-3-662-11733-0 (eBook)
DOI 10.1007/978-3-662-11733-0

Ursprünglich erschienen bei VDI-Verlag GmbH, Dusseldorf 1995
Softcover reprint of the hardcover 4th edition 1995

Herstellung: PRODUserv, Berlin
Datenkonvertierung: Fotosatz-Service Köhler OHG, Würzburg

ISBN 978-3-662-11734-7

Vorwort

zum Kompendium „Fertigungsverfahren“

Schlüsselfunktionen für die Qualität und die Wirtschaftlichkeit der industriellen Produktion sind die Verfahrenswahl und die Verfahrensgestaltung in der Fertigung. Die Technologie der Fertigungsverfahren gehört zum elementaren Rüstzeug des Fertigungsingenieurs. Auch der Konstrukteur muß sich auf diesem Gebiet orientiert haben, da bereits bei ihm die Verantwortung für die Herstellungskosten beginnt. Allerdings steht der Studierende wie auch der um seine Fortbildung bemühte Praktiker vor einem Informationsproblem. An einer umfassenden und dennoch überschaubaren Darstellung der Fertigungsverfahren, deren Augenmerk sich besonders auf die Technologie richtet, fehlte es bisher.

Diesem Bedürfnis entsprechend soll in den hier vorliegenden Bänden ein Gesamtbild der wichtigsten umformenden und trennenden Fertigungsverfahren gezeichnet werden, das über die Darstellung der reinen Verfahrensprinzipien hinaus vor allem auch Einblick in die ihnen zugrunde liegenden Gesetzmäßigkeiten vermittelt, wo immer dies für das Prozeßverständnis notwendig ist.

Die Auslegung der Maschinenbauteile, der Antriebe und Steuerungen wird ebenfalls in dieser Buchreihe „Studium und Praxis“ von M. Weck unter dem Titel „Werkzeugmaschinen-Fertigungssysteme“ ausführlich behandelt. Auf Wirtschaftlichkeitsfragen sowie auf die optimale organisatorische Einbindung der Maschinen in den Produktionsprozeß geht W. Eversheim in den Bänden „Organisation in der Produktionstechnik“ ein.

Die Aufteilung des Werkes „Fertigungsverfahren“ in:

Band 1: Drehen, Fräsen, Bohren,
Band 2: Schleifen, Honen, Läppen,
Band 3: Abtragen,
Band 4: Massivumformung und
Band 5: Blechbearbeitung

faßt jeweils Verfahrensgruppen ähnlichen Wirkprinzips zusammen.

Dabei wurde lediglich im Bereich der Umformtechnik eine werkstückbezogene Unterteilung vorgenommen. Dem ersten Band ist ein verfahrensübergreifender Abschnitt zu den Toleranzen und den Fragen der Werkstückmeßtechnik in der Fertigung vorangestellt. Innerhalb der einzelnen Bände wurde versucht, eine enzyklopädische Verfahrensaufzählung zu vermeiden. Die logischere und auch didaktisch richtigere Struktur geht vom gemeinsamen Wirkprinzip aus, leitet davon die Beanspruchung der Werkzeuge ab und folgert daraus wiederum deren beanspruchungsgerechte Gestaltung und Zusammensetzung. Erst dann teilt sich der Weg zu den einzelnen Verfahren.

Die Buchreihe ist in erster Linie für den Nachwuchs im Bereich der Fertigung und Konstruktion bestimmt. Ihm soll sie die Technologie der Fertigungsverfahren vermitteln. Mit Nutzen wird auch der Berufspraktiker den einen oder anderen Band zur Hand nehmen, um seine Kenntnisse aufzufrischen oder zu erweitern. Die Vielfalt der Fertigungsprobleme ist so groß wie die Vielzahl der Produkte, und allein mit Lehrbuchweisheiten sind sie nicht zu lösen. Wir wünschen diesem Buch, daß es seinen Lesern vielmehr Ausgangspunkte und Wege bietet, auf denen sie durch ingenieurmäßiges Denken zu erfolgreichen Lösungen gelangen können.

Aachen, im Oktober 1995

Wilfried König
Fritz Klocke

Vorwort zum Band 5

Blechbearbeitung

Nach der Behandlung der Fertigungsverfahren Zerspanen, Abtragen und Massivumformung in den Bänden 1 bis 4 des Kompendiums faßt Band 5 die zur Verarbeitung von Blechen wesentlichen Verfahren der Blechumformung einschließlich des Trennens zusammen. Beide Verfahrensgruppen stehen in engem Zusammenhang, da für fast jedes aus Blech herzustellende Teil entweder der Rohling aus Blech ausgeschnitten wird oder das Fertigteil nach dem Umformen vom Blechstreifen getrennt werden muß. In diesem Band sind auch innovative Verfahren zur Blechbearbeitung beschrieben, die sich zum Teil noch im Laborstadium befinden bzw. schon industriell eingesetzt werden.

Die Gliederung dieses Bandes lehnt sich nicht an DIN 8582 an, die die Umformverfahren nach der Werkstoffbeanspruchung unterscheidet. Aus praxisbezogenen Erwägungen haben wir eine Einteilung gewählt, bei der zuerst die Grundlagen der Blechumformung erläutert werden und anschließend eine Darstellung der einzelnen Blechumformverfahren folgt.

Im einzelnen werden die Verfahren Tiefziehen, Kragenziehen, Streckziehen, Drücken, Biegen und Schwenkbiegen mit Verfahrensprinzip, Verfahrensvarianten, Formänderungen, Prozeßkräften und Fertigungsbeispielen erläutert. Es schließt sich eine Beschreibung von Sonderverfahren der Blechumformung an, die sich mit den Verfahren Innenhochdruckumformung, superplastisches Umformen, Formgebung mit dem Laser und der schnellen magnetischen Umformung befaßt. Der zweite Teil des Buches ist den Verfahren des Trennens gewidmet. Ausgehend von dem am häufigsten angewandten Verfahren des konventionellen Schneidens wird auf das Genauschneidverfahren Feinschneiden näher eingegangen. Zum Abschluß des Bandes werden die Verfahren mit energiereichen Strahlen, nämlich das Laserstrahlschneiden und das Wasser-Abrasivstrahlschneiden, beschrieben.

Dieses Buch basiert auf der Vorlesung Fertigungstechnik II und den dazugehörigen Übungen, die an der RWTH Aachen gehalten werden.

Für ihre Unterstützung bei der Erstellung dieses Buches danken wir unseren Assistenten, den Herren Dipl.-Ing. C. Dietz, Dipl.-Ing. J.-A. Fan, Dipl.-Ing. H.-J. Herfurth, Dipl.-Ing. J. H. Li, Dr.-Ing. J. Lennartz,

Dipl.-Ing. R. Lenzen, Dr.-Ing. M. Schmelzer, K. Sweeney M.Sc. sowie Herrn Dipl.-Ing. C. Rentsch, der auch für die Koordination der Arbeiten an diesem Buch verantwortlich war.

Ferner gilt unser Dank auch den ehemaligen Assistenten, die bei der Erstellung der 1. Auflage mitgewirkt haben und jetzt leitende Positionen in der Industrie einnehmen.

Unser Dank gilt weiterhin den Mitarbeiterinnen und Mitarbeitern der Metallographie und des Technischen Büros sowie dem VDI-Verlag für die Unterstützung bei der Erstellung und Verlegung des Buches.

Aachen, im Oktober 1995

Wilfried König
Fritz Klocke

Inhalt

Formelzeichen und Abkürzungen

Großbuchstaben

A	mm^2	Querschnittsfläche
A_g	%	Gleichmaßdehnung
A_N	mm^2	vom Niederhalter beaufschlagte Fläche
A_S	mm^2	Schnittfläche
A_q	mm^2	Schnitteilfläche
A_z	mm^2	Oberfläche des Fertigteils
A_0	mm^2	Ausgangsfläche
A_1	mm^2	Fläche nach der Umformung
A_5, A_{10}	%	Bruchdehnung
C	–	Dehnungskoeffizient
C	N/mm^2	Werkstoffkonstante
C_1	–	Scherfestigkeitsfaktor
E	N/mm^2	Elastizitätsmodul
E_1	–	Wärmeeinflußzone
F	N	Kraft
F_a	N	Axialkraft
F_b	N	Biegekraft
F_G	N	Gegenkraft
F_h	N	Horizontalkraft
F_N	N	Niederhalterkraft
F_q	N	Querkraft
F_R	N	Reibkraft
F_R	N	Ringzackenkraft
F_n	N	Normalkraft
F_r	N	Radialkraft
F_S	N	Schneidkraft
F_S	N	Schließkraft
F_{SB}	N	Biegungsanteil der Streifenziehkraft
F_{SG}	N	Streifengegenkraft
$F_{S\,max}$	N	maximale Schneidkraft
$F_{Sp\,max}$	N	maximale Einspannkraft
F_{St}	N	Stempelkraft
F_{SZ}	N	Streifenziehkraft

F_t	N	Tangentialkraft
F_u	N	Umformkraft
F_Z	N	Ziehkraft
$F_{Z\,id}$	N	ideelle Ziehkraft
$F_{Z\,max}$	N	maximale Ziehkraft
HV	–	Härte nach Vickers
I(x,y)	W/cm^2	Laserstrahlintensitätsverteilung
K	–	Korrekturwert
L	µm	Korngröße
N_b	–	Biegezahl
Nd:YAG	–	Neodym: Yttrium-Aluminium-Granat
P_L	W	Laserleistung
R_a	µm	Mittenrauhwert
$R_{c\,0,2}$	N/mm^2	0,2-%-Stauchgrenze
R_m	N/mm^2	Zugfestigkeit
$R_{p\,0,2}$	N/mm^2	0,2-%-Dehngrenze
R_t	µm	maximale Rauhtiefe
R_Z	µm	gemittelte Rauhtiefe
S_1	mm	Wanddicke
U	mm	Kragenumfang
W_S	Nm	Schneidarbeit

Kleinbuchstaben

a	–	Flächensegment
a	mm	minimale Stegbreite bei Schnitteilen
a	mm	Dicke
a_D	mm	Abstand zwischen Düse und Werkstückoberfläche
b	mm	Breite
b	mm	Einspannbreite
b	–	Flächensegment
b	mm	Ursprungsbreite
b′	–	Flächensegment
b_a	mm	Schrumpfbreite
b_G	mm	Gratbreite
b_i	mm	Endbreite
b_{SO}	mm	Schnittfugenbreite auf der Werkstückoberseite
b_{SU}	mm	Schnittfugenbreite auf der Werkstückunterseite
b_0	mm	Breite vor der Umformung
b_0	mm	Breite der strahlbeeinflußten Zone
b_1	mm	Breite nach der Umformung

c	–	Korrekturkoeffizient
c	–	Mindestrundungsfaktor
d_F	mm	Durchmesser der Fokussierung
d_m	mm	mittlerer Zargendurchmesser
d_M	mm	Matrizendurchmesser
d_N	mm	nomineller Düsendurchmesser
d_P	µm	Partikeldurchmesser
d_{St}	mm	Stempeldurchmesser
d_w	mm	Rollendurchmesser
d_0	mm	Vorlochdurchmesser
d_0	mm	Durchmesser vor der Umformung
$d_{0\,max}$	mm	maximaler Durchmesser vor der Umformung
d_1	mm	Durchmesser nach der Umformung
e	–	Basis der natürlichen Logarithmen
e	mm	Stempelabsatz
h	mm	Napfhöhe
h	mm	Höhe
h	mm	Kragenhöhe
h	mm	Schwenkwangenverstellung
h_E	mm	Einzughöhe
h_G	mm	Grathöhe
h_K	mm	Kerbtiefe
h_R	mm	Höhe der Restschnittzone
h_R	mm	Gesamthöhe der Ringzacke
h_S	mm	Höhe der Glattschnittzone
h_0	mm	Höhe vor der Umformung
Δh	mm	Meßabstand
k	–	Verhältnis von gewünschtem zu gefordertem Biegewinkel (Rückfederungsfaktor)
k_f	N/mm²	Fließspannung
k_{fm}	N/mm²	mittlere Fließspannung
k_S	–	Schneidwiderstand
l	mm	Länge
l_F	mm	Länge der Fokussierung
l_g	mm	Summe der Schnittlinienlängen
l_R	mm	Länge der Ringzacke
l_S	mm	Länge der Schnittline
l_0	mm	Länge vor der Umformung
l_1	mm	Länge nach der Umformung
n	–	Verfestigungsexponent
m	–	Geschwindigkeitsexponent
$\dot{m}_A$	kg/min	Feststoffmassenstrom

p	N/mm^2	Druck
p_i	N/mm^2	Innendruck
p_k	N/mm^2	Innendruck
p_N	N/mm^2	Niederhalterdruck
$p_{N\,max}$	N/mm^2	maximaler Niederhalterdruck
r	mm	Biegeradius
r	–	senkrechte Anisotropie
$\overline{r}$	–	mittlerer Wert der senkrechten Anisotropie
Δr	–	ebene senkrechte Anisotropie
r_a	mm	Biegeradius auf Außenseite
r_i	mm	Biegeradius auf der Innenseite
$r_{i\,min}$	mm	kleinstmöglicher Biegehalbmesser
r_k	mm	ausformbarer Radius
r_R	mm	Abrundungsradius des Ziehringes
r_{sp}	mm	Auflageradius
r_{St}	mm	Stempelkantenradius
r_u	mm	Gesenkradius
s	mm	Blechdicke
s	mm	Werkstückdicke
Δs	mm	Meßabstand
s_a	mm	Werkzeugweg
s_0	mm	Ausgangsblechdicke
s_1	mm	Blechdicke nach der Umformung
s_1	mm	Schrumpfdicke
s_1	mm	Wanddicke
t	mm	Breitenabnahmebetrag
t_R	mm	Einrißtiefe
u_s	%	bezogener Schneidspalt
u_z	mm	Ziehspalt
v_F	m/min	Vorschubgeschwindigkeit
w_S	mm	Biegewangenschienenlänge
x	mm	Schneidweg

Griechische Buchstaben

α	°	Biegewinkel
α	°	Ziehspaltöffnungswinkel
α	°	Abstreckwinkel
α_s	°	Schwenkwinkel
α_1	°	erforderlicher Biegewinkel am Biegewerkzeug
α_2	°	gewünschter Biegewinkel
β	–	Drückverhältnis

β	–	Ziehverhältnis
β_{max}	–	maximal zulässiges Drückverhältnis
β_{max}	–	Grenzziehverhältnis
β_0	–	Tiefziehverhältnis nach dem Erstzug
β_1	–	Tiefziehverhältnis nach dem Zweitzug
β_{100}	–	Grenzziehverhältnis für ein Blechdickenverhältnis von $d_0/s_0 = 100$
ε	°	Öffnungswinkel des Schermessers
ε_{aB}	–	maximal zulässige Dehnung der Außenfaser
η_F	–	Umformwirkungsgrad
φ	–	Umformgrad
φ_b	–	Umformgrad in Breitenrichtung einer Zugprobe
φ_g	–	Gleichmaßumformgrad
φ_r	–	logarithmische Formänderung
φ_v	–	Vergleichsumformgrad
$\varphi_1, \varphi_2, \varphi_3$	–	Hauptumformgrade
$\dot{\varphi}$	s^{-1}	Umformgeschwindigkeit
λ	µm	Wellenlänge
μ	–	Reibungskoeffizient
μ_{SZ}	–	Streifenreibungszahl
ρ	mm	Krümmungsradius
ρ_W	mm	Rollenkrümmung
σ_V	N/mm^2	Vergleichsspannung
σ_r	N/mm^2	Radialspannung
σ_t	N/mm^2	Tangentialspannung
σ_z	N/mm^2	Axialspannung
τ_B	N/mm^2	Scherfestigkeit
τ_S	N/mm^2	Schneidspannung

1 Einleitung

Die Verfahren der Umformtechnik sind in der DIN 8582 zusammengefaßt und nach ihrer „Beanspruchung“, d.h. den überwiegen wirksamen Spannungen, gegliedert. Unabhängig hiervon wird in der Praxis zwischen der Massiv- und der Blechumformung unterschieden. Letztere läßt sich dadurch charakterisieren, daß flächenhafte Hohlteile umgeformt werden, ohne die gleichmäßige Ausgangswanddicke wesentlich zu verändern.

Die in diesem Band vorgestellten Fertigungsverfahren beziehen sich in der Regel auf Verfahren, mit denen Feinblech bis 3 mm umgeformt werden kann, und auf Trennverfahren für Bleche bis 20 mm und somit Grobbleche.

Funde aus Ägypten und Mesopotamien zeigen, daß bereits gegen Ende des 4. Jahrtausends v. Chr. Gefäße aus Gold und Silber durch Handtreiben hergestellt wurden [233]. Als Werkzeug diente dabei ein Hammer aus Stein, der erst sehr viel später, im 9. Jahrhundert v. Chr., durch den wirkungsvolleren Stielhammer aus Metall abgelöst wurde [143].

Die Basis für eine breite Anwendung der Blechumformung wurde im 18. Jahrhundert durch das Walzen von Eisen-Feinblechen geschaffen. Hohlteile, die bereits im Mittelalter von „Fingerhütern“ und „Schellenmachern“ erzeugt worden waren, wurden in zunehmendem Maß durch Ziehen mit Hilfe von Vorrichtungen hergestellt, aus denen im 19. Jahrhundert die Ziehpressen entstanden. Zusammen mit der Entwicklung des Flußstahls waren damit die Grundlagen für den großindustriellen Einsatz der Verahren der Blechumformung, insbesondere des Tiefziehens, geschaffen, die in den zwanzigern Jahren dieses Jahrhunderts durch den steigenden Bedarf der Automobilindustrie einen entscheidenden Impuls erhielten.

Intensive Arbeiten auf dem Gebiet der Werkstofftechnik und Verfahrensentwicklung ermöglichten, Bauteile aus Blech zu fertigen, die früher nur durch Gießen, Schmieden oder mittels spanender Verfahren herstellbar waren.

Die Bedeutung der Blechumformung kann an der Produktion von kaltgewalzten Feinblechen abgeschätzt werden, die 1992 in der Bundesrepublik

Deutschland mit 9,5 Mill. t rd. 1/3 der gesamten Walzstahlproduktion ausmachte [260].

Durch die Anwendung neuer Technologien, wie der Laserbearbeitung, und den Einsatz numerischer Steuerungen gelang es, die Flexibilität einiger Verfahren so weit zu steigern, daß auch mittlere und kleine Stückzahlen wirtschaftlich gefertigt werden, die den konventionellen Verfahren aus wirtschaftlichen oder technischen Gründen bisher versagt waren. Die Blechumformung steht dabei in ständigem Wettbewerb mit anderen Technologien und Werkstoffen, insbesondere mit den Verfahren der Kunststofftechnik und ihren Produkten.

Für die Weiterentwicklung der Verfahren und das Auffinden neuer Einsatzgebiete ist die Kenntnis der Umformeigenschaften der zu verarbeitenden Blechwerkstoffe, insbesondere im Hinblick auf den steigenden Anteil höherfester Qualitäten, von grundlegender Bedeutung. Neben den bekannten Werkstoffkenngrößen sind hierzu in der Praxis Prüfverfahren und Kennwerte erarbeitet worden, mit deren Beschreibung dieses Buch beginnt.

2 Grundlagen der Blechumformung

Die in der Blechumformung verarbeiteten Bleche haben im allgemeinen eine Dicke bis zu 3 mm und werden durch das Flach-Längswalzen hergestellt, Bild 2–1.

Als Vormaterial werden heute größtenteils stranggegossene Brammen verwendet, aus denen Warmband bei Temperaturen weit über der Rekristallisationstemperatur erzeugt wird [61]. Warmband ist ein warmgewalztes Flachfertigerzeugnis mit einem etwa rechteckigen Querschnitt, dessen Breite wesentlich größer ist als seine Dicke.

Da Warmband die Qualitätsanforderungen der weiteren Blechverarbeitung in bezug auf Dickentoleranzen und Oberflächengüte meistens nicht erfüllen kann, wird es als Vormaterial im Kaltwalzwerk häufig nach einer entsprechenden Vorbereitung der Oberfläche durch Kaltwalzen zu Feinblech verarbeitet, wobei sich nach dem Kaltwalzen in der Regel noch weitere Verarbeitungsschritte wie Rekristallisationsglühen und Nachwalzen anschließen. Darüber hinaus ist auch die Beschichtung kaltgewalzter Bänder zur Vermeidung von Korrosion möglich [218; 262].

Die durch das Kaltwalzen entstandene Verfestigung wird nach dem Rekristallisationsglühen wieder abgebaut. Vor dem Nachwalzen kann auf

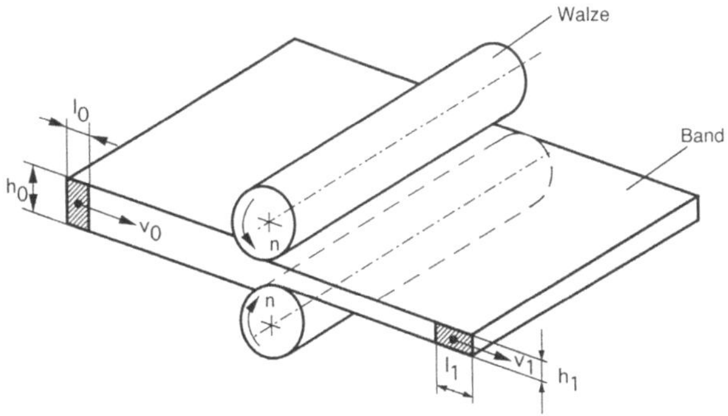

Bild 2–1. Prinzip des Flach-Längswalzens.

der Walzenoberfläche durch gezielte Präparationsverfahren wie Bestrahlen mit Stahlkies, Laserstrahl oder Elektroerodieren eine bestimmte Rauheitsstruktur erzeugt werden, wodurch dem Band bei anschließendem Nachwalzen die erwünschte Oberflächenbeschaffenheit aufgeprägt werden kann [231].

Die Eigenschaften eines Bleches werden neben seiner chemischen Zusammensetzung auch von den vorangegangenen Erzeugungsbedingungen bestimmt [262]. So beeinflussen z.B. die Walztemperatur und die Abkühlgeschwindigkeit beim Warmwalzen die Gefügebildung des Bandes. Die Gefügebildung bestimmt wiederum die mechanischen Eigenschaften und somit die Umformeignung des Blechwerkstoffs bei der nachfolgenden Umformverarbeitung.

Beim Kaltwalzen wird das Band gestreckt, wobei seine Dicke verringert wird. Durch die Streckung können unterschiedliche mechanische Eigenschaften bzw. differenziertes Umformverhalten in Walz- und Querrichtung des Bleches hervorgerufen werden. Auch die Oberflächengüte des Bleches nach dem Walzen ist für eine optimale Weiterverarbeitung von großer Bedeutung, da sie die Reibungsverhältnisse in der Kontaktfläche zwischen Werkzeug und Blech mitbestimmt [231].

Zur Auslegung umformtechnischer Prozesse sind daher Kenngrößen definiert, die das Verhalten des Blechwerkstoffs während der Umformung beschreiben. Darüber hinaus gibt es verschiedene Verfahren, mit denen die Umformeignung des Blechwerkstoffs und die Reibungsverhältnisse in der Wirkfuge bestimmt werden können.

2.1 Kenngrößen zur Beschreibung der Blecheigenschaften

Die wichtigste Kenngröße ist die Fließkurve des umzuformenden Materials, mit der die Spannungsverteilung, der Kraft- und Arbeitsbedarf eines Umformvorgangs sowie die Festigkeit des gefertigten Teils ermittelt werden können.

Darüber hinaus sind differenzierte Aussagen über die Eignung von Blechwerkstoffen für bestimmte Umformverfahren mit Hilfe des Verfestigungsexponenten n und des Anisotropiewertes r möglich.

2.1.1 Fließkurve

Zur Umformung muß plastisches Fließen im Werkstoff ausgelöst und während des Prozesses aufrechterhalten werden [210]. Dabei wird die Spannung, die notwendig ist, um bei einachsigem Spannungszustand das plastische Fließen des Werkstückstoffs zu bewirken, als Fließspannung bezeichnet. Wird die wirkende Kraft mit F und die tatsächliche Fläche mit A bezeichnet, so ergibt sich die Fließspannung aus:

$$k_f = \frac{F}{A}. \tag{2-1}$$

Sie wird in der Regel über dem Umformgrad aufgetragen und in Form von Fließkurven dargestellt. Die Übertragung der Fließspannung von einachsigen auf mehrachsige Spannungszustände ist durch die Fließbedingungen von *Tresca* und *v. Mises* möglich (s. Bd. 4, Abschn. 3.1.3). Es wird eine Vergleichsspannung σ_v errechnet, die dann bei einem Vergleichsumformgrad φ_v mit der Fließspannung k_f verglichen wird.

Die Fließkurven der wichtigsten unlegierten und legierten Stähle und Nichteisenmetalle für die Kaltumformung sind in der VDI-Richtlinie 3200 [278] zusammengestellt.

2.1.1.1 Aufnahme von Fließkurven

Fließkurven werden in der Regel durch Versuche ermittelt. Das Verfahren zur Aufnahme von Fließkurven sollte grundsätzlich so ausgewählt werden, daß Spannungs- und Dehnungsverhältnisse denen des auszulegenden Umformverfahrens möglichst nahe kommen.

Da diese Forderung mit Ausnahme von wenigen Einzelfällen nur schwer realisierbar ist, bevorzugt man für den Bereich der Blechumformung häufig die versuchstechnisch relativ einfachen Verfahren Zugversuch, Flachstauchversuch und hydraulischer Tiefungsversuch.

2.1.1.1.1 Zugversuch

Im Zugversuch nach DIN 50114 [272] wird eine maßlich festgelegte Flachprobe kontinuierlich bis zum Bruch belastet, Bild 2–2. Da im Bereich der Gleichmaßdehnung eine weitgehend gleichmäßige Belastung der Probe über dem Querschnitt vorliegt, ergibt sich die Fließspannung aus:

$$k_f = \frac{F}{A} = \frac{F}{A_0}\, e^{\varphi_v} \tag{2-2}$$

mit

$$l \cdot A = l_0 \cdot A_0 \tag{2-3}$$

und

$$\varphi_v = \ln \frac{l}{l_0} = \ln \frac{A_0}{A}. \tag{2-4}$$

Der Vorteil des Verfahrens besteht darin, daß im Zugversuch neben der Fließkurve auch die Anisotropiekennwerte ermittelt werden können (s. Abschn. 2.1.3). Zudem kann man mit der im Flachzugversuch gemessenen Bruchdehnung ein Maß für das Umformvermögen eines Blechwerkstoffs gewinnen.

Nachteilig ist, daß der Flachzugversuch auf den Bereich niedriger Umformgrade beschränkt ist, da er nur die Aufnahme von Fließkurven unterhalb der Gleichmaßdehnung gestattet. Eine Auswertung im Bereich der Einschnürung ist mit üblichen Mitteln nicht möglich, zumal die Einschnürung im allgemeinen nicht senkrecht zur Probenachse verläuft [69].

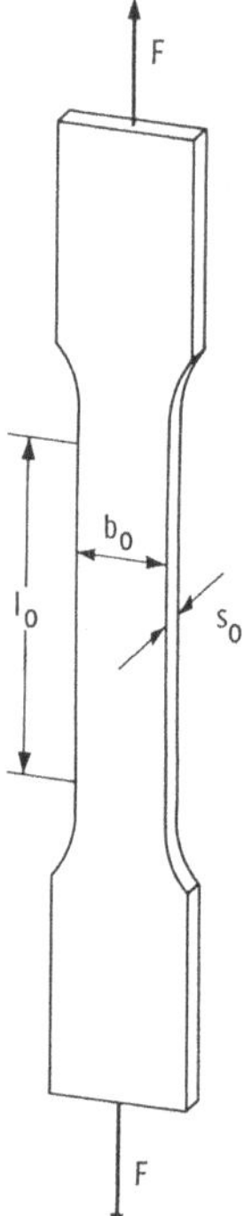

Bild 2–2. Schema des Zugversuchs an Blechen, Bändern und Streifen.

2.1.1.1.2 Flachstauchversuch

Bei Blechumformverfahren werden häufig höhere Umformgrade erreicht. Daher besteht ein Interesse an einer Aufnahme der Fließkurve bis zu vergleichbaren Umformgraden. Speziell dazu wurde der Flachstauchversuch entwickelt, bei dem zwei gegenüberstehende, ebene Stempel in die Probe gedrückt werden, Bild 2–3. Während des Versuchs wird die Stauchkraft bei entsprechender Höhenabnahme ständig gemessen. Dabei bleibt die belastete Fläche konstant.

Das Breiten/Höhen-Verhältnis der Flachprobe muß $b/h > 6$ sein, um eine ebene Formänderung annehmen zu können. Unter dieser Voraussetzung gilt nach *Green* [73] für alle Verhältnisse $h/a < 1$ mit der Trescaschen Fließbedingung

$$k_f = \frac{F\,(\varphi_v)}{a \cdot b} \qquad (2\text{–}5)$$

mit

$$\varphi_v = \ln \frac{h}{h_0} \qquad (2\text{–}6)$$

Die mit Gl. (2–5) berechneten Fließspannungen liegen um maximal 4% zu hoch, was auch durch Versuche bestätigt worden ist.

Grundsätzlich lassen sich im Flachstauchversuch höhere Umformgrade erreichen als im Zugversuch. Die Blechdicke darf nicht zu klein gewählt werden, weil sonst die Höhenabnahme und somit der Umformgrad nicht

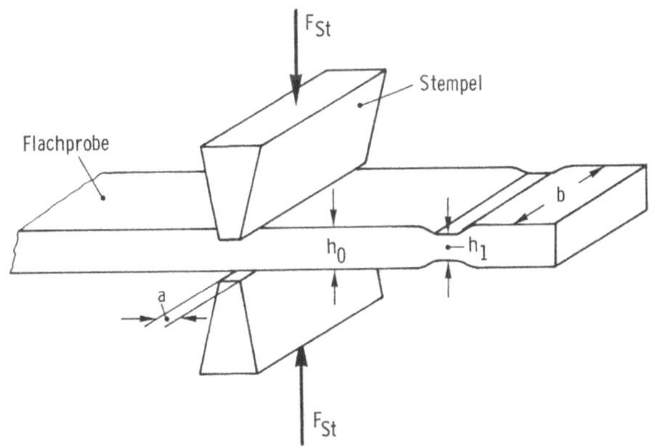

Bild 2–3. Schematische Darstellung des Flachstauchversuchs.

hinreichend genau ermittelt werden können. Außerdem müssen die Stauchwerkzeuge sehr genau geführt werden, da ein Seitenversatz die gestauchten Flächen verringert.

Im Vergleich zum Zylinderstauchversuch werden die Ergebnisse des Flachstauchversuchs bei guter Schmierung weniger durch Reibung beeinflußt [126].

2.1.1.1.3 Hydraulischer Tiefungsversuch

Im hydraulischen Tiefungsversuch, der sich besonders zur Aufnahme der Fließkurve von Feinblechen eignet, wird eine am Umfang fest eingespannte Blechprobe der Dicke s_0 durch einseitig wirkenden Druck in eine meist kreisrunde Matrizenöffnung gedrückt, Bild 2–4. Dabei werden der Druck, die Tiefe der Auswölbung und die Blechdicke s_1 am Pol der getieften Probe gemessen. Als Kraftübertragungsmedien dienen Flüssigkeiten. Das Blech wird in einem reinen Streckziehvorgang umgeformt, da durch die Einspannung kein Nachfließen möglich ist. Die Ausbauchung hat somit eine Reduzierung der Blechdicke zur Folge [177].

Mit Hilfe der Fließbedingung nach *v. Mises* läßt sich die Fließspannung k_f aus dem Krümmungsradius ρ am Pol, der Blechdicke s_1 der getieften Probe und dem hydraulischen Druck p berechnen [70]:

$$k_f = \frac{p \cdot \rho}{2 \cdot s_0} e^{\varphi_s} \qquad (2-7)$$

mit

$$\varphi_v = -\varphi_s = \ln \frac{s_0}{s_1} \qquad (2-8)$$

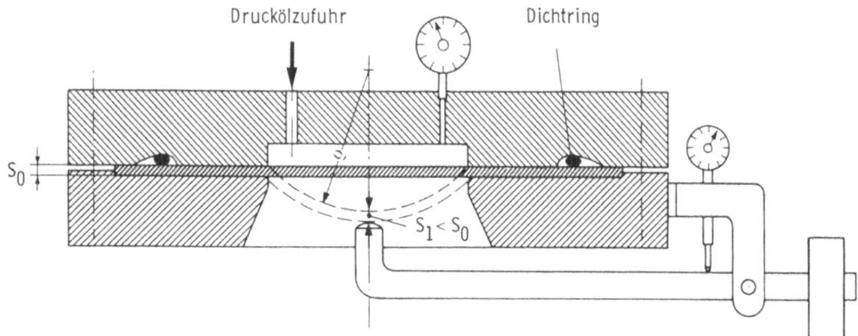

Bild 2–4. Hydraulischer Tiefungsversuch.

Mit diesem Verfahren kann die Fließkurve etwa bis zu einem Umformgrad von $\varphi = 0{,}7$ aufgenommen werden, also in einem deutlich höheren Wertebereich für den Umformgrad als im Flachzugversuch.

Es wird häufig beobachtet, daß die mit dem Tiefungsversuch gewonnenen Fließkurven von den im Zugversuch ermittelten Daten abweichen. Die Ursachen liegen in den vereinfachenden Annahmen bei der Berechnung (Geometrie, Fließbedingung) und der oft starken Anisotropie der Blechproben, die bei diesen Verfahren nicht besonders berücksichtigt werden kann.

Häufig wird der hydraulische Tiefungsversuch zur Untersuchung des Streckziehverhaltens von dünnen Blechen eingesetzt.

2.1.2 Verfestigungsexponent n

Die Fließkurven der meisten unlegierten und niedriglegierten Stähle können für Formänderungen $\varphi < 1{,}0$ in guter Näherung durch die Potenzfunktion

$$k_f = C \cdot \varphi^n \tag{2-9}$$

beschrieben werden.

Der Verfestigungsexponent n, der ein Maß für die beim Umformen auftretende Werkstoffverfestigung darstellt, und die Größe C sind werkstoffspezifische Konstanten.

Wird die Fließkurve in doppelt logarithmischer Darstellung aufgetragen, so stellt sie sich als Gerade dar, deren Steigung dem Verfestigungsexponenten entspricht, Bild 2–5.

Nach *Reihle* [186] gelten folgende Beziehungen:

$$n = \varphi_g, \tag{2-10}$$

$$C = R_m \cdot \left(\frac{e}{n}\right)^n. \tag{2-11}$$

Dabei ist e die Basis des natürlichen Logarithmus. Zur Bestimmung der Fließkurve sind lediglich der Gleichmaßumformgrad φ_g und die Zugfestigkeit R_m zu ermitteln.

Der Gleichmaßumformgrad kann aus der Gleichmaßdehnung A_g im Zugversuch nach folgender Gleichung bestimmt werden:

$$\varphi_g = \ln(1 + A_g). \tag{2-12}$$

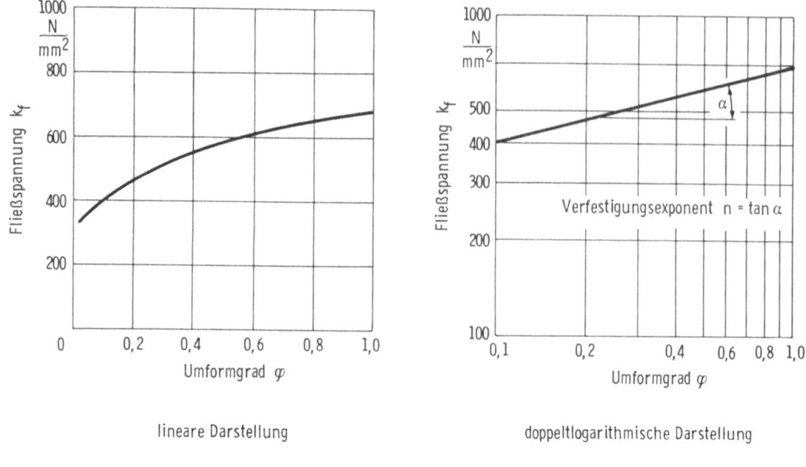

Bild 2–5. Fließkurve und Verfestigungsexponent n.

Hierbei wirkt sich die Genauigkeit, mit der die Gleichmaßdehnung A_g ermittelt wird, unmittelbar auf die Genauigkeit der Fließkurve aus.

Die Gleichmaßdehnung kann auch näherungsweise durch die Formel

$$A_g = 2\,A_{10} - A_5 \tag{2–13}$$

bestimmt werden [123], so daß es häufig möglich ist, bei Kenntnis der Bruchdehnung A_{10} und A_5 sowie der Zugfestigkeit R_m die Fließkurve in erster Näherung zu bestimmen.

Die Auswirkung eines hohen Verfestigungsexponenten beispielsweise auf das Verhalten des Blechwerkstoffs beim Streckziehen zeigt sich darin, daß mit steigenden Werten für n die Gefahr hoher örtlicher Dehnungen und damit die Neigung zur Einschnürung abnimmt.

Beim Tiefziehen hat ein hoher Verfestigungsexponent sowohl positive als auch negative Auswirkungen. Große Werte für n erhöhen zwar die Bodenreißkraft, doch steigt gleichzeitig auch die erforderliche Ziehkraft an. Nach [242; 244] nimmt das Grenzziehverhältnis (s. Abschn. 2.3.2) mit wachsendem n-Wert insbesondere dann zu, wenn hohe Werte für das Verhältnis von Stempeldurchmesser zu Blechdicke vorliegen.

2.1.3 Anisotropiewert r

Bei vielen Verfahren der Blechumformung ist zu berücksichtigen, daß ein Werkstoff nicht in allen Richtungen über die gleichen Eigenschaften verfügt, sondern sich anisotrop verhält. Die Anisotropie eines vielkristallinen Werkstoffs ist dadurch gekennzeichnet, daß die Atomgitter der Körner nicht statistisch regellos orientiert, sondern bevorzugt nach bestimmten Ebenen und Richtungen ausgerichtet sind. Eine solche Vorzugsorientierung, die auch als Textur bezeichnet wird, kann sowohl bei der Herstellung (z.B. Gießen) als auch bei der Weiterverarbeitung (Umformung, Wärmebehandlung) entstehen. So führen die zur Blechherstellung erforderlichen plastischen Verformungen als Folge der Abgleitprozesse in den Körnern zu Orientierungsänderungen und damit zur Ausbildung typischer Walztexturen [149]. Hierdurch bedingt sind u.a. die Zugfestigkeit und die plastischen Eigenschaften richtungsabhängig.

Zur Erfassung der Anisotropie der plastischen Eigenschaften von Blechen wird im Zugversuch die senkrechte Anisotropie, der sogenannte r-Wert, ermittelt. Er ist definiert als das Verhältnis der Umformgrade in Breiten- und Dickenrichtung einer Zugprobe, Bild 2–6:

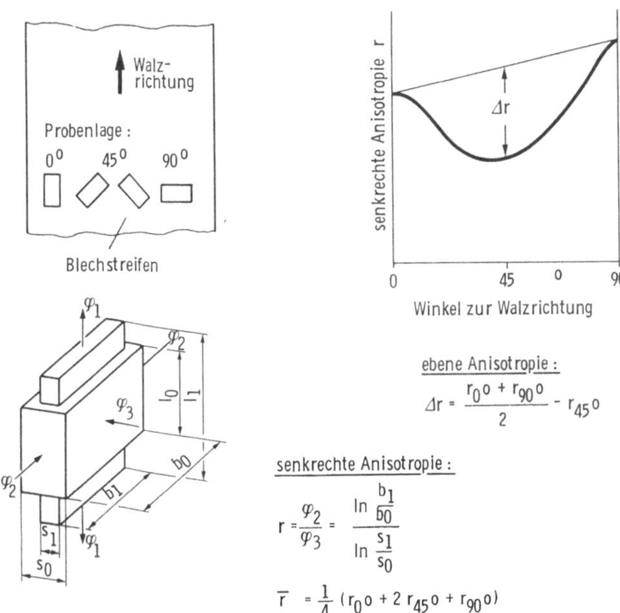

Bild 2–6. Definition der Anisotropiewerte.

$$r = \frac{\varphi_2}{\varphi_3} = \frac{\varphi_b}{\varphi_s} \,. \tag{2–14}$$

Für r = 1 gilt, daß sich der Werkstoff isotrop verhält und gleiche Formänderungen in Breiten- und Dickenrichtung erfolgen. Bei Werten von r > 1 setzt das Blech unter Zugbeanspruchung Dickenänderungen einen größeren Widerstand entgegen und verformt sich mehr in der Breite, während für r < 1 die Formänderung bevorzugt in Dickenrichtung stattfindet.

Der r-Wert ist im allgemeinen in der Blechebene nicht konstant, sondern nimmt, abhängig von der Lage der Probe relativ zur Walzrichtung, unterschiedliche Werte an. Aus diesem Grund wird der Mittelwert $\bar{r}$ definiert, der sich aus Werten zusammensetzt, die unter bestimmten Winkeln (0°, 45°, 90°) zur Walzrichtung gemessen werden:

$$\bar{r} = \frac{r_{0^\circ} + 2 \cdot r_{45^\circ} + r_{90^\circ}}{4} \,. \tag{2–15}$$

Die Richtungsabhängigkeit des r-Wertes nennt man ebene Anisotropie Δr:

$$\Delta r = \frac{r_{0^\circ} + r_{90^\circ}}{2} - r_{45^\circ} \,. \tag{2–16}$$

Für die experimentelle Bestimmung der Anisotropiekennwerte gibt es bislang keine DIN-Norm. Als Maßstab kann das Stahl-Eisen-Prüfblatt 1126 [261] bzw. eine Empfehlung der International Deep Drawing Research Group [200] angesehen werden. Zweckmäßig ist es auch, den Flachzugversuch zur Ermittlung des r-Wertes zu verwenden, da zusammen mit dem r-Wert auch die anderen mechanischen Kennwerte, wie z.B. die Fließkurve, ermittelt werden können.

2.1.3.1 Auswirkung der Anisotropie beim Tiefziehen

Ein durch Tiefziehen hergestellter Napf weist trotz symmetrischer Beanspruchung häufig eine Zarge mit unterschiedlicher Höhe und Dicke auf. Diese Erscheinung wird als Zipfelbildung bezeichnet und ist auf eine ausgeprägte ebene Anisotropie des Blechwerkstoffs zurückzuführen, Bild 2–7.

Im Bereich höherer Werte der senkrechten Anisotropie neigt das Blechmaterial dazu, in der Breite bzw. Umfangsrichtung einzuschnüren. Blechdickenänderungen wird ein großer Widerstand entgegengesetzt. Das Material fließt aus den Nachbargebieten nach. Bedingt hierdurch treten dort sowohl die Zipfel als auch die größeren Wanddicken (relativ über dem Umfang) auf. An den Stellen minimaler r-Werte zeigen sich da-

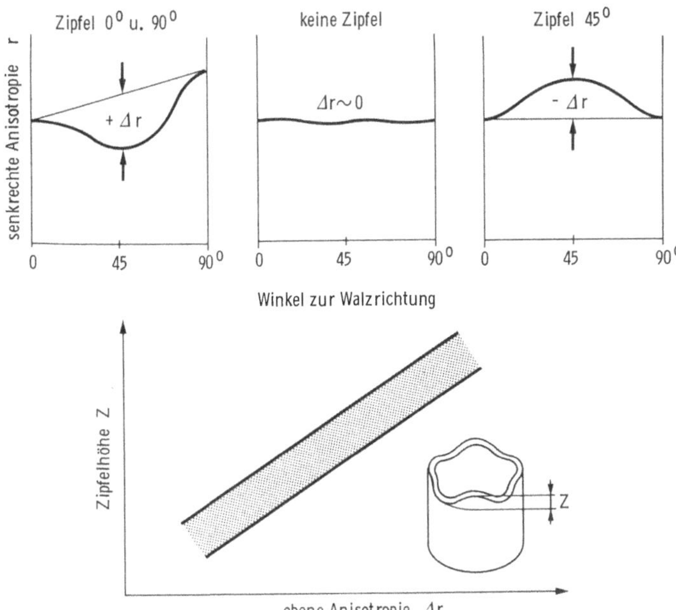

Bild 2–7. Abhängigkeit der Zipfelbildung von der ebenen Anisotropie.

gegen die Täler. Die Zipfelhöhe wird umso größer, je höher der Wert der ebenen Anisotropie Δr ist. Bei einem positiven Wert ergeben sich die Zipfelberge unter 0° und 90°; bei einem negativen Wert unter 45° zur Walzrichtung. Da meist aus technischen und optischen Gründen ein glatter Rand erforderlich ist, bedürfen die Näpfe einer Nachbearbeitung, die mit zusätzlichen Kosten und einer Verkleinerung der nutzbaren Napfhöhe verbunden ist.

Große Werte der senkrechten Anisotropie wirken sich dagegen positiv aus. So steigt das Grenzziehverhältnis mit zunehmenden r-Werten an, Bild 2–8. Dieser Sachverhalt kann mit Hilfe der Fließortkurven für unterschiedliche r-Werte nach *Hill* [92] erläutert werden, Bild 2–9. Die Fließortkurven gelten unter der Annahme eines ebenen Spannungszustandes für Werkstoffe, die nur eine senkrechte, jedoch keine ebene Anisotropie aufweisen.

Es ist zu erkennen, daß bei zweiachsiger Zugbeanspruchung, wie sie in der Zarge eines Napfes während des Tiefziehens herrscht, der für plastisches Fließen erforderliche Spannungszustand mit steigenden r-Werten zunimmt.

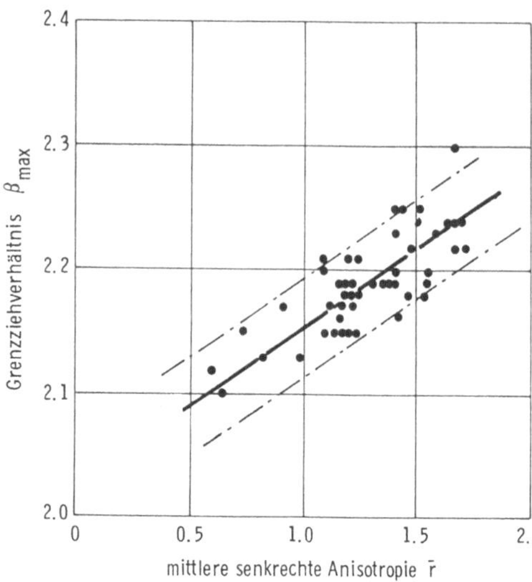

Bild 2–8.
Grenzziehverhältnis in Abhängigkeit von der mittleren senkrechten Anisotropie (nach *Whiteley*).

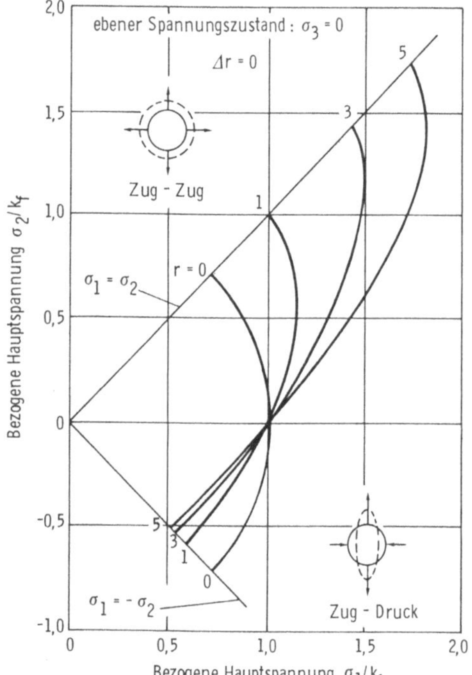

Bild 2–9.
Fließortkurven von Blechwerkstoffen in Abhängigkeit vom r-Wert (nach *Hill/Panknin*).

Bei einem Zug-Druck-Spannungszustand, wie er im Flansch herrscht, ist dagegen eine Abnahme der zum Fließen erforderlichen Spannungen festzustellen. Übertragen auf die Verhältnisse des Napfziehens folgt hieraus, daß mit steigenden Werten der senkrechten Anisotropie die Umformkraft im Flanschbereich sinkt, während die in der Zarge übertragbare Kraft wächst, so daß größere Grenzziehverhältnisse erreicht werden können.

2.2 Verfahren zur Blechprüfung

Zur Vorherbestimmung der Eignung eines Blechwerkstoffs für eine bestimmte Umformoperation wurden zahlreiche Modellprüfverfahren entwickelt, die z.B. die Beanspruchung einer Streckzieh-, Tiefzieh- oder Biegeumformung vom Prinzip her simulieren. Da viele Prozesse der Blechumformung in der Praxis aufgrund der Geometrievielfalt eine Kombination von Tiefzieh-, Streckzieh- und Biegevorgängen darstellen, sind allgemeingültige Aussagen mit Hilfe der einzelnen Prüfverfahren nicht möglich, weshalb in der Praxis meist mehrere Verfahren zur Beurteilung herangezogen werden. Im folgenden sollen die wichtigsten kurz beschrieben werden.

2.2.1 Tiefziehprüfung

Zur Beurteilung der Tiefzieheignung von Blechen werden häufig Näpfchen-Tiefziehprüfverfahren herangezogen. Bei der Tiefziehprüfung nach *Swift* werden aus Blechronden mit stufenweise vergrößertem Durchmesser bei gleichbleibendem Stempeldurchmesser zylindrische Näpfe gezogen, Bild 2–10. Kennwert ist das Grenzziehverhältnis β_{max}, bei dem die

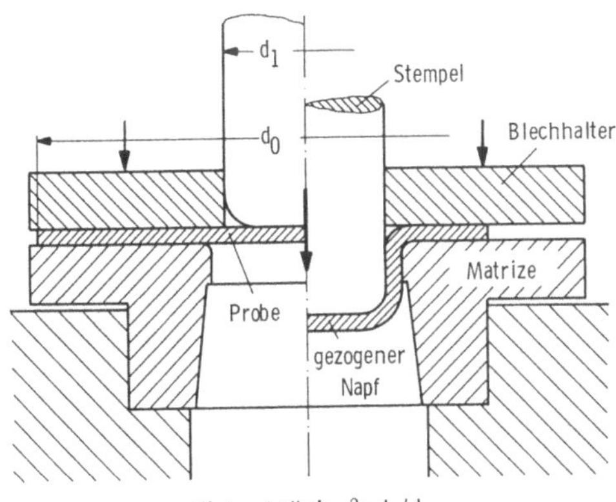

Bild 2–10. Näpfchen-Tiefziehprüfung (nach *Swift*).

Grenze der Ziehfähigkeit des Bleches durch einen gerade noch nicht eintretenden Bodenriß erreicht ist [241]:

$$\beta_{max} = \frac{d_{0\,max}}{d_1}. \tag{2–17}$$

Da das Grenzziehverhältnis nur durch eine Reihe von Versuchen ausreichend genau ermittelt werden kann, ist die Prüfung mit einem relativ großen Aufwand verbunden. Hinzu kommt, daß die Ergebnisse aus der Tiefziehprüfung nicht ohne weiteres auf das Tiefziehen mit Großwerkzeugen übertragen werden können, da das im Versuch erreichte Grenzziehverhältnis im allgemeinen größer ist als das bei der betrieblichen Umformung. Dies liegt daran, daß sich bei großen Werkzeugen in zunehmendem Maße Reibungseinflüsse im Bereich des Niederhalters bemerkbar machen.

2.2.2 Streckziehprüfung

Große Bedeutung für die Prüfung der Eignung eines Blechwerkstoffs für das Streckziehen hat als genormtes Verfahren der Tiefungsversuch nach *Erichsen* [270]. Hierbei wird eine fest eingespannte Blechprobe bis zum eintretenden Bruch ausgebeult, Bild 2–11. Der Erichsen-Tiefungswert

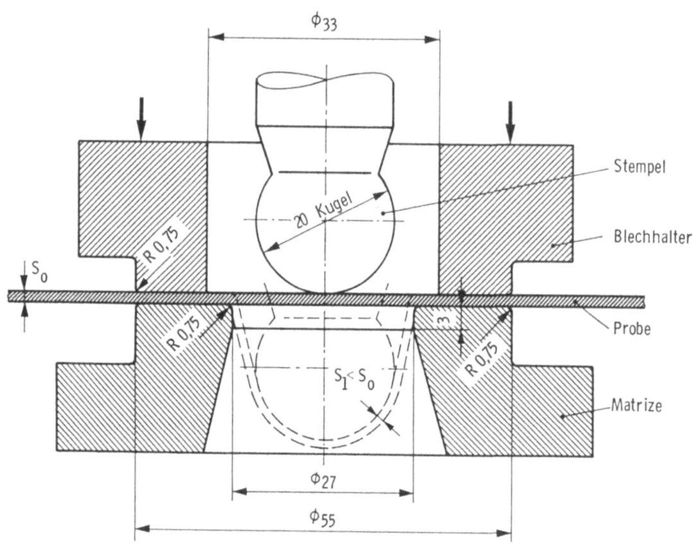

Bild 2–11. Werkzeug für den Erichsen-Tiefungsversuch (nach DIN 50101).

gibt als Kennwert die Tiefe an, bis zu der der Stempel ohne das Auftreten von Rissen eindringen kann. Bei diesem Verfahren wird die Tiefung im zweiachsigen Zugspannungszustand ermittelt. Somit ist sie ein Maß für die Umformbarkeit von Blechen durch Streckziehen. Eine Korrelation zwischen Grenzziehverhältnis und Tiefungswert besteht nicht, so daß dieser Prüfungsversuch für das Tiefziehen wenig Aussagekraft besitzt.

2.2.3 Biegeprüfung

Das Biegen zählt zu den häufigsten Umformvorgängen, da außer den bekannten Biegeverfahren (z.B. Gesenkbiegen, Walzprofilieren) viele andere Verfahren (z.B. das Tiefziehen) mit Biegevorgängen verbunden sind.

Zu den spezifischen Prüfungen der Biegefähigkeit von Blechen zählen der Faltversuch [271] und für Nenndicken von 0,3 bis 3 mm der Hin- und Herbiegeversuch [273].

Wie im Bild 2–12 dargestellt, wird im Faltversuch der Probenkörper auf zwei drehbare Rollen in vorgeschriebenem Abstand frei aufgelegt und mit einem in seinen Abmessungen ebenfalls genau definierten Dorn durchgebogen. Das Maß für die Biegefähigkeit des Bleches ist der Biege-

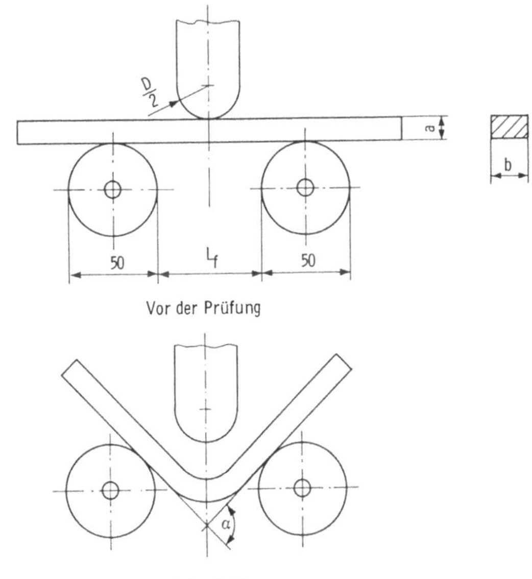

Bild 2–12. Faltversuch (nach DIN 50111).

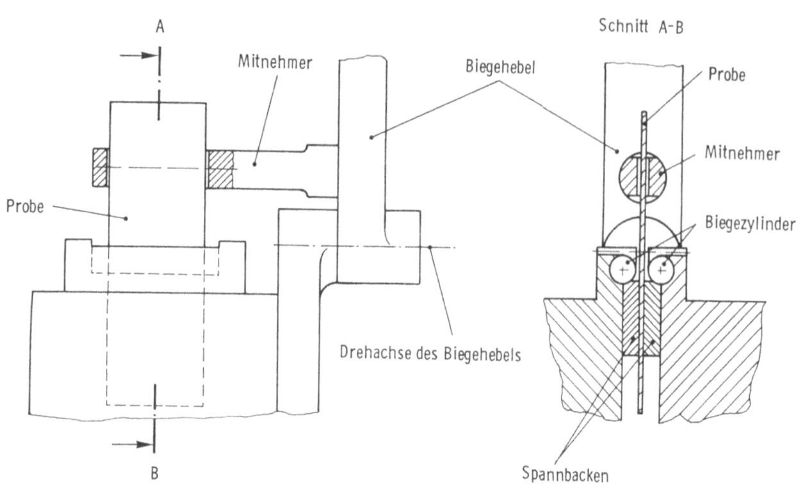

Bild 2–13. Hin- und Herbiegegerät für Bleche, Bänder und Streifen (nach DIN 50153).

winkel, der maximal erreichbar ist, ohne daß Risse an der Zugseite der Probe auftreten. Die erreichten Dehnungswerte sind hierbei im Vergleich zum Zugversuch größer, was auf die Stützwirkung der tieferliegenden „Fasern" zurückzuführen ist.

Beim Hin- und Herbiegeversuch wird die Probe einseitig zwischen Spannbacken eingespannt und vom Mitnehmer des Biegehebels abwechselnd nach links und rechts in die Waagerechte gebogen, Bild 2–13. Die Anzahl der Biegungen, die das Blech bis zum Auftreten von Rissen oder bis zum Bruch erträgt, ist als Biegezahl N_b definiert und gilt als Maß für die Biegefähigkeit. Als eine Biegung gilt hierbei das Umlegen der Probe in die Waagerechte und das Zurückbiegen in die Senkrechte.

2.3 Formänderungsanalyse an Ziehteilen

Beim Ziehen großer unregelmäßiger Blechteile ist es in der betrieblichen Praxis häufig schwierig, genaue Kriterien für eine optimale Bearbeitungsfähigkeit festzulegen. Es existieren zwar Versuche zur Ermittlung der Werkstoffkennwerte, wie des Verfestigungsexponenten und der Anisotropie, sowie Modellprüfverfahren zur Beurteilung der Blechumformbarkeit, wie Tiefzieh- und Streckziehprüfverfahren, doch sind die möglichen praktischen Gegebenheiten hinsichtlich Reibung und Geometrie so vielfältig, daß eine Übertragung der hierbei gewonnenen Ergebnisse auf große unregelmäßige Blechteile nur bedingt möglich ist. Zur Lösung dieses Problems ist sowohl die Kenntnis der Verfahrensgrenzen in Verbindung mit den Eigenschaften des eingesetzten Blechwerkstoffs als auch eine genaue Analyse der vorliegenden Formänderungen erforderlich.

Zur Formänderungsanalyse sind Meßrasterverfahren entwickelt worden, die es erlauben, die Richtung und Größe der Formänderung an Ziehteilen zu erfassen. Eine Aussage darüber, ob der ermittelte Beanspruchungszustand kritisch ist, kann mit Hilfe des von *Keeler* [107] und *Goodwin* [71] aufgestellten Grenzformänderungsschaubildes getroffen werden.

2.3.1 Meßrasterverfahren

Bei diesem Verfahren wird ein Liniennetz bestimmter Geometrie, das sog. Meßraster, auf die umzuformende Blechoberfläche aufgebracht und nach der Umformung ausgewertet.

Die in der Praxis gebräuchlichsten Rasternetze sind fast ausschließlich aus Kreisen aufgebaut, die jedoch auch mit Quadratrastern kombiniert werden können, Bild 2–14. Die Auswertung ist bei den Kreisrastern bedeutend einfacher, da sie durch die Umformung zu Ellipsen verzerrt werden, deren Hauptachsen sowohl die Größe als auch die Richtung der

Bild 2–14. Verschiedene Ausführungen von Meßrastern (nach *Erichsen*).

Hauptformänderungen anzeigen. Quadratraster verzerren sich dagegen meist zu undefinierten Rhomben, deren Auswertung sehr schwierig ist [129].

Die Kreisraster haben je nach Größe des Ziehteils einen Durchmesser von rund 3 bis 10 mm. Kleine Abmessungen erschweren zwar die Ausmessung, lassen jedoch eine differenziertere Beurteilung kleinerer Bereiche zu.

An die Verfahren zur Aufbringung von Meßrastern werden hohe Anforderungen gestellt. Um die Formänderungen genau ermitteln zu können, muß das Raster die Umformung des Bleches ohne Schäden überstehen. Dies bedingt eine gute Haftfähigkeit, wobei das Verformungsverhalten des Bleches möglichst nicht beeinflußt werden soll. Ferner muß die Genauigkeit der Abmessungen so weit gewährleistet sein, daß sich ein Ausmessen vor der Umformung erübrigt [162].

Das mechanische Aufbringen mit Hilfe von Reißnadel bzw. Anreißzirkel ist hinsichtlich der gerätetechnischen Voraussetzung die billigste Methode, jedoch auch sehr zeitaufwendig und von geringer Genauigkeit. Zudem darf die durch das Anreißen hervorgerufene Kerbwirkung und die damit verbundene Beeinflussung der Werkstoffoberfläche gerade bei Feinblechen nicht vernachlässigt werden.

Die genauesten und hinsichtlich der Qualität der Raster besten Ergebnisse liefern das elektrochemische und das photochemische Verfahren. Allerdings ist dabei der gerätetechnische Aufwand erheblich größer. Beim elektrochemischen Aufbringen wird das Blech mit einer Schablone bedeckt und angeätzt. Beim photochemischen Verfahren wird das Raster zunächst mit einem lichtempfindlichen Lack mittels eines Rasternegativs auf das Blech aufgebracht. Anschließend erfolgt eine Ätzung der nicht durch Lack geschützten Oberfläche.

Einfache und billige Möglichkeiten, ein Liniennetz aufzubringen, sind das Aufdrucken mittels Gummirollstempel, das Siebdruckverfahren oder das Offsetverfahren. Aufgrund der geringen Abriebfestigkeit scheiden diese Methoden für das Tiefziehen in der Regel aus, können jedoch für Streckziehverfahren oder den Zugversuch eingesetzt werden.

Bei der Auswertung eines verformten Kreisrasters wird die Länge der beiden Achsen der entstandenen Ellipse gemessen und zur Bestimmung der Umformgrade in Längsrichtung (φ_1) und Breitenrichtung (φ_2) auf den Ausgangsdurchmesser d_0 des Kreises bezogen. Mit Hilfe der Volumenkonstanz kann aus den beiden Umformgraden die Formänderung in Dickenrichtung (φ_3) bzw. die örtliche Blechdicke errechnet werden, Bild 2–15.

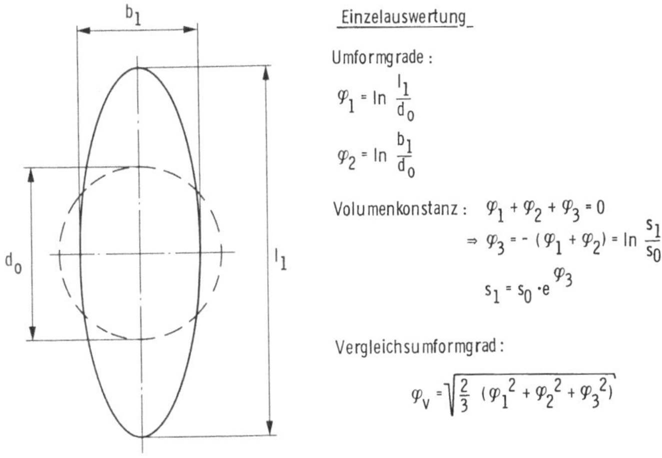

Bild 2–15. Bestimmung der Umformgrade aus einem verformten Meßraster.

Bei gekrümmten Flächenbereichen ist darauf zu achten, daß die Formänderungen an der Ober- und Unterseite des Bleches annähernd identisch sind. Die Fehlerquelle, bei einer Auswertung unter einem Meßmikroskop an Stelle der eigentlichen Bogenlänge lediglich deren Projektion aufzunehmen, kann durch den Einsatz eines biegsamen Meßlineals, auf dem z.T. sofort die Formänderungen ablesbar sind, ausgeschaltet werden.

2.3.2 Grenzformänderungsschaubild

Die Formänderungen beim Ziehen unregelmäßiger Blechteile können hinsichtlich ihrer Größe und Art für verschiedene Stellen des gleichen Ziehteils sehr unterschiedlich sein. Aus diesem Grund ist es nicht möglich, die Verfahrensgrenzen durch eine allgemeingültige Kenngröße, wie z.B. das Grenzziehverhältnis beim Tiefziehen symmetrischer Teile, zu beschreiben [29].

Eine Möglichkeit zur Darstellung der Verfahrensgrenzen eines Ziehverfahrens mit ebenem Spannungszustand bietet das Grenzformänderungsschaubild, Bild 2–16. Das Grenzformänderungsschaubild dient zur Beurteilung der Umformeigenschaften von Blechen mit Hilfe der Meßraster. Die in diesem Schaubild aufgetragene Grenzformänderungskurve kennzeichnet die Kombinationen der beiden Formänderungen φ_1 und φ_2, bei denen der Blechwerkstoff zum Versagen durch Einschnürung oder Rißbildung neigt. Durch einen Vergleich der Formänderungsverteilung an einem zu überprüfenden Ziehteil mit der entsprechenden Grenzkurve

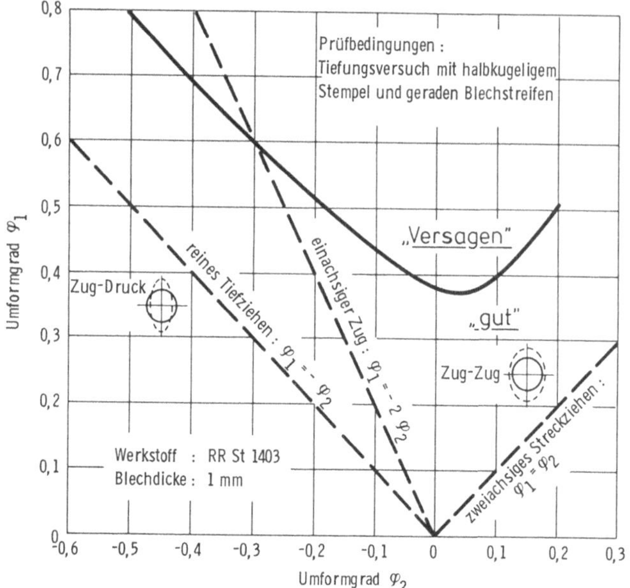

Bild 2–16. Grenzformänderungsschaubild (nach *Hasek*).

können so kritische Stellen erkannt werden. Anhand dieser Informationen können z.B. die Umformbedingungen wie Niederhalterausbildung, -kraft, Schmierstoff und die Werkzeuggeometrie (Kantenradien usw.) sowie der Blechzuschnitt so optimiert werden, daß eine möglichst gleichmäßige Formänderungsverteilung erreicht und Beanspruchungsspitzen abgebaut werden. Damit ist hinsichtlich der Wirtschaftlichkeit gegebenenfalls die Auswahl einer minderen Blechqualität möglich, die die auftretenden Formänderungen noch sicher erträgt.

Neben der Erprobung und Auslegung neuer Werkzeuge wird die Formänderungsanalyse in der Praxis auch häufig zur Kontrolle der laufenden Fertigung eingesetzt. Durch die Ermittlung des Abstandes zwischen den Formänderungen kritischer Bereiche und der Grenzformänderungskurve, der ein Maß für die Fertigungssicherheit darstellt, können sowohl Unterschiede in der Blechqualität als auch der Fortschritt des Werkzeugverschleißes erfaßt werden. Dies ist insofern wichtig, da sich die Geometrie des Werkzeuges (Ziehspalt usw.) mit fortschreitendem Verschleiß zum Teil erheblich verändert. Die daraus resultierende neue Formänderungsverteilung ist dann häufig die Ursache von Versagensfällen [224].

Werden Ziehteile in mehreren Stufen hergestellt, so ist zu beachten, daß auch die Umformgeschichte (Formänderungsweg) die Lage und die Form einer Grenzformänderungskurve beeinflußt [82].

Eine Beurteilung der Umformeignung verschiedener Blechwerkstoffe ist mit Hilfe des Grenzformänderungsschaubildes nur bedingt möglich. Zwar unterscheiden sich Werkstoffe mit stark unterschiedlichen physikalischen Eigenschaften auch in ihren Grenzformänderungskurven, doch geben letztere die Einflüsse des Verfestigungsexponenten n und der senkrechten Anisotropie r nur unvollständig wieder [139]. So ist es möglich, daß zwei Blechwerkstoffe, die sich nur bezüglich dieser beiden Kenngrößen unterscheiden, einerseits fast identische Grenzformänderungskurven besitzen, andererseits jedoch nach einer Ziehoperation ganz unterschiedliche Verteilungen der Formänderungen und daraus resultierend auch eine ungleiche Umformeignung aufweisen.

Zur Ermittlung der Grenzformänderungskurve werden neben der Auswertung von Versagensfällen an Produktionsteilen meist experimentelle Prüfverfahren herangezogen. Zu den gebräuchlichsten Verfahren zählen Tiefungsversuche mit unterschiedlichen Stempel- und Platinenformen, der hydraulische Tiefungsversuch sowie der Zugversuch mit Kerbproben [83]. Sie unterscheiden sich hauptsächlich durch die Proben- bzw. Platinenform sowie durch die Art der Werkstoffbeanspruchung, wobei die ermittelten Grenzformänderungskurven aufgrund verfahrensspezifischer Unterschiede zum Teil erheblich voneinander abweichen können.

2.4 Modellversuche zur Ermittlung des Reibwertes

Zur Beurteilung der Reibungsverhältnisse zwischen Werkzeug und Blechwerkstoff sind verschiedene Modellversuche entwickelt worden, mit denen die Einflüsse unterschiedlicher Schmiermittel und der Oberflächenbeschaffenheit des Bleches untersucht werden können.

2.4.1 Streifenziehen

Mit einem von *Pawelski* [179] entwickelten Gerät können Reibungsmessungen unter großen spezifischen Flächenpressungen und großen plastischen Formänderungen durchgeführt werden, Bild 2–17.

Der Reibwert μ wird aus der Ziehkraft F_Z, der Querkraft F_q und dem Ziehspalt-Öffnungswinkel α berechnet und stellt einen Mittelwert über die gesamte Probenbreite dar.

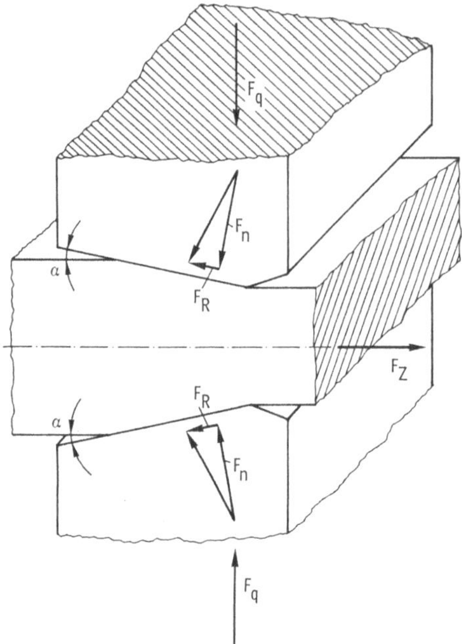

Bild 2–17.
Schematische Darstellung des Versuchsaufbaus zur Reibwertbestimmung (nach *Pawelski*).

Für den Reibwert gilt:

$$\mu = \frac{\dfrac{F_Z}{2F_q} - \tan\alpha}{1 + \dfrac{F_Z}{2F_q}\tan\alpha} \,. \qquad (2-18)$$

Zur Ermittlung des Reibwertes μ wird nur die Bedingung des statischen Gleichgewichtes benutzt, während Stoffgleichungen für das elastische oder plastische Verhalten der beiden Reibpartner nicht in die Berechnung eingehen.

2.4.2 Abstreckziehen

Mit diesem Verfahren ist es möglich, die Güte verschiedener Schmiermittel beim Abstreckziehen zu beurteilen. Hierzu wird der am Abstreckring auftretende Reibwert μ über die beim Abstrecken wirkenden Einzelkräfte bestimmt, Bild 2–18. Um konstante Kraftverhältnisse zu erhalten, wird ein bereits auf eine gleichmäßige Wandstärke abgestreckter und geglühter Napf verwendet. Während die Stempelkraft mit einer herkömm-

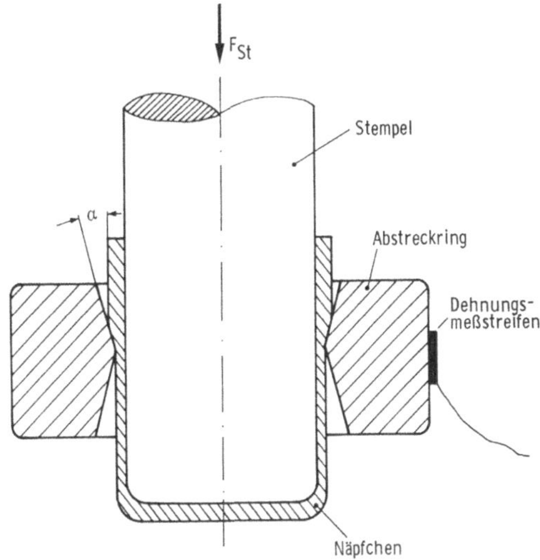

Bild 2–18. Schematische Darstellung des Versuchsaufbaus zur Reibwertbestimmung beim Abstreckziehen (nach *Siebel/Weiss*).

lichen Kraftmeßeinrichtung ermittelt werden kann, erfolgt die Bestimmung der Horizontalkraft mit Hilfe einer elastizitätstheoretischen Gleichung über die Dehnung des Abstreckringes. Der Versuch erfordert somit einen relativ hohen meßtechnischen Aufwand (Kraft- und Dehnungsmessung). Unter vereinfachenden Annahmen gilt für den Reibwert am Abstreckring folgende Bestimmungsgleichung:

$$\mu = \frac{\dfrac{F_{St}}{F_h} - \tan\alpha}{1 + \dfrac{F_{St}}{F_h}\tan\alpha}\,. \tag{2–19}$$

Mit Hilfe einer weiteren Beziehung können auch die zwischen Zarge und Stempel herrschenden Reibungsverhältnisse, die durch eine Vergrößerung der Napfhöhe bedingt sind, erfaßt werden [212].

2.4.3 Keilzugversuch

Im Keilzugversuch nach *Reihle* [187] wird ein Blechstreifen zwischen zwei schräg zusammenlaufenden Ziehflächen hindurchgezogen, wobei

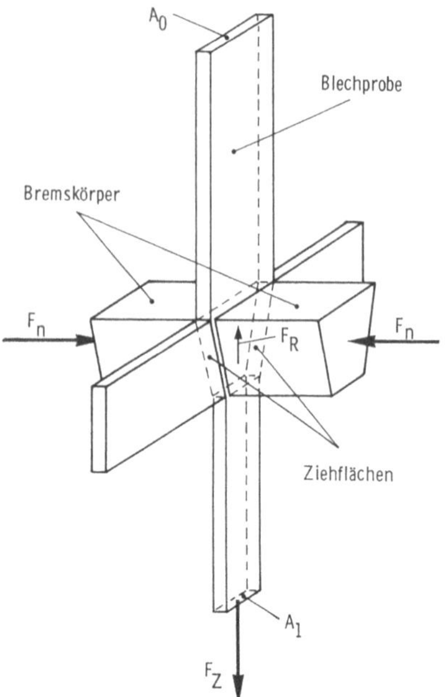

Bild 2–19.
Schematische Darstellung des Versuchsaufbaus zur Reibwertbestimmung (nach *Reihle*).

der Anfangsquerschnitt A_0 auf den Endquerschnitt A_1 reduziert wird, Bild 2–19. An den beiden Bremskörpern, die mit der Normalkraft F_n auf den Probestreifen gepreßt werden, wird in Ziehrichtung die Reibkraft F_R gemessen. Die hier vorliegenden Beanspruchungsverhältnisse sind denen ähnlich, die beim Tiefziehen eines zylindrischen Hohlkörpers im Flansch auftreten. Der Reibwert ergibt sich zu:

$$\mu = \frac{F_R}{F_n} \qquad (2\text{–}20)$$

2.4.4 Streifenziehversuch mit Umlenkung

Der im Bild 2–20 dargestellte Streifenziehversuch dient zur Untersuchung der Reibungsverhältnisse an der Ziehkante von Tiefziehwerkzeugen [239].

In diesem Kurzprüfverfahren wird ein Streifen des zu untersuchenden Blechwerkstoffs mit definierter Streifenziehkraft F_{SZ} über einen zylindrischen Formkopf, der die Ziehkante darstellen soll, gezogen. Die erforderliche Streifengegenkraft F_{SG} wird durch die Gegenhaltevorrichtung aufgebracht und mit einem Kraftmeßglied gemessen.

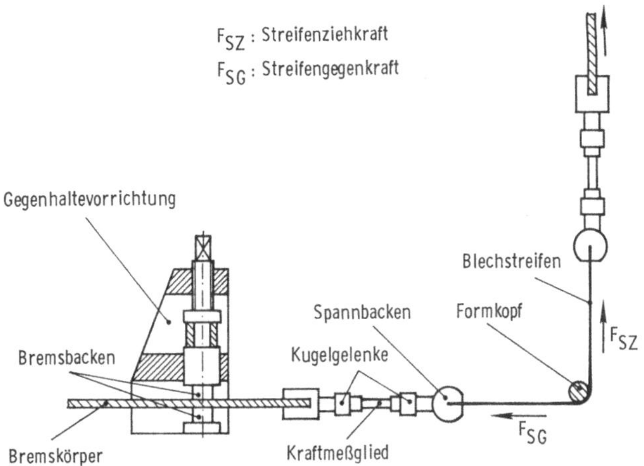

Bild 2–20. Streifenziehversuch (nach *Witthüser*).

Die Streifenziehkraft besteht aus der Summe von Gegenhaltekraft, einer durch die Reibung verursachten Kraft und einer für das Biegen des Blechstreifens erforderlichen Kraft. Für die Bestimmung des Reibwertes mit Hilfe der Eytelweinschen Gleichung muß jedoch die Streifenziehkraft um den Biegungsanteil F_{SB} reduziert werden. Zur Ermittlung dieses Anteils wird ein Blechstreifen über einen drehbar gelagerten Formkopf gezogen. Dadurch verschwindet der Reibungsanteil und durch Messung der Zieh- und Gegenhaltekraft kann auf den Biegungsanteil geschlossen werden:

$$F_{SB} = F_{SZ_1} - F_{SG_1} \qquad (2\text{–}21)$$

Mit den bei feststehendem Formkopf gemessenen Kräften F_{SG} und F_{SZ} ergibt sich der Streifenreibwert zu:

$$\mu_{SZ} = \frac{2}{\pi} \ln \frac{F_{SZ} - F_{SB}}{F_{SG}} \, . \qquad (2\text{–}22)$$

3 Verfahren der Blechumformung

3.1 Tiefziehen

Das Tiefziehen ist das bedeutendste Fertigungsverfahren zur Herstellung von Blechwerkstücken mit allgemeiner dreidimensionaler Geometrie. Es wird im Bereich der Großserie, wie etwa in der Automobil- und Verpackungsindustrie, aber auch bei kleinen Serien, wie sie in der Flugzeugindustrie anfallen, eingesetzt. Unter den Verfahren der Blechverarbeitung nimmt das Tiefziehen als Grundlage zu den verschiedensten Gebrauchsgegenständen eine Sonderstellung ein. Die DIN 8584 [266] definiert dieses Verfahren folgendermaßen:

„Tiefziehen ist das Zugdruckumformen eines Blechzuschnittes (je nach Werkstoff auch einer Folie oder Platte, eines Ausschnittes oder Abschnittes) zu einem Hohlkörper oder eines Hohlkörpers zu einem Hohlkörper mit kleinerem Umfang ohne beabsichtigte Veränderung der Blechdicke."

Die richtige Beherrschung des Materialflusses, die Bestimmung des Rohteilzuschnittes, die Kenntnis der Grenzen, bis zu der die Umformung in einem Arbeitsgang getrieben werden kann und die Abschätzung der für die Formgebung erforderlichen Kraftwirkung sind wesentliche Voraussetzungen für die Erzielung optimaler Arbeitsergebnisse.

3.1.1 Grundlagen des Tiefziehens

3.1.1.1 Verfahrensprinzip

Das Verfahrensprinzip soll anhand der Fertigung eines kreiszylindrischen Ziehteils erläutert werden. Bild 3–1 zeigt das entsprechende Werkzeug. Der Blechzuschnitt, in diesem Fall eine ebene Blechronde, wird auf den Ziehring gelegt. Beim Niedergang des Stempels wird das Blech durch die Öffnung des Ziehringes gezogen, wobei der Blechwerkstoff nachfließt, so daß sich der äußere Durchmesser der Blechronde verkleinert. Nach dem Durchzug, bei dem sich die Hohlform gebildet hat, fährt der Stempel wieder nach oben. Da das Blech auffedert, stößt der obere Rand des gezogenen Teils gegen die untere Kante des Ziehringes und der Napf wird vom Stempel abgestreift. Das Abstreifen des Napfes kann auch mittels anderer

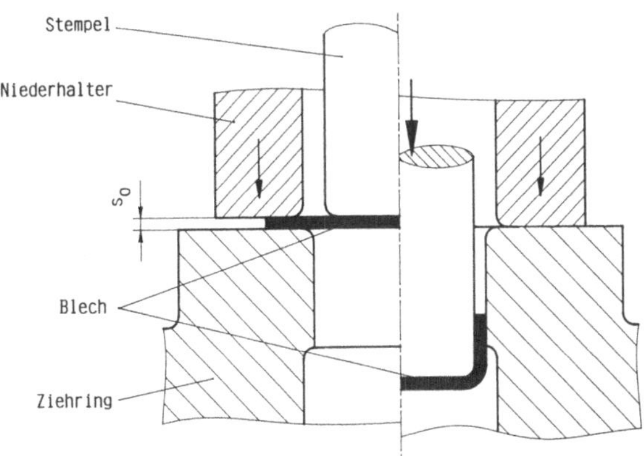

Bild 3–1. Tiefziehen einer ebenen Blechronde zu einem Napf.

Vorrichtungen erfolgen. Dies ist insbesondere dann erforderlich, wenn das Fertigteil einen Flanschansatz aufweisen soll, so daß ein Durchziehen des Bleches durch den Ziehring nicht möglich ist. Auf den Niederhalter kann in der Regel nicht verzichtet werden. Er spannt die Blechronde vor dem Aufsetzen des Stempels ein, wodurch eine Faltenbildung im Bereich des Flansches unterdrückt wird.

Während der Umformung des ebenen Blechzuschnittes wird der Werkstoff gedehnt und teilweise gestaucht, Bild 3–2. Die Fläche, die den Boden des Napfes ergibt, wird nur geringfügig umgeformt. Die Kreisringfläche zwischen Ausgangsrondendurchmesser d_0 und Napfinnendurchmesser d_1 wird zur Zarge des Napfes. Die dreieckigen Teilstücke b der Platine müssen bei der Umformung verdrängt werden. Durch Hochklappen der Segmente a und Aufaddieren der Fläche b′ (flächengleich mit b) ergibt sich die endgültige Napfhöhe h. Dies gilt natürlich nur unter der Voraussetzung einer unveränderten Blechdicke.

Die Abmessungen und Geometrien des Rohteil-Blechzuschnittes richten sich also nach Form und Größe des herzustellenden Werkstückes. Für kreisrunde Ziehteile kann die Ausgangsronde relativ einfach aus der Volumenkonstanz berechnet werden. Geht man davon aus, daß die Blechdicke während der Umformung konstant bleibt und in der Regel sehr klein gegenüber den Außenabmessungen ist, ergibt sich die Rondenfläche mit dem Durchmesser d_0 aus der Oberfläche A_z des Fertigteils:

$$d_0 = \sqrt{\frac{4}{\pi} A_z} \,. \qquad (3–1)$$

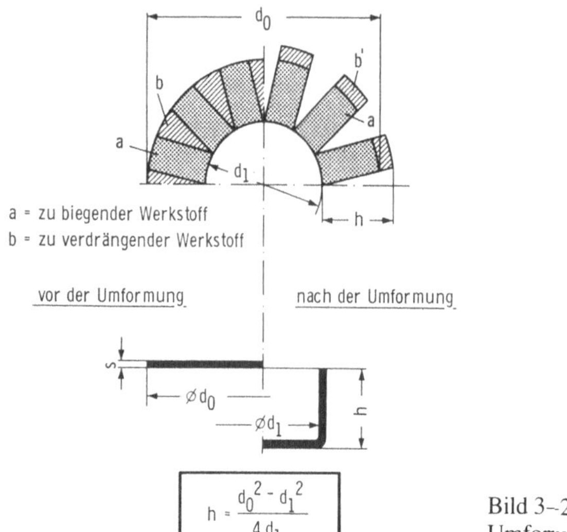

Bild 3–2.
Umformung einer Blechronde.

Für die Zuschnittberechnung runder Ziehteile empfiehlt sich eine Aufteilung in einzelne Flächenelemente. Die Auswahl im Bild 3–3 reicht meistens auch für verwickelte Formen aus. Aufgrund von Blechdickenschwankungen und anderen Einflußgrößen besitzt die Berechnung nur überschlägigen Charakter. Oft wird ein nachträgliches Beschneiden des Werkstückes oder eine Korrektur des Zuschnittes notwendig, die an Hand von Probezügen vorgenommen wird.

Bei komplexeren Ziehteilen, wie eckigen Hohlkörpern oder völlig unregelmäßigen Geometrien von Karosserieteilen, gestaltet sich die Berechnung des Zuschnittes erheblich schwieriger. In diesen Fällen muß eine Abwicklung des Fertigteils Aufschluß über die Form und Abmessung des Rohbleches ergeben [91; 165; 211; 230].

3.1.1.2 Zulässige Formänderungen

Die zur Umformung benötigte Kraft wirkt nur mittelbar auf die plastischen Vorgänge in der Umformzone ein. Denn die Umformzone liegt im Flansch und im Bereich der Ziehringrundung, während die Kraft vom Stempel über den Napfboden, den Übergang Boden-Zarge und die Zarge selbst eingeleitet wird. Dadurch treten vornehmlich in der Napfwand und dem Bereich der Stempelrundung hohe Zugspannungen auf, die zu einer Wandschwächung führen können und bevorzugt an diesen Stellen eine Rißbildung hervorrufen.

Flächenelement	Fläche A	Flächenelement	Fläche A
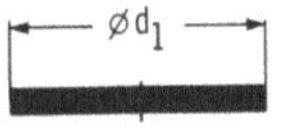 $\varnothing d_1$	$\frac{\pi}{4} \cdot d_1^2$	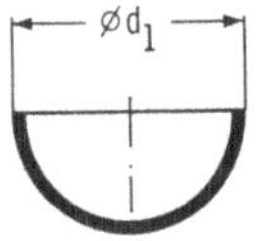 $\varnothing d_1$	$\frac{\pi \cdot d_1^2}{2}$
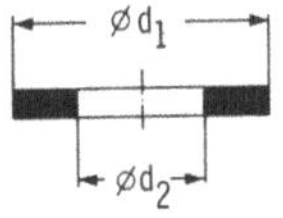 $\varnothing d_1$, $\varnothing d_2$	$\frac{\pi}{4} (d_1^2 - d_2^2)$	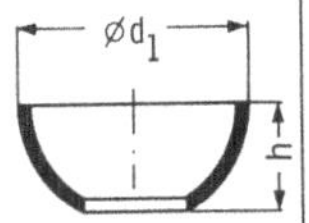 $\varnothing d_1$, h	$\pi \cdot d_1 \cdot h$
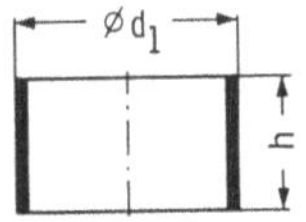 $\varnothing d_1$, h	$\pi \cdot d_1 \cdot h$	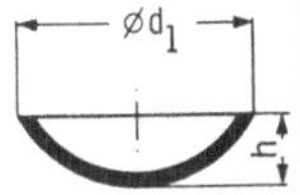 $\varnothing d_1$, h	$\frac{\pi}{4} (d_1^2 + 4h^2)$
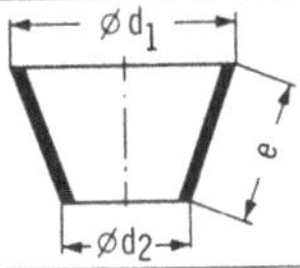 $\varnothing d_1$, $\varnothing d_2$, e	$\frac{\pi \cdot e}{2} (d_1 + d_2)$	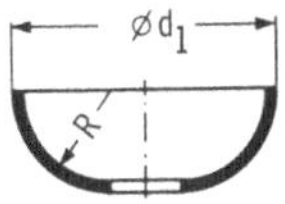 $\varnothing d_1$, R	$\frac{\pi^2 \cdot R}{2} (d_1 - 0{,}7\ R)$
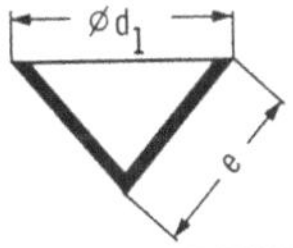 $\varnothing d_1$, e	$\frac{\pi \cdot d_1 \cdot e}{2}$	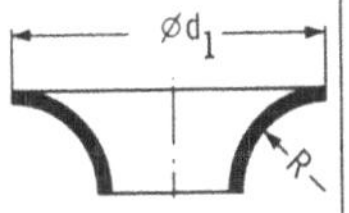 $\varnothing d_1$, R	$\frac{\pi^2 \cdot R}{2} (d_1 - 1{,}3\ R)$

Bild 3–3. Ausgewählte Flächenelemente zur Zuschnittsberechnung (nach *Oehler/Kaiser*).

Bild 3–4 verfolgt den Verlauf eines Volumenelementes während der unterschiedlichen Stadien des Tiefziehvorgangs. Solange sich das Element noch im Flansch des Napfes befindet, treten Zugspannungen in radialer (σ_r) und Druckspannungen in tangentialer (σ_t) Richtung auf. Das Element wird in radialer Richtung gestreckt und in tangentialer Richtung gestaucht.

Wird ohne Niederhalter gearbeitet und die Knickstabilität des Bleches durch die tangentialen Druckspannungen überschritten, so kommt es im Flanschbereich zur Faltenbildung. Der Niederhalter erzeugt eine Druckspannung in axialer Richtung (σ_z), die der Faltenbildung entgegen wirkt. Dieses bedingt allerdings auch eine zusätzliche Reibung zwischen Blech und Niederhalter sowie zwischen Blech und Ziehring. Überschreitet der durch die Niederhalterkraft hervorgerufene Niederhalterdruck p_N ($p_N = \sigma_z$) zu Beginn des Umformvorgangs den in der Praxis üblichen Maximalwert

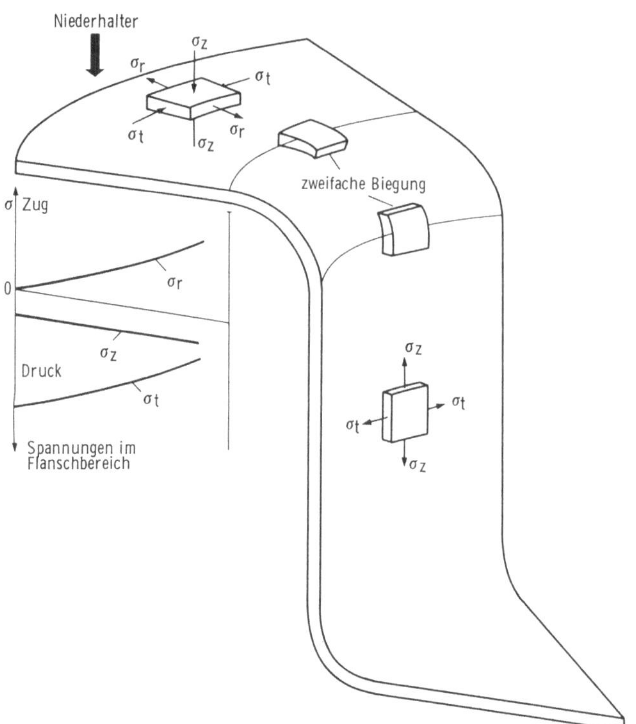

Bild 3–4. Beanspruchungsverhältnisse während des Tiefziehvorgangs.

p_{Nmax} = 10 N/mm^2 nicht, so werden die Spannungen σ_r und σ_t durch ihn kaum beeinflußt [198].

Beim Übergang vom Flansch zur Zarge unterliegt das Blech einer doppelten Biegebeanspruchung. Am Einlauf der Ziehringrundung wird das Blech auf dessen Radius gebogen. Am Auslauf aus der Ziehringrundung erfolgt ein Rückbiegen in den geraden, zylindrischen Teil der Napfwandung (vgl. Bild 3–4). In der Napfwandung schließlich herrschen Zugspannungen in axialer Richtung vor, die sich aus der Radialspannung im Blechflansch, den Biegespannungen an der Ziehringrundung und den Reibungseinflüssen ergeben [141].

Entsprechend dem vorherrschenden Spannungszustand verteilen sich die Formänderungen der Ziehteile auf die Hauptspannungsrichtungen in radialer und tangentialer Richtung sowie senkrecht zur Blechebene. Wird das rechteckige Werkstoffelement im Bild 3–5 in seiner Längsrichtung gedehnt, so nimmt die bisherige Länge l_0 zu und wird auf l_1 vergrößert.

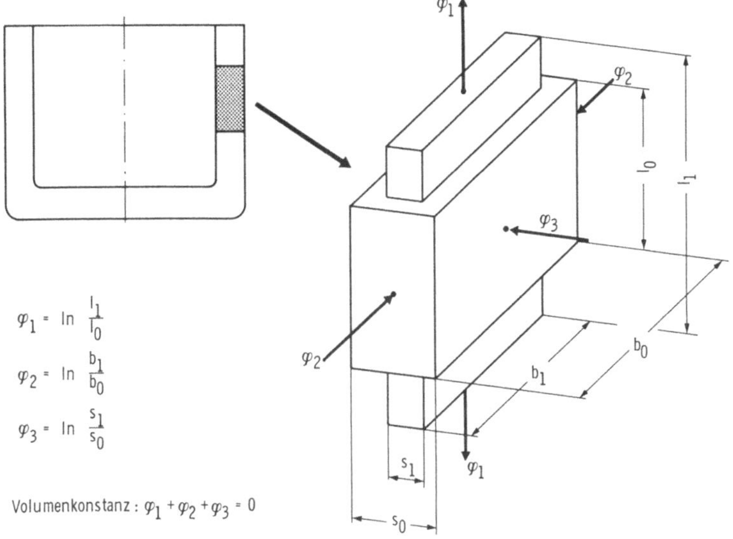

Bild 3–5. Formänderungen an einem Volumenelement.

Kennzeichnend dafür ist der Umformgrad φ_l. Wegen der Volumenkonstanz verringern sich die Breite b_0 auf b_1 und die Dicke s_0 auf s_l. Die Summe der Umformgrade ergibt Null. In dem hier dargestellten Fall sind also die Formänderung φ_1 positiv und die Formänderungen φ_2 und φ_3 negativ.

Da das Blech während des Tiefziehens den verschiedensten Spannungszuständen unterworfen ist, sind die Umformgrade im fertigen Napf sehr unterschiedlich verteilt. Unmittelbar nach Aufsetzen des Stempels auf der Platine bleibt die Umformung auf die Kreisringfläche zwischen Stempel und Ziehring sowie auf den späteren Boden des Napfes beschränkt. Während dieser Phase herrscht ein rein zweiachsiger Spannungszustand vor, dem sich mit zunehmendem Stempelweg eine Biegung um die Stempel- und Ziehkantenrundung überlagert [165]. Daher bleibt die ursprüngliche Blechdicke s_0 nur in der Bodenmitte erhalten. Zum Bodenrand hin nimmt sie aufgrund der Dehnung erheblich ab. Ihren geringsten Wert weist sie im Bereich der Stempelkantenrundung auf. Risse treten bevorzugt an dieser Stelle auf.

Hat sich der Blechwerkstoff an die gesamte Stempelrundung angelegt, so stellt sich mit größer werdendem Stempelweg ein Zug-Druck-Spannungszustand ein. Durch die tangentiale Stauchung des Bleches nimmt die Blechdicke in der Seitenwand des fertigen Napfes mit zunehmender Napfhöhe wieder zu und erreicht am oberen Napfrand ein Maximum mit einem

Wert, der größer als die Ausgangsblechdicke s_0 ist. Um ein Abstrecken des Werkstoffs zu verhindern, muß jedoch auch der Ziehspalt größer sein als die Ausgangsblechdicke.

Da die örtlichen Formänderungen nicht im voraus berechnet werden können und die Blechdicke vor allem bei komplexeren Formen meßtechnisch kaum zu erfassen ist, werden zur experimentellen Ermittlung der Umformgrade meist Liniennetze eingesetzt, die vor der Umformung auf die Blechronde aufgebracht werden. Aus den Verformungen des Meßrasters lassen sich die Umformgrade in tangentialer und axialer Richtung bestimmen. Der Umformgrad in Blechdickenrichtung wird mit Hilfe der Kontinuitätsgleichung

$$\varphi_1 + \varphi_2 + \varphi_3 = 0 \qquad (3-2)$$

berechnet. Bild 3–6 zeigt die Verläufe der Umformgrade φ_1, φ_2 und φ_3 über der Abwicklung eines tiefgezogenen Napfes. Je nach Vorzeichen des Umformgrades φ_3 hat sich die Blechdicke vergrößert oder verringert.

Vor allem bei komplizierten Formteilen kann es notwendig sein, an Hand des Liniennetzverfahrens die Bedingungen an besonders kritischen Stellen

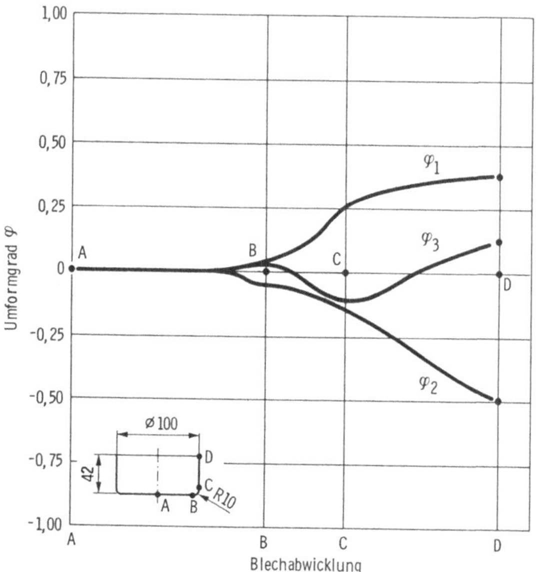

Bild 3–6. Verlauf der Umformgrade über der Abwicklung eines tiefgezogenen Blechnapfes (nach *Oehler/Kaiser*).

zu analysieren, um gegebenenfalls Korrekturmaßnahmen hinsichtlich der Werkzeugform, des Platinenzuschnittes oder aber auch des Blechwerkstoffs vornehmen zu können. Bei rechteckigen Ziehteilen wird das Material beispielsweise an den Ecken aufgestaut, während es in der Mitte der Seiten außer einer leichten Biegebeanspruchung weitgehend ungehindert herangezogen wird. Infolge der auftretenden Spannungsunterschiede besteht in den Eckenbereichen die Gefahr des Einreißens. Daher muß der Materialfluß an den Ecken erleichtert oder aber in der Seitenmitte behindert bzw. gebremst werden; dies kann beispielsweise durch das Anbringen von sogenannten Wulsten erfolgen.

An Hand des Grenzformänderungsschaubildes kann beurteilt werden, ob die jeweiligen Dehnungskombinationen im kritischen Bereich liegen, so daß eine Einschnürung des Bleches und damit Rißgefahr auftritt [161].

Mit dem Vergleichsumformgrad

$$\varphi_V = \sqrt{\frac{2}{3}\left(\varphi_1^2 + \varphi_2^2 + \varphi_3^2\right)} \qquad (3\text{–}3)$$

kann an Hand der Fließkurve eine Aussage über das Festigkeitsverhalten an der betrachteten Stelle des Werkstückes getroffen werden.

Ein das Ausmaß der Umformung eines Ziehprozesses beschreibender Kennwert ist das Tiefziehverhältnis β, das definiert ist als der Quotient aus Rondendurchmesser d_0 und Innendurchmesser d_1 des Napfes (Stempeldurchmesser) beim Erstzug:

$$\beta = \frac{d_0}{d_1} \qquad (3\text{–}4)$$

Für den Weiterzug wird das Tiefziehverhältnis aus der Abnahme des Innendurchmessers des Napfes bestimmt. Zur Kennzeichnung der einzelnen Stufen der Umformung wird das Tiefziehverhältnis β mit einem Index versehen. Der Index 0 bezeichnet hierbei den Erstzug, der Index 1 den ersten Weiterzug usw.

Das Ziehverhältnis ist nach oben begrenzt. Mit größer werdendem Ziehverhältnis steigt nämlich bei sonst gleichen Bedingungen die maximale Ziehkraft F_{Zmax}. Da diese Kraft von der Zarge des Ziehteils übertragen werden muß, reißt bei zu hohem β der Bodenrand infolge zu hoher Zug- bzw. Dehnungsbeanspruchung. Das Grenzziehverhältnis β_{max} darf als kennzeichnende Größe für die Grenzformänderung beim Tiefziehen nicht überschritten werden. Große Ziehtiefen können nur stufenweise mit gegebenenfalls zwischengeschalteten Entfestigungsvorgängen erreicht werden.

Das Grenzziehverhältnis hängt von den Rohteilabmessungen und der Werkzeuggeometrie ab, wird aber auch von weiteren Parametern wie Blechwerkstoff, Niederhalterkraft, Reibungsverhältnissen usw. beeinflußt. So muß bei der Wahl des Ziehverhältnisses zwischen Weiterzug mit bzw. ohne vorangegangenem Zwischenglühen unterschieden werden. Beim Weiterzug ist das Ziehverhältnis wegen der Kaltverfestigung während der vorausgegangenen Züge jeweils kleiner festzulegen als im vorigen Zug. Für unlegierte weiche Stahlbleche z.B. beträgt das Ziehverhältnis im Erstzug bis $\beta_0 = 2{,}0$, während im ersten Weiterzug ohne Zwischenglühen $\beta_1 = 1{,}3$ und mit Zwischenglühen $\beta_1 = 1{,}7$ möglich ist.

Mit zunehmendem auf die Blechdicke bezogenen Stempeldurchmesser nimmt das Grenzziehverhältnis aufgrund der ungünstigeren Reibungsverhältnisse ab. Das Reibverhalten wird zusätzlich von der Werkstoffpaarung Werkstück-Werkzeug, der Oberflächenbeschaffenheit der Reibpartner, der Schmierung sowie vom Niederhalterdruck beeinflußt, so daß sich Änderungen dieser Parameter ebenfalls auf das Grenzziehverhältnis auswirken.

3.1.1.3 Kräfte

Für die Auslegung der Werkzeuge und die Auswahl geeigneter Maschinen müssen u.a. die Kräfte vorausbestimmt werden. Wegen der vielen Einflußfaktoren werden die entsprechenden Rechnungen im allgemeinen nicht mit Hilfe der Plastizitätstheorie, sondern unter Anwendung empirischer Formeln durchgeführt.

3.1.1.3.1 Ziehkraft

Die Ziehkraft ist beim Tiefzug eines zylindrischen Napfes (vgl. Bild 3–1) in erster Linie von der mittleren Formänderungsfestigkeit, dem Stempeldurchmesser, dem Blechrondendurchmesser und der Blechdicke abhängig.

Analog zu den Spannungen setzt sich die Ziehkraft F_Z zusammen aus der ideellen Ziehkraft F_{Zid} für die verlustfreie Umformung und den Krafterhöhungen, die sich durch Reibung an der Ziehringrundung und dem Niederhalter (F_R) sowie durch Biegung des Bleches an der Ziehringrundung (F_b) ergeben.

Nach *Siebel* [211] werden die Kraftüberhöhungen durch einen Umformwirkungsgrad η_F berücksichtigt:

$$F_{Zmax} = \pi \, d_m \, s_0 \left[1{,}1 \, \frac{k_{fm}}{\eta_F} \left(\ln \frac{d_0}{d_1} - 0{,}25 \right) \right] . \qquad (3\text{–}5)$$

In dieser Gleichung ist d_m der mittlere Zargendurchmesser

$$d_m = d_1 + s_0 , \tag{3–6}$$

k_{fm} die mittlere Fließspannung im Flanschbereich und η_F der Umformwirkungsgrad, definiert als Quotient aus ideeller Umformarbeit und tatsächlich verbrauchter gesamter, also effektiver Umformarbeit. Der Umformwirkungsgrad liegt beim Tiefziehen zwischen 0,5 und 0,7, wobei die niedrigen Werte für dünnwandige und die hohen Werte für dickwandige Näpfe gelten. Für die mittlere Fließspannung k_{fm} im Flansch kann überschlägig folgender Zusammenhang mit der Ausgangsfestigkeit R_m angenommen werden:

$$k_{fm} \approx 1{,}3\, R_m \tag{3–7}$$

In Gl. (3–7) ist gleichzeitig berücksichtigt, daß die Ziehkraft ihren größten Wert erst nach einem bestimmten Stempelweg erreicht.

Der Verlauf der Ziehkraft als Funktion des Stempelweges wird in Ziehkraftdiagrammen dargestellt, Bild 3–7. Zu Beginn des Hubes, also kurz nach dem Aufsetzen des Stempels auf der Blechronde, steigt die Ziehkraft bei zunehmender Verfestigung des Werkstoffs steil an. Nach *Siebel* [211] erreicht die Ziehkraft ihren Maximalwert nach etwa 25 % Formänderung, also wenn der momentane Außendurchmesser der Ronde etwa 0,75 d_0 entspricht, vgl. Gl. (3–5). Ist der Ziehspalt zu eng, erfolgt ein Abstrecken des Werkstoffs, also eine Verminderung der Blechdicke. Dabei wird der Maximalwert der Ziehkraft erst nach einem größeren Stempelweg erreicht. Wird das Ziehteil nicht voll durchgezogen, weil ein Flansch verbleiben muß, fällt die Ziehkraft steil auf Null ab. Die zum Tiefziehen notwendige Arbeit entspricht dem Flächeninhalt unter der jeweiligen Ziehkraftkurve.

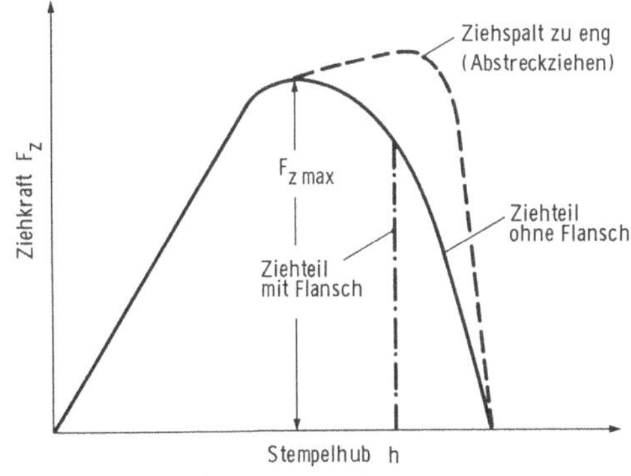

Bild 3–7. Ziehkraftschaubilder (nach *Oehler/Kaiser*).

3.1.1.3.2 Niederhalterkraft

Der Niederhalter hat die Aufgabe, unerwünschte Faltenbildung durch Ausknicken des Blechflansches aufgrund tangentialer Druckspannungen zu vermeiden. Die Erfüllung dieser Aufgabe erfordert einen Mindestdruck, mit dem der Niederhalter auf die Blechronde drückt. Andererseits darf der Niederhalterdruck nicht zu groß sein, da das Blech sonst zu stark gebremst wird, so daß es zu Bodenreißern kommen kann (vgl. Abschn. 3.1.5).

Nach *Siebel* [211] kann der zur Vermeidung von Faltenbildung erforderliche Niederhalterdruck nach folgender Formel berechnet werden:

$$p_N = 0{,}002 \ldots 0{,}003 \left[(\beta - 1)^3 + \frac{0{,}5 \cdot d_1}{100 \cdot s_0} \right] R_m \,. \qquad (3\text{–}8)$$

Der optimale Niederhalterdruck ist also abhängig vom Tiefziehverhältnis β, dem Verhältnis Stempeldurchmesser d_1 zur Blechdicke s_0 und den Festigkeitseigenschaften des umzuformenden Werkstoffs. Bild 3–8 zeigt ein Nomogramm zur Bestimmung des Niederhalterdruckes. Die Angaben beziehen sich ebenso wie Gl. (3–8) auf runde, zylindrische Ziehteile. Für unregelmäßige Formen sind die erforderlichen Niederhalterdrücke kaum ohne Probezüge zu bestimmen.

Die vom Niederhalter ausgeübte Kraft F_N berechnet sich aus dem Niederhalterdruck und der vom Niederhalter beaufschlagten Fläche A_N:

$$F_N = p_N \, A_N \qquad (3\text{–}9)$$

Zur Berechnung der Fläche A_N ist neben dem Ausgangsrondendurchmesser d_0, dem Stempeldurchmesser d_1 und dem Ziehspalt u_z auch der Ziehringradius r_R zu berücksichtigen:

$$A_N = \frac{\pi}{4} \left[d_0^2 - (d_1 + 2u_z + 2r_R)^2 \right]. \qquad (3\text{–}10)$$

In der Regel wird der Niederhalterdruck als Anfangsdruck zu Beginn der Tiefziehoperation angegeben. Mit zunehmender Umformung verringert sich die Flanschfläche, so daß sich bei konstanter Niederhalterkraft der spezifische Flächendruck erhöht. Weiterhin nimmt während des Einziehens die Blechdicke am äußeren Rand zu. Daher gibt es verschiedene Möglichkeiten, die Niederhalterkraft an den Stempelweg anzupassen, auf die im Abschn. 3.1.3 näher eingegangen wird.

3.1.1.4 Reibung, Schmierung

Die Reibungsverhältnisse haben einen entscheidenden Einfluß auf das Tiefziehergebnis, insbesondere dann, wenn große Teile, wie sie z.B. im Automobilbau anfallen, oder extrem dünne Bleche gezogen werden.

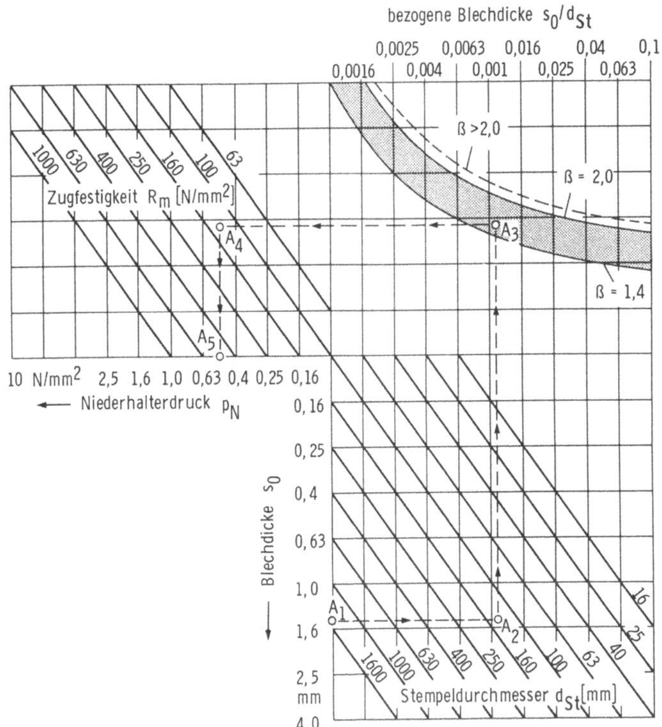

Bild 3–8. Niederhalterdruck beim Tiefziehen runder, zylindrischer Teile im Erstzug (nach *Oehler/Kaiser*).

Reibung zwischen Werkzeug und Blechronde entsteht in drei verschiedenen Zonen:

1. an der Blechauflagefläche am Ziehring bzw. Niederhalter,
2. an der Ziehkantenrundung und
3. an der Stempelkantenrundung.

Die Reibung in den Zonen 1 und 2 beeinflußt wesentlich die Höhe der aufzubringenden Ziehkraft. Eine verminderte Reibung an diesen Stellen führt zu einer geringeren maximalen Ziehkraft, so daß die Umformgrade im Blechflansch erhöht und größere Grenzziehverhältnisse β_{max} erzielt werden können. Die Reibung in diesen Zonen, also der eigentlichen Umformzone, sollte demnach möglichst gering sein. Durch geeignete Schmiermittel [178] und den Einsatz kunststoffbeschichteter Stahlbleche [52] kann das Grenzziehverhältnis entsprechend erhöht werden.

Mit zunehmender Größe des Ziehteils oder mit abnehmender Blechdicke s_0, also mit zunehmendem d_0/s_0-Verhältnis, steigt der Anteil der Reibungskräfte an der Gesamtziehkraft an, Bild 3–9 [36].

Im Gegensatz zur Reibung im Flanschbereich beeinflussen die Reibverhältnisse im Bereich der Stempelkantenrundung die vom Ziehteilboden in die Zarge übertragbare maximale Stempelkraft positiv. Mit zunehmender Reibung an der Stempelkantenrundung erhöht sich das Grenzziehverhältnis β_{max}, da zur Verformung eine höhere Kraft zur Verfügung steht.

Um Ziehfehler, insbesondere das Reißen des Werkstoffs auch bei höheren Umformgraden zu verhindern, werden in der Praxis Schmiermittel und Schutzüberzüge eingesetzt. Gleichzeitig können durch Schmiermittel Verschleißerscheinungen am Werkzeug vermindert und die Oberflächenbeschaffenheit des Werkstückes verbessert werden.

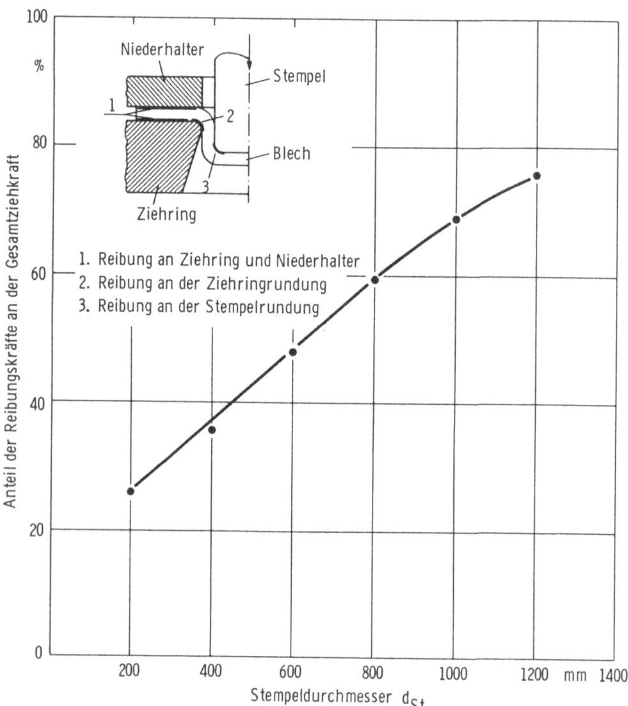

Bild 3–9. Anteil der Reibungskraft an der Gesamtziehkraft in Abhängigkeit vom Stempeldurchmesser (nach *Doege*).

Verwendet werden sowohl flüssige als auch feste bzw. pastöse Schmiermittel auf Fett- bzw. Mineralölbasis [91]:

- Schmierstoffe auf Fettbasis in flüssiger Form (Rizinusöl, Reiböl, Leimöl, Tranöl, Lardöl),
- Schmierstoffe auf Mineralölbasis in flüssiger Form (Maschinenöl, Zylinderöl, Petroleum, Karbidöl) und in fester Form (Schmierfette, Vaseline).

Dabei finden neben reinen Ölen auch Emulsionen sowie Zusätze zu flüssigen Schmiermitteln aus festen Stoffen mit natürlicher Schmierwirkung, wie Flockengraphit, Talkum und Schlämmkreide Anwendung. Sollen die zu fertigenden Blechteile einer galvanischen Nachbehandlung unterzogen werden, empfiehlt es sich, aufspritzbare oder einlegbare plastische Folien zu verwenden, die sowohl die Blechoberfläche schützen als auch die Werkzeugstandzeit aufgrund fehlender metallischer Berührung zwischen Blech und Ziehring erhöhen [165]. Eine weitere Maßnahme, die Reibung zu verringern, besteht darin, die Bleche vor der Umformung z. B. zu phosphatieren oder zu verkupfern.

3.1.2 Verfahrensvarianten und Fertigungsbeispiele

3.1.2.1 Tiefziehen mit starren Werkzeugen

3.1.2.1.1 Niederhalterloses Tiefziehen

Die Frage, ob mit Niederhalter gearbeitet werden muß oder nicht, hängt von der relativen Blechdicke der Ausgangsronde ab. Der Einsatz eines Niederhalters ist normalerweise notwendig, wenn gilt:

$$s_0 \leq 0{,}2\,(d_0 - d_1). \qquad (3\text{–}11)$$

Für Blechdicken, die nicht in diesen Bereich fallen, also für relativ dicke Bleche, kann auf einen Niederhalter verzichtet werden, da die Knickstabilität des Bleches dann ausreichend groß ist, um die auftretende tangentiale Stauchung ohne Faltenbildung im Flanschbereich zu ertragen (vgl. Abschn. 3.1.1.2). Der Vorteil des Tiefziehens ohne Niederhalter besteht darin, daß die Werkzeuge einfach aufgebaut sind. Da die Reibung des Bleches am Niederhalter wegfällt, verringert sich die erforderliche Stempelkraft. Außerdem können einfach wirkende Pressen eingesetzt werden.

Allerdings ist beim Tiefziehen ohne Niederhalter zumeist eine modifizierte geometrische Ziehringform erforderlich. Die einfachste Möglichkeit besteht in einer Vergrößerung des Rundungsradius am Ziehring, wodurch sich bei Stahlblechen im Erstzug ein Grenzziehverhältnis bis zu $\beta_{max} = 2{,}8$ erzielen läßt. Ein anderes Verfahren ist das Durchziehen der Blechscheibe durch eine kegelige Einzugsöffnung des Ziehringes, wobei der Anfangsdurchmesser dieser Öffnung möglichst so groß wie der Zuschnittsdurchmesser der Blechronde sein sollte.

Bei dem sogenannten Traktrixeinlauf, Bild 3–10, kann die Stempelkraft gegenüber der üblichen Ziehringform noch deutlicher reduziert werden. Der Einsatz dieses Schleppkurvenprofils geht von dem Gedanken aus, daß der Rand der Ronde stets am Ziehring anliegt. Auf diese Weise ist der Hebelarm stets maximal, was einerseits die aufzubringende Biegekraft minimiert und andererseits durch die hohe Flächenpressung am Zargenrand einer Faltenbildung entgegenwirkt [152].

Nach oben hin begrenzt wird das erreichbare Ziehverhältnis beim Ziehen ohne Niederhalter durch das Auftreten von Faltenbildung und Bodenreißern. Aber auch das Unterschreiten eines bestimmten Ziehverhältnisses führt zu einem Versagensfall, der sogenannten Schalenbildung, wobei ein Napf ohne zylindrische Zarge entsteht [128; 165].

3.1.2.1.2 Tiefziehen in Stufen

Da das Ziehverhältnis durch die maximale Ziehkraft begrenzt ist (vgl. Abschn. 3.1.1.2), können größere Ziehtiefen nur stufenweise erreicht werden. Bild 3–11 zeigt ein entsprechendes Werkzeug für den Weiterzug eines vorgezogenen Napfes.

Oft lassen sich konische, kugelige oder parabolische Formen auch dann nicht in einem Zug herstellen, obwohl das entsprechende Grenzziehverhältnis nicht überschritten würde. Dies liegt daran, daß ein großer Teil der

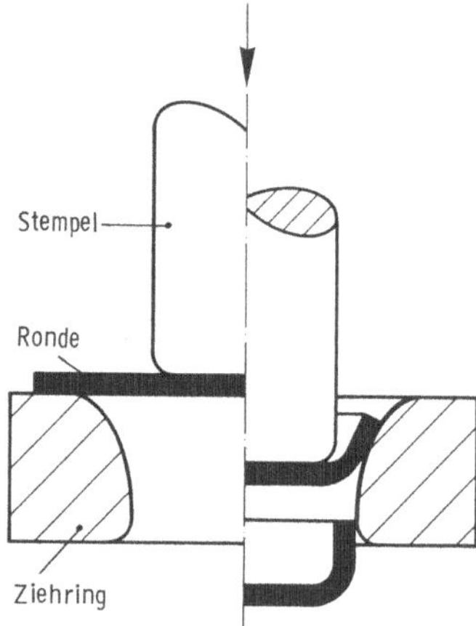

Bild 3–10. Ziehring mit Traktrixeinlauf.

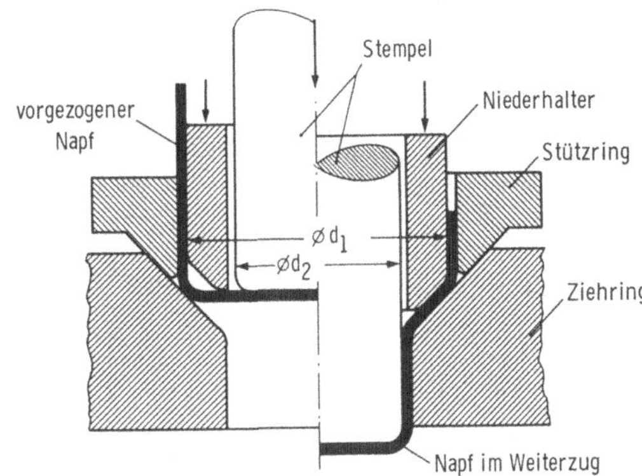

Bild 3–11.
Ziehwerkzeug für den Weiterzug.

Blechronde (zwischen der Spitze des Ziehstempels und der Schulter des Ziehrings) nicht unter dem Druck des Niederhalters steht. Diese Teilfläche müßte so lange, bis das Blech am Stempel anliegt, frei, also ohne formschlüssige Unterstützung, gebogen bzw. umgeformt werden. Hier wäre eine Faltenbildung nicht zu vermeiden. Daher werden in mehreren Zügen gestufte, zylindrische Formen hergestellt, die im Kalibrierzug zur gewünschten Endkontur umgeformt werden.

Bild 3–12 zeigt die Ziehstufen zur Herstellung eines Lampenreflektors. Um Faltenbildung sicher zu vermeiden, erfordert die Herstellung des Reflektors in diesem Beispiel eine Unterteilung in vier Vorzüge und einen Kalibrierzug. Oftmals läßt sich eine Markierung der einzelnen Ziehstufen im Blech nicht vermeiden, so daß die anschließende Polierarbeit beeinträchtigt und erschwert wird. Abhilfe schafft der Einsatz von Tiefziehverfahren mit Wirkmedien (vgl. Abschn. 3.1.2.2).

3.1.2.1.3 Tiefziehen über Wulste

Zur Beeinflussung des Werkstoffflusses während des Umformvorgangs werden Ziehwulste, teilweise auch Ziehsicken oder Ziehleisten genannt, eingesetzt. Es ist zwischen Einfließwulsten und Bremswulsten zu unterscheiden.

Der Einfließwulst wird umlaufend als Ziehkante angebracht, Bild 3–13. Er dient zur Vermeidung von Faltenbildung bei konischen, parabolischen oder kugeligen Ziehteilen, bei denen relativ große Werkstoffbereiche auftreten, die nicht unmittelbar mit Druck beaufschlagt sind. Eine einmal aufgetretene Faltenbildung läßt sich in der Regel nicht wieder beseitigen. Daher ist der Zustand in der Umformzone so zu beeinflussen, daß die

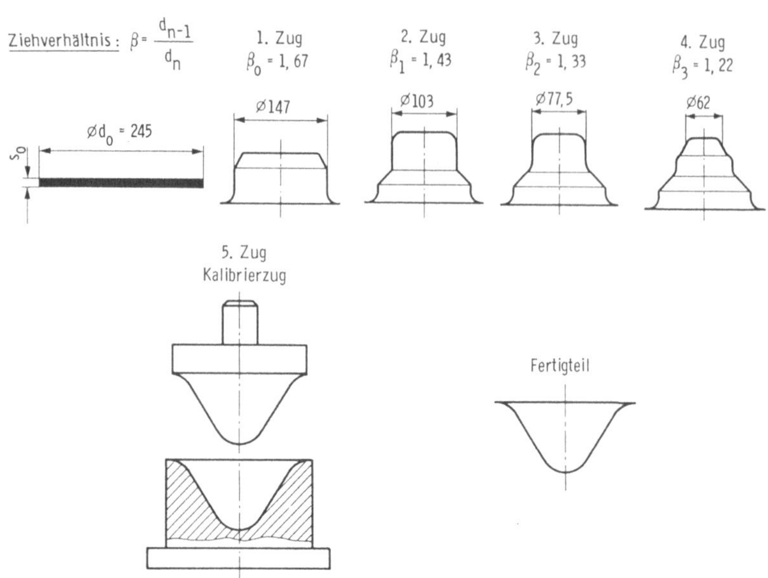

Bild 3–12. Ziehen eines konischen Werkstückes mit zylindrischen Zwischenzügen.

tangentialen Druckspannungen, die zur Faltenbildung führen, möglichst klein sind. Beim Einsatz von Einfließwulsten wird dies erreicht, indem der Werkstoff beim Gleiten zwischen Niederhalter und Ziehwulst eine leichte Stauchung erfährt, da der Spalt kleiner als die Blechdicke ist und beim Ziehen über den Wulst gebogen wird. Diese Vorverformung bewirkt, daß sich die Radialspannungen im Ziehteil erhöhen und die Tangentialspannungen vermindern [276].

Für Großwerkzeuge, insbesondere für unregelmäßig geformte eckige Ziehteile, z.B. Karosserieteile, sind Bremswulste von Bedeutung. Sie sollen zur Steuerung des Werkstoffflusses beitragen und werden an den Stellen angeordnet, an denen der Werkstoff zu leicht über die Ziehkante gleiten würde. Zu diesem Zweck werden die Ziehstäbe in einem gewissen Abstand zur Ziehkante im Niederhalter des Tiefziehwerkzeuges vorgesehen, Bild 3–14. Durch die mehrmalige Umlenkung des Bleches im Flansch wird dem Blech an den jeweiligen Stellen ein örtlicher Widerstand entgegengesetzt. Auf diese Weise kann auch bei komplizierten Teilen der eine Versagensgefahr darstellende Unterschied zwischen den Spannungen in den Seitenwänden und den Ecken herabgesetzt werden. Der Werkstoff fließt dann, ähnlich wie beim zylindrischen Ziehen, nahezu gleichmäßig in

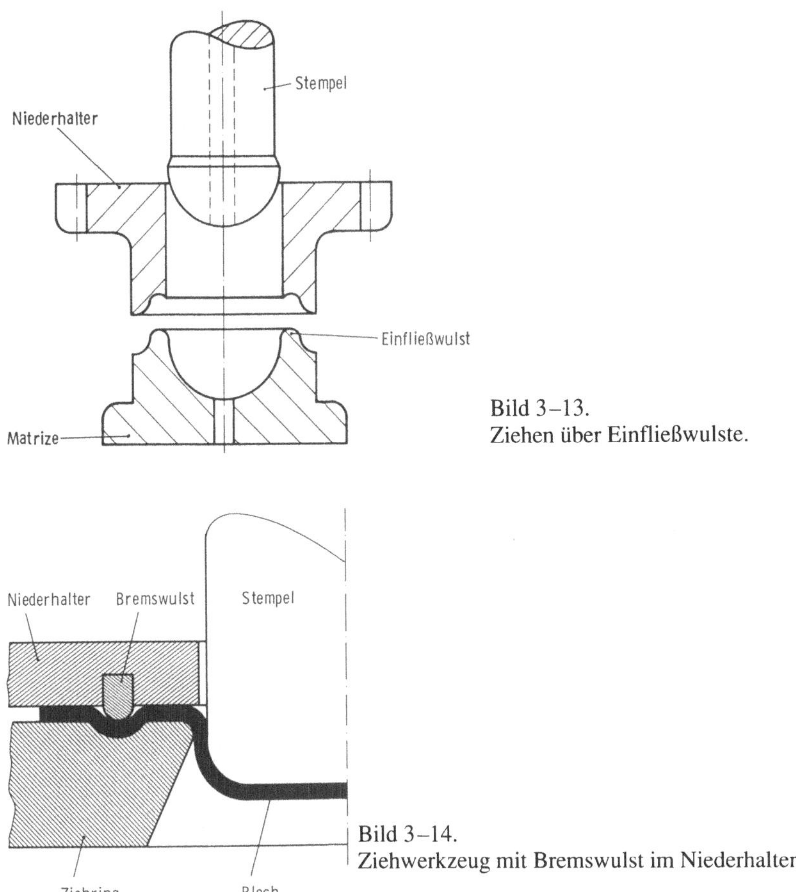

Bild 3–13.
Ziehen über Einfließwulste.

Bild 3–14.
Ziehwerkzeug mit Bremswulst im Niederhalter.

die Umformzone [80]. Bei rechteckigen Ziehteilen z. B. werden aus diesem Grund die Bremswulste nur auf der Seitenmitte angebracht, hier aber teilweise in zwei, drei oder noch mehr Reihen.

Neben der Anzahl und Länge sind auch Höhe und Abrundung der Ziehstäbe für den Werkstofffluß maßgebend. Zur Befestigung von Wulsten, soweit sie nicht im Modell für die Gießform bereits berücksichtigt wurden, sind mehrere Arten vorgesehen [165; 276]. Dabei sollte auch auf Auswechselbarkeit geachtet werden. So kann es sich erst im Laufe der Produktion herausstellen, ob Teile des Wulstes besser fortzulassen, weitere Wulste anzubringen, oder aber veränderte Geometrien einzusetzen sind.

Neuere Untersuchungen [81] beschäftigen sich eingehender mit dem Einfluß von Ziehstäben auf die Umformverhältnisse.

3.1.2.1.4 Stülpziehen

Im Gegensatz zum Tiefziehen in Stufen, bei dem die Umformung in Richtung des vorhergehenden Zuges erfolgt (vgl. Bild 3–11), wirkt beim Stülpziehen der Stempel während des Stülpzuges in entgegengesetzter Richtung zur Stempelwirkrichtung des vorangegangenen Zuges [266].

Im einfachsten Fall wird der vorgezogene Napf auf einen Stülpring aufgesetzt und vom Stempel über die Ziehkante dieses Stülpringes durchgezogen, Bild 3–15, links. Durch die Umkehr der Bewegungsrichtung wird die vorher außen befindliche Napfseite nach innen und die Napfinnenseite nach außen gestülpt.

Ein wesentlicher Vorteil des Stülpziehens besteht darin, Erstzug und Stülpzug in einem Arbeitsgang, also mit einem Werkzeug während eines Pressenhubes, durchzuführen (Bild 3–15, rechts). Auf diese Weise ist scheinbar das Ziehverhältnis in einem einzigen Zug erhöht, wobei es sich jedoch um einen Doppelzug handelt, bei dem der Stülpring zunächst als hohler Stempel für den Vorzug und anschließend als Ziehring für den Stülpzug dient.

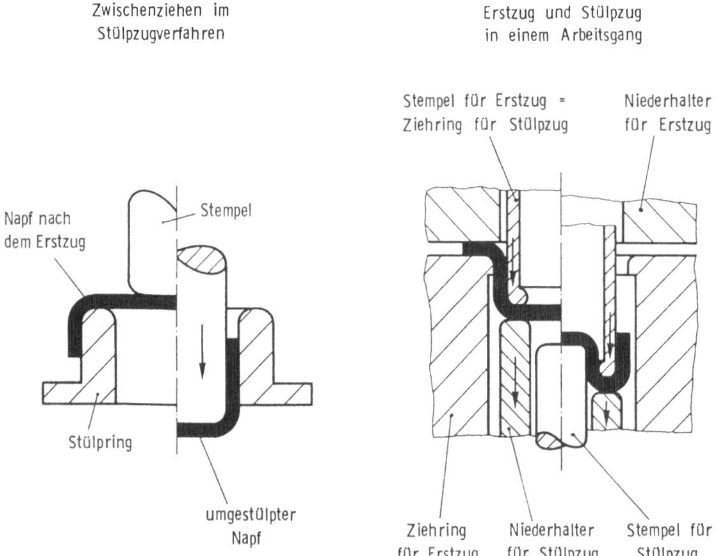

Bild 3–15. Stülpziehen.

Diese Werkzeuganordnung ist in ihrer Wirkung ähnlich der eines Bremswulstes und deshalb gut geeignet, um die Faltenbildung zu vermeiden. Jedoch darf nicht übersehen werden, daß hierbei überlagerte Zugbeanspruchungen den Werkstückstoff stark belasten und oftmals zur Rißbildung führen. Der Einsatz des Stülpziehverfahrens ist daher hinsichtlich der maximalen Blechdicke, der Tiefzieh-Eigenschaften des Werkstoffs und der geometrischen Abmessungen des umzuformenden Blechteils aufgrund der hohen erforderlichen Maschinenleistung begrenzt. Zudem sind relativ langhubige und gegebenenfalls dreifach wirkende Pressen erforderlich. Hinsichtlich eines möglichst gleichmäßigen Stempelkraftverlaufs über dem Pressenhub ist darauf zu achten, daß der Napfboden bereits auf den Stülpstempel auftritt, solange noch ein Blechflansch vorhanden, der Vorzug also noch nicht beendet ist [169; 183].

3.1.2.1.5 Abstreckziehen

Im Gegensatz zum reinen Tiefziehen, bei dem eine Wanddickenänderung unbeabsichtigt ist, wird das Abstreckziehen für Werkstücke eingesetzt, die im Zargenbereich eine geringere Wandstärke haben müssen als im Bodenbereich (z.B. Getränkedosen). Häufig wird das Ziehteil unter anderen Ziehwerkzeugen in vorausgehenden Arbeitsstufen zylindrisch vorgeformt und dann in einem Abstreckzug auf Maß gezogen. Dabei ist der Ziehvorgang der gleiche wie beim normalen Tiefziehen. Die Wanddickenunterschiede entstehen dadurch, daß der Spalt zwischen Stempel und Ziehring der verlangten geringeren Blechdicke entspricht, Bild 3–16.

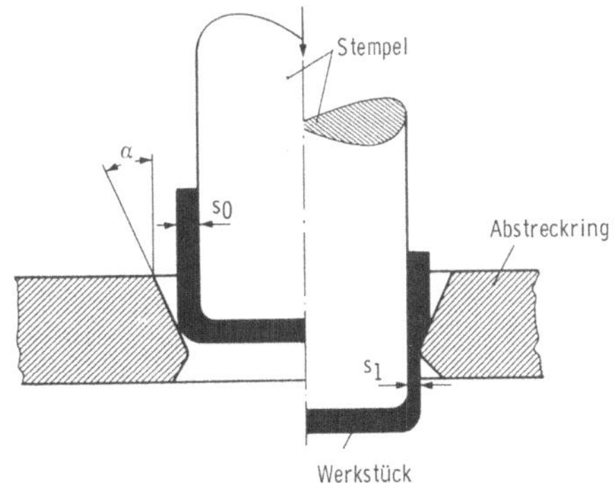

Bild 3–16.
Prinzipdarstellung des Abstreckziehens.

Die auftretenden Ziehkräfte hängen von der Formänderungsfestigkeit des Werkstoffs, dem Abstreckwinkel α, den Reibungsverhältnissen und der Durchmesserveränderung des Ziehringes bzw. der Verringerung der Wanddicke des Ziehteils ab. Die Kraftübertragung für die Umformung des Werkstoffs zwischen Abstreckring und Stempel erfolgt sowohl über den Boden des Ziehteils als auch unmittelbar über Reibschluß zwischen Ziehteil und Stempel. Daher können je nach Winkel des Abstreckringes und Rauheit des Stempels höhere Kräfte übertragen werden, als es der Festigkeit im Boden- und Zargenbereich entspricht [173]. Bei kleinerem Abstreckwinkel sind größere in einem Arbeitsgang erzielbare Wanddickenabnahmen zu erwarten.

Aufgrund der Wandschwächung und der Werkstoffverfestigung in der gestauchten Zone treten sehr schnell Risse auf. Deshalb erfolgt die Wanddickenänderung meist in mehreren Stufen. Gleichzeitig kann der Napf im Anschlag aus einer ebenen Blechronde gezogen werden, Bild 3–17. Das Blech wird durch mehrere übereinanderliegende Ziehringe gestoßen, so daß vor jedem Abstreckring nur relativ wenig Werkstoff gestaucht werden muß.

Es empfehlt sich nicht, während des Abstreckens mehr als einen Abstreckring gleichzeitig wirksam werden zu lassen [27; 193]. Denn die Einzelkräfte für einen entsprechenden einzelnen Abstreckzug addieren sich, so daß die Resultierende erhebliche Werte annehmen kann [3; 132]. Durch

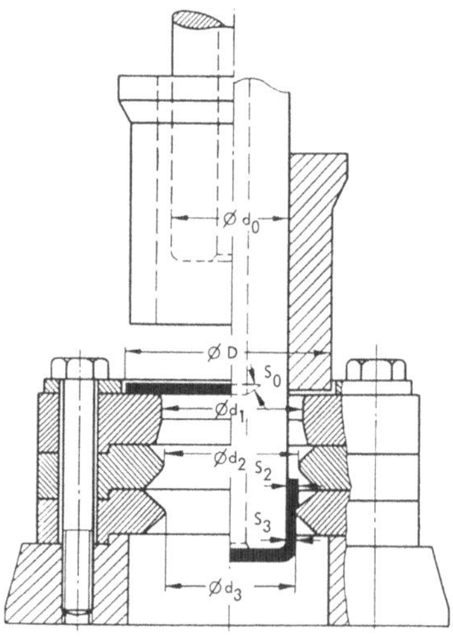

Bild 3–17.
Mehrstufiges Abstreckziehwerkzeug (nach *Oehler/Kaiser*).

Einlegen von Zwischenlagen können die Abstände der Ziehringe so weit erhöht werden, daß die Addition der Kräfte zumindest nicht in den auftretenden Kraftspitzen, sondern in den unteren Bereichen erfolgt, Bild 3–18. Allerdings sind dadurch auch höhere Stempelhübe notwendig.

3.1.2.2 Tiefziehen mit elastischen Werkzeugen und mit Wirkmedien

Das kennzeichnende Merkmal dieser Tiefziehverfahren besteht darin, daß nicht mehr zwei starre Werkzeughälften eingesetzt werden, sondern ein Werkzeugteil, also entweder Stempel oder Matrize, nachgiebig ausgelegt werden, Bild 3–19. Die DIN 8584 unterscheidet dabei die Verfahren Tiefziehen mit elastischen Werkzeugen (Gummistempel, Gummikissen) und Tiefziehen mit Wirkmedien, bei dem Flüssigkeiten in Verbindung mit einer flexiblen Membran zur Anwendung kommen.

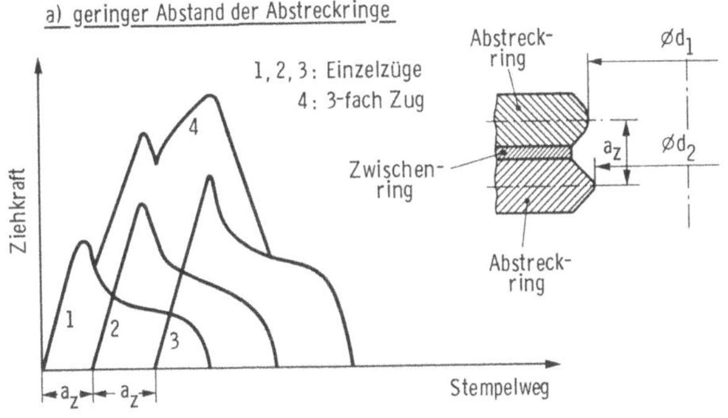

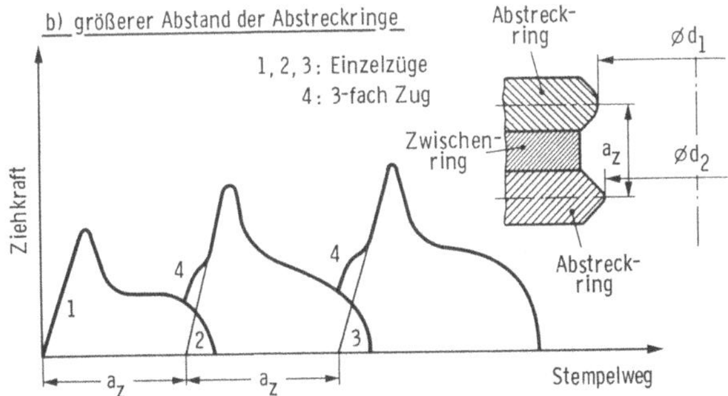

Bild 3–18. Kraftverlauf bei unterschiedlichem Abstand der einzelnen Abstreckringe (schematisch).

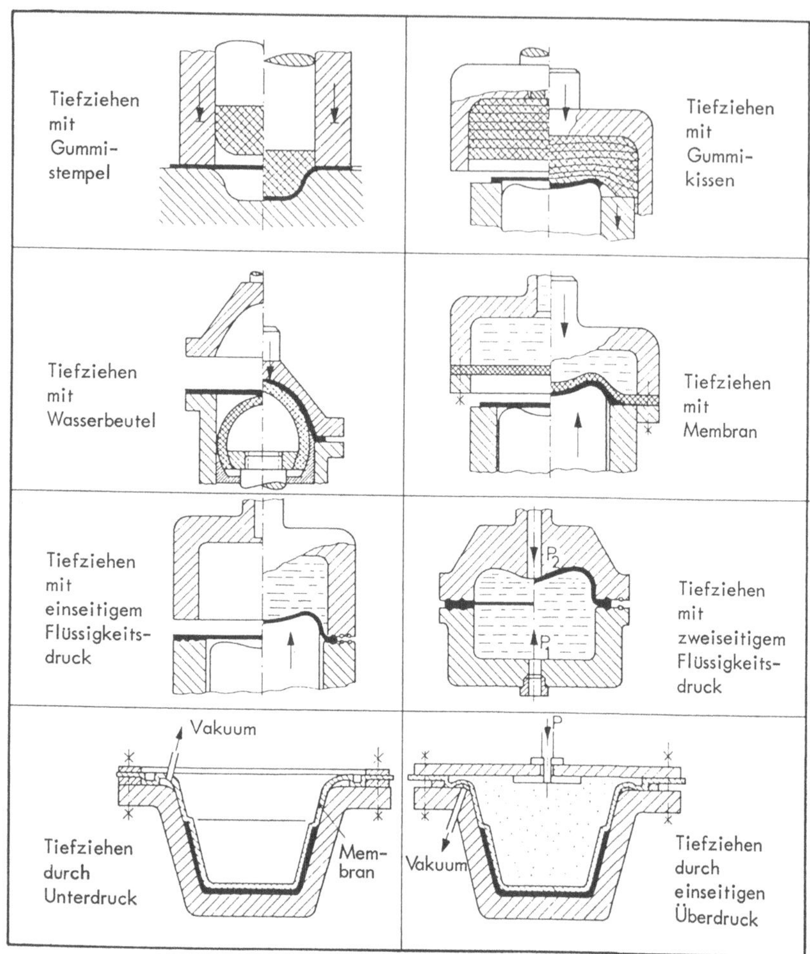

Bild 3–19. Tiefziehen mit elastischen Werkzeugen und mit Wirkmedien.

Beim Tiefziehen mit Gummikissen besteht die Matrize aus einem Quader aus weichem bis mittelhartem Gummi, der in einem Koffer eingebettet ist. Zur Umformung taucht der Stempel in das Gummikissen ein. Das Medium schmiegt sich in Abhängigkeit vom Umformdruck mehr oder weniger bündig um das Werkzeug und drückt das Blech gegen die Stempelkontur. Da der gegebenenfalls einzusetzende Niederhalter verschiebbar ist, können auch Werkstücke mit senkrechter Zarge ohne Wandschwächungen im Bodenbereich hergestellt werden.

Die erforderliche Stempelkraft ist gegenüber der konventionellen Tiefziehbearbeitung sehr viel höher, da ein großer Anteil der zugeführten Energie durch das Zusammendrücken des Kissens verbraucht wird. Der Kraftanteil zur Umformung des Bleches ist im Vergleich dazu unerheblich. Weitere Nachteile dieses Verfahrens sind in der relativ geringen Lebensdauer der Werkzeuge zu sehen. Außerdem ist die Ausbringung geringer als beim konventionellen Tiefziehen.

Das Verfahren findet häufig Anwendung im Flugzeugbau. Für ein Flugzeug werden bis zu 20000 unterschiedliche Einzelteile aus geformten Blechteilen benötigt, Bild 3–20. In der Regel wird jedoch eine Serie von 1000 Einheiten über einen Zeitraum von mehreren Jahren nicht überschritten, so daß sowohl kurze Werkzeugwechselzeiten als auch geringe Werkzeugkosten anzustreben sind. Diese Forderungen werden sowohl beim Einsatz eines Gummikissens als auch durch die Verwendung von Wirkmedien erfüllt [121]. Das Gummikissen oder die mit Flüssigkeit gefüllte Membran ist universell einsetzbar. Da nur eine definierte Formhälfte benötigt wird, entfallen die meist teure Herstellung der Matrizenform und die zeitaufwendigen Anpaßarbeiten der Werkzeughälften. Die Kontur des Stempels kann oftmals aus Hartholzteilen hergestellt werden.

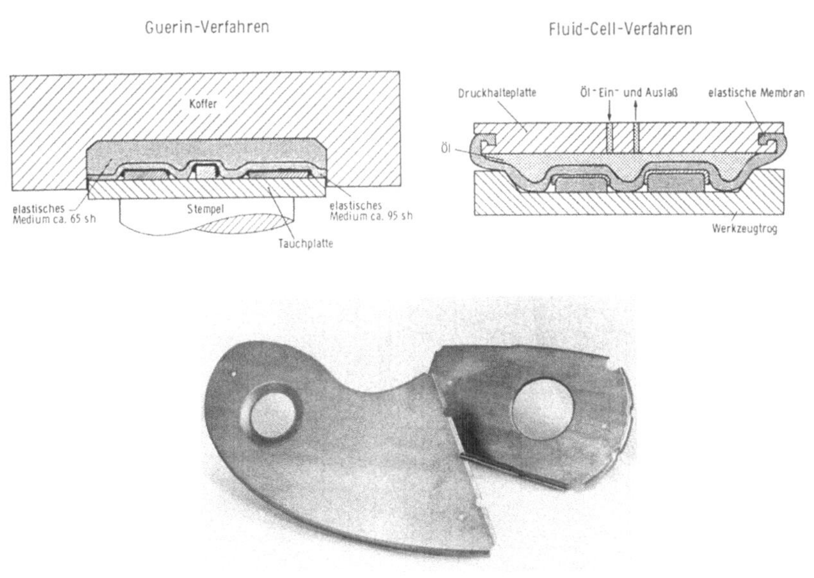

Bild 3–20. Übersicht über die im Flugzeugbau verwendeten Verfahren und Formen.

Das Tiefziehen mit elastischen Werkzeugen bzw. Wirkmedien kann die Verfahrensgrenzen des Tiefziehens mit starren Werkzeugen erweitern oder umgehen. Bild 3–21 zeigt die Herstellung eines Reflektors. Der Ziehstempel ist nicht starr, sondern trägt an seinem oberen Ende einen mit Wasser gefüllten Gummisack. Die starre Matrize übernimmt die Formgebung. Der Gummisack legt sich im Laufe der Umformung zunächst fast eben an das Werkstück an, so daß die freie, nicht geführte Teilfläche der Blechronde auf das für das Tiefziehen mit starrem Werkzeug zulässige Maß verringert wird. Die einzelnen Umformphasen zeigen, wie der Verlauf der Formung vom Ziehring ausgehend immer weiter nach innen geht. Dadurch werden freie, nicht geführte Flächen und damit Faltenbildung vermieden. Der Vergleich im Bild 3–21 zeigt, daß die für das übliche Tiefziehen mit starrem Werkzeug erforderlichen fünf Züge auf einen Arbeitsgang reduziert werden können. Zudem ist aufgrund der gleichmäßigen Druckverteilung auf dem Blech ein größeres Ziehverhältnis zu erreichen. Die übrigen Verfahren im Bild 3–19 arbeiten in ähnlicher Form [8; 42; 165; 277].

Explosivumformverfahren sind bereits seit der Jahrhundertwende bekannt. Bedeutung haben sie jedoch erst in den letzten Jahren bei der Bearbeitung schwer umformbarer Werkstoffe erlangt. Vor allem im Flugzeug-, Raketen- und Reaktorbau sowie in der medizinischen Technik wurden Verfahren

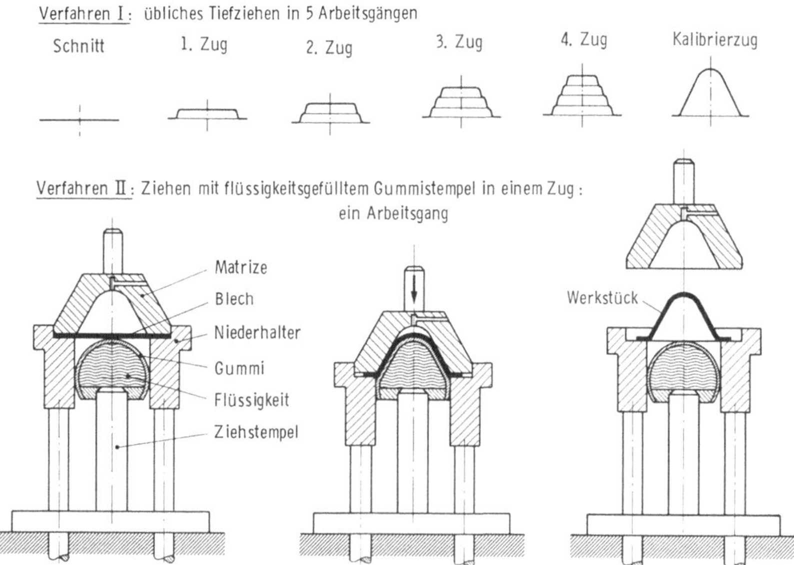

Bild 3–21. Tiefziehen eines Reflektors (nach *Oehler*/*Kaiser*).

entwickelt, die als Energiequelle elektrische Entladungen unter Wasser oder Explosivstoffe ausnutzen, Bild 3–22.

Beim Umformen, z. B. durch Sprengstoffdetonation, entsteht bei der Zündung eine Schockwelle, die sich vom Explosionsmittelpunkt radial nach außen bewegt. Trifft diese Schockwelle auf das umzuformende Blech, wird die Explosionskraft in Umformkraft umgewandelt. Bei Detonationsgeschwindigkeiten zwischen 1000 und 8000 m/s werden Drücke bis zu 100 000 bar erreicht [165], so daß auch hochchromhaltige und aus Titan- und Zirkoniumlegierungen bestehende Bleche problemlos umgeformt werden können.

Als Anwendungsbereiche für die Explosionsumformung sind zu nennen die Herstellung großflächiger Teile, für die die Nennkraft konventioneller Pressen nicht ausreicht, die Herstellung von Werkstücken komplizierter Geometrie und schwierig umzuformender Werkstoffe sowie Kleinserien und Prototypen [141]. Gemeinsam mit dem Umformen durch Unterwasser-Funkenentladung, meist als Hydrosparkverfahren bezeichnet, ergeben sich als Vorteile dieser Verfahren:

- Vielseitigkeit hinsichtlich der herzustellenden Geometrien,
- erheblich niedrigere Werkzeugkosten,
- Einsparung von Arbeitsgängen, da höhere Ziehverhältnisse aufgrund der höheren Umformgeschwindigkeit möglich sind,
- gegenüber konventionellen Verfahren meist Einhaltung engerer Toleranzen möglich.

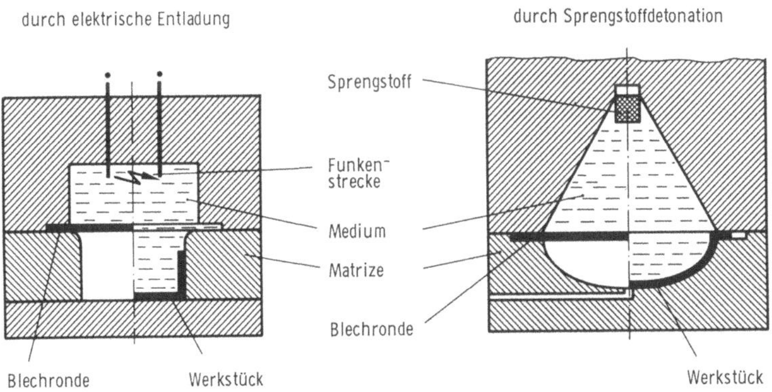

Bild 3–22. Tiefziehen mit elektrischer Entladung und Sprengstoffdetonation (nach DIN 8584).

Nachteilig erscheinen die langen Rüstzeiten und die sehr strengen Sicherheitsbestimmungen.

3.1.2.3 Tiefziehen mit Wirkenergie

Bei den im vorhergehenden Abschn. 3.1.2.2 beschriebenen Verfahren wird zur Übertragung der notwendigen Umformkräfte ein Medium benötigt. Dagegen erfolgt die Umformung beim Tiefziehen mit Wirkenergie durch einen im Werkstück selbst erzeugten Druck. Die bisher einzige bekannt gewordene Verfahrensvariante ist das elektromagnetische Umformen, Bild 3–23. Dazu wird die in Kondensatoren gespeicherte Energie stoßartig über eine Spule entladen. Zwischen Werkstück und Spule baut sich durch den gedämpft schwingenden Entladestrom ein zeitlich veränderliches Magnetfeld auf, das in dem leitenden Werkstück Wirbelströme induziert. Das Zusammenwirken von Magnetfeld und Wirbelströmen erzeugt die zur Umformung notwendige Kraft [141].

Beim Tiefziehen lassen sich mit Hilfe dieses Verfahrens nur relativ flache Teile herstellen, da aufgrund der bei den hohen Beschleunigungen auftretenden Trägheitskräfte ein Nachfließen des Werkstoffs über die Ziehkante behindert wird. Gegenüber den herkömmlichen Verfahren des Tiefziehens ist mit einer größeren Blechdickenabnahme im umgeformten Bereich zu rechnen [165]. Der Anwendungsbereich erstreckt sich daher weniger auf das Tiefziehen als vielmehr auf das Ausbauchen, Aufweiten und Einschnüren dünner Rohre oder Hohlprofile [26] sowie auf Fügen durch Umformen, wie beispielsweise das Aufpressen von Kabelschuhen auf Kabel, von Hohlproben oder Rohren auf Massivprofile, aber auch zur Herstellung unlösbarer Verbindungen [141; 165].

Als wesentlicher Vorteil des Verfahrens ist zu nennen, daß Unterhaltungs- und Wartungskosten aufgrund des Fehlens beweglicher Teile an der Maschine niedrig sind. Zudem werden keine Übertragungsmittel benötigt, das Verfahren ist in der Serienfertigung einsetzbar. Den Vorteilen steht vor

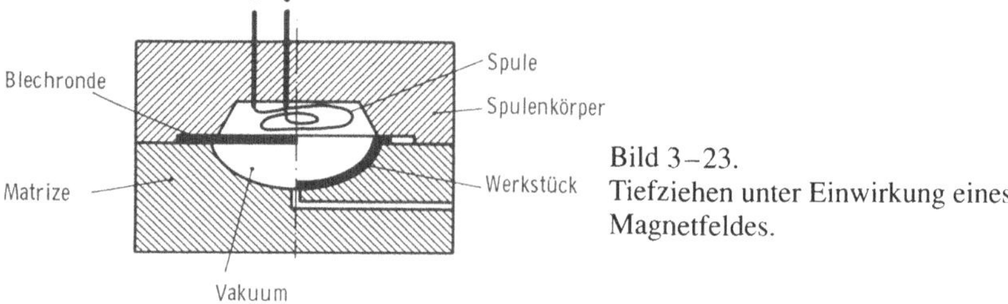

Bild 3–23.
Tiefziehen unter Einwirkung eines Magnetfeldes.

allem eine begrenzte Werkstoffpalette gegenüber. Gut geeignet ist hauptsächlich Aluminium als gut elektrisch leitender Werkstoff mit geringer Fließspannung. Außerdem ist die Maschinengröße aus Gründen der Wirtschaftlichkeit begrenzt [141].

3.1.3 Werkzeuge

3.1.3.1 Werkzeuggestaltung

Die wesentlichen Elemente eines Tiefziehwerkzeuges sind Stempel, Matrize bzw. Ziehring, Niederhalter und Führungselemente. Die Gestaltung der Werkzeugteile richtet sich nach den Besonderheiten, die sich aus Stückzahl, umzuformendem Werkstoff sowie Größe und Form des Ziehteils ergeben. Nicht alle Einzelheiten sind im voraus konstruktiv zu bestimmen. Häufig lassen erst Probezüge erkennen, ob, wieviel und in welcher Anordnung Ziehstäbe vorgesehen werden müssen (vgl. Abschn. 3.1.2.1.3). Ähnlich verhält es sich mit der Be- und Entlüftung der Werkzeuge. Darunter versteht man Bohrungen, die ein Festsaugen des Ziehteils am Stempel beim Abstreifen bzw. ein Luftpolster im Werkzeugunterteil verhindern sollen.

Ziehkantenabrundung

Dem Rundungsradius der Ziehkante, um die das Blech während der Umformung gleiten muß, kommt große Bedeutung zu. Er ist von den Abmessungen des Werkstückes und von der Blechdicke abhängig. Wählt man den Ziehkantenhalbmesser zu klein, so kommt es aufgrund zunehmender Schneidwirkung des Werkzeuges zu Bodenreißern. Um bei möglichst geringer Ziehkraft ein maximales Grenzziehverhältnis zu erzielen, ist eine große Ziehringrundung anzustreben. Andererseits wird bei großen Ziehringradien die vom Niederhalter mit Druck beaufschlagte Flanschfläche verkleinert (vgl. Gl. (3–10), Abschn. 3.1.1.3.2).

Nach *Oehler* und *Kaiser* [165] läßt sich der Abrundungshalbmesser r_R an der Ziehkante nach folgender empirischer Gleichung berechnen:

$$r_R = \frac{0{,}04\, d_0}{d_1\, \beta_{100}} \left[50 + (d_0 - d_1)\right] \sqrt{s_0}\,. \qquad (3\text{–}12)$$

Darin bedeuten s_0 die Blechdicke, d_0 den Zuschnittsdurchmesser, d_1 den Stempeldurchmesser und β_{100} das Grenzziehverhältnis für ein Blechdickenverhältnis $d_0/s_0 = 100$.

Auch hier werden an Hand von Tabellenwerten dem Konstrukteur Richtwerte vorgegeben. Nach *Sellin* [207] z.B. sollte der Radius am Ziehring mit folgender Beziehung bestimmt werden:

$$r_R = (5 \ldots 10)\, s_0\,. \qquad (3\text{–}13)$$

Stempelkantenrundung

Unter keinen Umständen darf die Stempelkantenrundung r_{St} kleiner als die entsprechende Ziehkantenrundung sein, da sonst die Gefahr besteht, daß der Stempel in das Blech einschneidet. Scharfkantige Züge können nur mittels mehrerer Ziehstufen oder anderer Tiefziehverfahren (vgl. Abschn. 3.1.2) erzielt werden. Die Stempelabrundung sollte etwa das 3- bis 5fache der Ziehringrundung betragen. Für kleine Ziehteile großer Blechdicke empfiehlt sich ein allmählicher Übergang etwa in Form einer Schleppkurve wie beim Ziehringeinlauf.

Ziehspalt

Solange sich das Blech im Fließzustand befindet, staut sich bei der Umformung der Werkstoff an der Ziehöffnung auf. Da außerdem eine Wandverdickung über der Zargenhöhe des Blechteils auftritt, wird mit zunehmender Umformung ein größerer Ziehspalt benötigt.

Die Bemessung des Ziehspaltes erfolgt beim Tiefziehen kreisrunder Werkstücke nach der Beziehung [165]:

$$u_z = s_0 + K\sqrt{10\, s_0}. \qquad (3\text{–}14)$$

Für Stahlblech beträgt der Faktor K = 0,07, für Aluminiumlegierungen K = 0,02, für sonstige Nichteisen-Metalle K = 0,04 und für hochwarmfeste Legierungen K = 0,2.

Bei einem zu großem Ziehspalt wird der Napf nicht genau zylindrisch, sondern bleibt an seinem oberen Rand aufgeweitet. Zudem kann Faltenbildung auftreten. Bei einem zu engem Spalt erfolgt ein Abstreckziehen, was mit einer Krafterhöhung verbunden ist. Hier besteht die Gefahr von Bodenreißern; ferner kann es zwischen Ziehring und Werkstück zu Kaltverschweißungen kommen.

Ein großes Problem für die Auslegung des Ziehspaltes stellen die unvermeidbaren Schwankungen der Blechdicke infolge der relativ großen Blechdickentoleranzen (± 0,05 mm) dar. Bei Fein- und Mittelblechen kann es vorkommen, daß bei einem für die Normalblechdicke richtig bemessenen Ziehspalt sowohl Teile mit Bodenreißern als auch mit Falten auftreten.

Weiterhin ist zu berücksichtigen, daß eine Spaltweitenänderung über der Kontur des Ziehteils für die Erzielung optimaler Ziehergebnisse auch bei komplizierten Formen durchaus sinnvoll sein kann.

Niederhalter

Der Niederhalter wird auf zweifach wirkenden Pressen über einen vom Ziehstößel getrennten Niederhalterstößel angetrieben. An mechanischen Pressen erfolgt die Steuerung des Niederhalters über Kniehebel oder Kurvenscheiben so, daß der Niederhalter während des Umformvorgangs in seinem unteren Totpunkt auf dem Ziehring bzw. Blech aufliegt. Der Niederhalterdruck kann über federnde Elemente im Niederhalterstößel eingestellt werden.

An einfach wirkenden Pressen wird der Niederhalterdruck über Federn zwischen Kopfplatte und Niederhalter oder hydraulische bzw. pneumatische Ziehkissen entweder zusätzlich im Werkzeug oder bereits in der Maschine integriert aufgebracht, Bild 3–24.

Beim Einsatz von Druckfedern ist auf möglichst lange Federn zu achten, um während des Ziehvorgangs eine allzu große Steigerung der Niederhalterkraft zu vermeiden. Nachteilig ist hierbei, daß eine eventuell erforderliche Veränderung des Niederhalterdruckes nach entsprechenden Probezügen nur unter relativ großem Aufwand vorgenommen werden kann. Dagegen erlaubt der Einsatz von hydraulischen bzw. pneumatischen Ziehkissen eine in der Regel einfache Justierung des Niederhalterdruckes. Hinzu kommt, daß bei diesen Ausführungen zumeist ein über dem Stempelweg konstanter Druck gegeben ist.

Führungen

Die Maschinenführung, d.h. die Führung des Stößels im Maschinenbett, kann die gesonderte Werkzeugführung nicht ersetzen. Nur bei kleineren

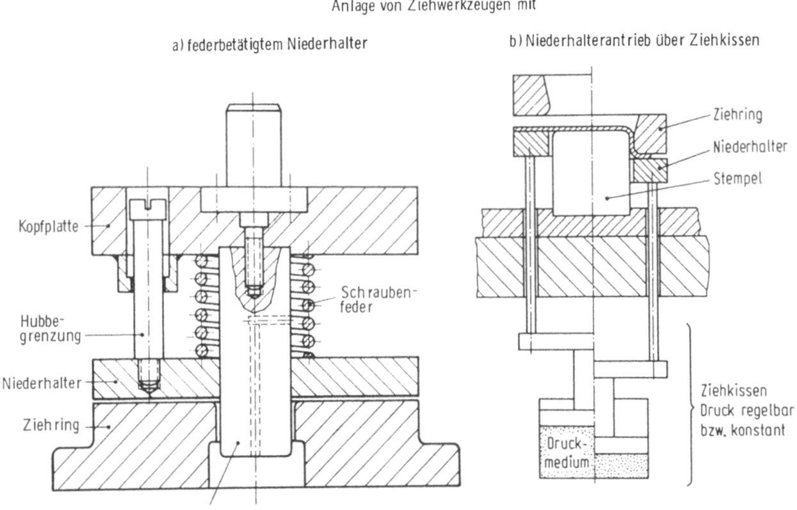

Bild 3–24. Niederhalterausbildung an Ziehwerkzeugen (nach *Hilbert/Wilhelm*).

Werkzeugen für kleine Serien kann u. U. auf eine Führung verzichtet werden, wenn innerhalb des Werkzeuges eine Selbstzentrierung stattfindet. Um eine möglichst genaue Führung zu erreichen, sollte die Pressenmitte mit dem Kraftangriffspunkt übereinstimmen.

3.1.3.2 Werkzeugbaustoffe

Als Baustoffe für Ziehwerkzeuge eignen sich Gußeisen, hochwertige, gut härtbare Kohlenstoffstähle sowie legierte Werkzeugstähle, da diese Werkstoffe hohen Druckspannungen ausgesetzt werden können.

Um die Werkstoffkosten zu verringern, setzt man größere Werkzeuge aus mehreren Teilen zusammen und fertigt nur die hochbeanspruchten Teile aus hochwertigem Stahl, den aufnehmenden Körper dagegen aus Grauguß, legiertem Grauguß oder Stahlguß. Häufig sind große Werkzeuge vollständig aus Guß gefertigt, da dieser Werkstoff gegenüber den Tiefziehblechen günstige Reibungsverhältnisse zeigt.

Überwiegend werden 12%ige Chromstähle, mittellegierte Kaltarbeitsstähle, Schnellarbeitsstähle, Hartstoffe und Hartmetalle sowie zum Teil Keramik und Sonderbronzen verwendet. Die 12%igen Chromstähle haben aufgrund hoher Verschleißfestigkeit, guter Durchhärtbarkeit und geringem Maßverzug beim Härten große Bedeutung, während Schnellarbeitsstähle, Hartmetalle und Hartstoffe auf Stahlbasis wegen der erhöhten Verschleißfestigkeit vornehmlich bei hohen Stückzahlen zum Einsatz kommen [79; 142].

Die Auswahl der geeigneten Werkzeugbaustoffe ist hauptsächlich abhängig von der Beanspruchung, also von der Größe des Werkzeuges, der Anzahl der herzustellenden Ziehteile und des einzusetzenden Blechwerkstoffs, basiert aber nicht zuletzt auch auf Wirtschaftlichkeitsüberlegungen.

3.1.3.3 Oberflächenbehandlung

Wichtig ist die sorgfältige Oberflächenbehandlung der auf Reibung beanspruchten Flächen. Sie müssen nach dem Härten und Anlassen geschliffen, geläppt und möglichst gut poliert werden. Dieser Aufwand ermöglicht einen störungsfreieren Betrieb, gute Werkstückqualitäten, eine höhere Lebensdauer und längere Standzeiten der Werkzeuge. Dies gilt jedoch nicht für die Stirnfläche und den Abrundungsbereich des Stempels. Durch die erhöhte Reibung an diesen Stellen kann eine größere Kraft vom Blech übertragen werden (vgl. Abschn. 3.1.1.4).

An der Ziehkante von Tiefziehwerkzeugen kann es ebenso wie an den Schneidstempeln von Schneidwerkzeugen zu unerwünschten Aufschweißungen bzw. Werkstoffabsetzungen kommen. Die Folge ist eine verringerte Standzeit der Werkzeuge und eine Beschädigung der Oberfläche der gezogenen Werkstücke. Zur Vermeidung dieser Erscheinungen sind verschiedene Oberflächenbehandlungsverfahren möglich [79; 91; 99; 142; 165].

Diese Oberflächenhärteverfahren zur Verbesserung der Werkzeugeigenschaften sind z.B. Nitrieren, Einsatzhärten, Karbonitrieren, Borieren, Beschichten mit Hartstoffen (TiC, TiN, W, Cr) und in geringem Umfang auch das Elektrofunkenverfestigen. Dabei sind die entsprechenden Richtlinien zur Durchführung dieser Verfahren zu beachten, um Ausschuß bzw. Standzeitverkürzungen zu vermeiden.

Durch Beschichten der besonders beanspruchten Werkzeugteile mit Titancarbid, Titannitrid oder anderen Metallcarbiden wird die Standzeit der Werkzeuge erheblich verlängert. Die Schichtdicke beträgt bis zu 10 μm bei einer Härte von 3800 bis 4200 HV 0,05 [99]. Das Hartverchromen hat den Nachteil, daß die Chromschicht an scharfen Ecken und unter Umständen auch an glatten Flächen abblättern kann, da keine enge Bindung mit dem Grundwerkstoff besteht. Die Temperaturen zum Hartverchromen liegen bei etwa 50 °C, so daß es zu keinen Maßänderungen bzw. Gefügeveränderungen verbunden mit Härteabfall kommt [99]. Weitere Standzeitverlängerungen sind durch verschiedene Nitrierverfahren zu erreichen [79].

3.1.4 Werkstückstoffe

Die Forderungen nach komplexeren Geometrien, höheren Formgenauigkeiten, Festigkeitseigenschaften und Reduzierung der Werkstückmasse führten zu einer Reihe von neuen Werkstoffentwicklungen und zu neuen „Werkstofflayouts".

3.1.4.1 Blechqualitäten

Nicht jedes Blech eignet sich zum Tiefziehen. Maßgebend für die Tiefziehbarkeit sind einerseits die mechanischen Kenngrößen des Werkstoffs, die Werte über das Formänderungsvermögen wiedergeben (Streckgrenze, Zugfestigkeit, Gleichmaßdehnung, Bruchdehnung und Verfestigungsexponent), und andererseits Kennwerte aus Prüfverfahren, die speziell für das Tiefziehen entwickelt wurden (vgl. Abschn. 2.2).

Gute Tiefzieheigenschaften haben neben den Edelmetallen Platin, Gold und Silber insbesondere Nickel und Kupfer mit ihren verschiedenen Legierungen sowie Eisen und Zink.

Mengenmäßig größte Bedeutung haben tiefziehbare Stahlbleche. Die Weiterentwicklung metallurgischer und umformtechnischer Herstellungsprozesse für Tiefziehbleche aus Stahl macht es möglich, daß heute nicht nur sog. Weichgüten tiefziehbar sind, sondern auch Stähle mit Kohlenstoffgehalten bis zu 1%, mit Mangan, Chrom und Molybdän legierte Vergütungsstähle, rostfreie Stähle sowie mit Mangan und Silizium legierte Baustähle [142].

In der Automobilindustrie bestehen seit Jahren Bestrebungen, durch Gewichtsreduzierung Kraftstoff zu sparen. Da Bauteile höherer Festigkeit dünner ausgelegt werden können, haben die gut umformbaren mikrolegierten Feinkornstähle an Bedeutung gewonnen, die vor allem als kaltgewalztes Feinblech verarbeitet werden [160].

Einen anderen Ansatz stellen in diesem Zusammenhang die sogenannten „Tailored Blanks" dar. Hierbei werden die spezifischen Vorteile von verschiedenen Blechen genutzt. Bleche unterschiedlicher Qualität (z.B. Festigkeit, Härte, Oberfläche usw.) und/oder Dicke werden vor der Umformung zusammengefügt [154]. Die Fügeoperation wird entweder durch Quetschnahtschweißen oder durch Laserstrahlschweißen durchgeführt. Anschließend kann das so erzeugte Blech tiefgezogen werden. Bild 3–25 zeigt schematisch den Verfahrensablauf. Vorteile der Tailored Blanks sind die Gewichtsoptimierung an tiefgezogenen Bauteilen, die Reduzierung der Teile und die Einsparung von Montagetätigkeiten [202]. Anwendung finden die tiefgezogenen Tailored Blanks vor allem in der Automobilindustrie. Dort werden zum Beispiel Federbeinstützen, Bodenbleche, Tür-

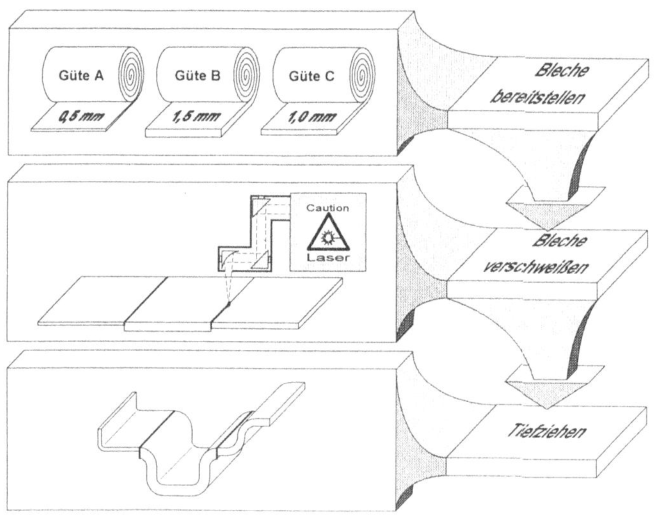

Bild 3–25. Verfahrensablauf beim Tiefziehen von „Tailored Blanks".

bleche, Längsträger und Radhäuser durch die Kombination von Zusammenfügen und Tiefziehen hergestellt.

Um die Produktivität zu steigern und die Genauigkeit von Großteilen, die früher aus einzeln geformten Teilstücken zusammengeschweißt wurden, zu erhöhen, werden heute solche Bauteile in einem einzigen Umformschritt hergestellt. Hierzu wurden Werkstoffe mit einem hohen Umformvermögen entwickelt. Auf Basis von Stählen mit niedrigem Kohlenstoffgehalt wurden Bleche mit sehr hohen Ziehgüten entwickelt. Ti- und Ni-haltige mikrolegierte Stähle erreichen Dehnungen von 50 bis 60 % und eine hohe Kaltverfestigung [163].

Eine weitere Alternative zu den häufig verwendeten Stahlwerkstoffen stellt der Einsatz des spezifisch leichteren Werkstoffs Aluminium dar.

Während sich Blech aus Reinaluminium durch ein gutes Umformvermögen bei geringer Härte und Festigkeit auszeichnet [142], weisen hochfeste Aluminiumlegierungen ein geringeres Formänderungsvermögen als Tiefziehstahlbleche und damit eine geringere Eignung zum Tiefziehen auf. Die Gründe liegen vor allem in den niedrigeren Werten der Gleichmaßdehnung und der senkrechten Anisotropie [15]. Bleche aus besonderen Aluminiumlegierungen, auch als superplastische Werkstoffe bezeichnet, lassen sich dagegen bei Temperaturen von etwa 470 °C auf das zehnfache ihrer ursprünglichen Länge dehnen. Aufgrund der geringen Festigkeitswerte werden sie vornehmlich für Abdeckungen, Gehäuse und Verkleidungen angewandt [45]. Bei entsprechender Temperaturführung lassen sich auch andere Blechwerkstoffe in diesem Zustand umformen [165]. Titan, das in technischer Reinheit in Form von Feinblechen sowohl in der chemischen Industrie als auch im Flugzeugbau eingesetzt wird, kann ebenfalls tiefgezogen werden [192].

Die Einteilung der Feinbleche nach Blechqualität wird nach DIN 1623 und DIN 1624 vorgenommen.

Verbundwerkstoffe eignen sich teilweise auch zum Tiefziehen und finden zumeist im Karosseriebau Anwendung. Die Sandwich-Bleche, bei denen eine 30 bis 100 μm dicke Kunststoffschicht zwischen 0,15 und 1,6 mm dicken Stahlblechen liegt, sind ein solcher Verbundwerkstoff. Sie werden z.B. zur Schwingungsdämpfung in Ölwannen eingesetzt [163].

3.1.4.2 Wärmebehandlung

Während des Tiefziehens erfährt der Werkstoff eine Kaltverfestigung, wobei das Umformvermögen mit zunehmendem Umformgrad abnimmt. Infolge der unterschiedlichen Ziehteilgeometrie treten am Werkstück unterschiedlich große Formänderungen auf, die zu unterschiedlichen Festigkeitseigenschaften führen. Durch geeignete Wärmebehandlungen können die ungleichmäßigen Kaltverfestigungen beseitigt bzw. gewünschte Festigkeitseigenschaften eingestellt werden. Die erforderliche Glühtemperatur und -zeit richtet sich einerseits nach der chemischen Zusammensetzung des Werkstoffs, andererseits nach dem Grad der vorausgegangenen Umformung.

Für Stahlwerkstoffe unterscheidet man grundsätzlich drei Glühverfahren:

- Spannungsarmglühen,
- Weichglühen,
- Rekristallisationsglühen.

Spannungsarmglühen

Die durch die Kaltverformung im Werkstück entstandenen Eigenspannungen können zum Verziehen oder sogar zur Rißbildung führen. Diese Spannungen lassen sich durch Spannungsarmglühen (400 bis 600 °C) abbauen. Die anderen Eigenschaften des Werkstückes ändern sich dadurch nicht.

Weichglühen

Soll das kaltverfestigte Werkstück in einer weiteren Operation umgeformt werden, so muß die Kaltverfestigung beseitigt und der Werkstoff durch Weichglühen in einen Zustand bester Umformbarkeit gebracht werden.

Das Gefüge besteht dann aus globular eingeformtem Zementit in ferritischer Matrix und ist sehr weich.

Weichglühen wird durch mehrstündiges Glühen dicht unter Ac_1 oder durch Pendelglühen um Ac_1 mit langsamer Abkühlung durchgeführt.

Rekristallisationsglühen

Beim Rekristallisationsglühen entsteht ein völlig neues, entspanntes Gefüge, wodurch sich bei geeigneter Parameterkombination (Verformungsgrad, Glühtemperatur, -zeit, Abkühlbedingungen) spezielle Werkstoffeigenschaften einstellen lassen.

Voraussetzung für die Rekristallisation ist eine hinreichend große Verformung des Werkstoffs, der kritische Verformungsgrad.

Unterhalb des kritischen Umformungsgrades bewirkt ein Glühen des Werkstoffs keine Kornneubildung, sondern führt in der Regel zu einem Grobkorn, wodurch die Werkstückeigenschaften verschlechtert werden.

Wurde der Werkstoff so verformt, daß die Werte der Formänderungen über dem kritischen Umformgrad liegen, führt ein Glühen bei entsprechender

Rekristallisationstemperatur zur Kornneubildung mit Kornwachstum, wodurch gezielt die Korngröße und damit verbunden die Werkstoffestigkeit eingestellt werden kann.

Mit zunehmendem Umformgrad sinkt die Rekristallisationstemperatur und die Glühzeit. Die Rekristallisationstemperatur von kohlenstoffarmem Stahl liegt bei ca. 500 °C und steigt mit zunehmendem Kohlenstoff- und Legierungsgehalt auf ca. 700 °C an. Die Rekristallisationstemperatur liegt aber immer unter der Umwandlungstemperatur, da eine Teilaustenitisierung zu grobkörnigem Perlit führen würde.

3.1.5 Fertigungsgenauigkeiten

Beim Tiefziehen ist das Ziehergebnis hauptsächlich abhängig von vier übergeordneten Einflußgrößen [35]:

- der Werkzeuggeometrie,
- dem Werkstoffverhalten,
- den Reibungsverhältnissen,
- der Maschine.

Obwohl die Umformmaschine hinsichtlich ihrer Führungsgenauigkeit und Steifigkeit keine unerhebliche Bedeutung für das zu erzielende Tiefziehergebnis darstellt [34], soll deren Einfluß an dieser Stelle unberücksichtigt bleiben. In die Fertigungsgenauigkeit gehen neben den eigentlichen Tiefziehfehlern mit ihren unterschiedlichen Versagensarten auch die Formabweichungen, Oberflächenausbildung sowie die Bauteileigenschaften ein.

3.1.5.1 Tiefziehfehler

An Hand von Bild 3–26 sollen die wichtigsten Tiefziehfehler, deren äußeres Erscheinungsbild und Maßnahmen zu ihrer Vermeidung erläutert werden [141; 165]:

Bodenreißer gehören zu den häufig auftretenden Fehlern beim Tiefziehen. Hier reißt der Boden nach Bildung eines kurzen Zargenansatzes ab, so daß er nur noch an einem schmalen Steg mit der Zarge zusammenhängt, Bild 3–26a. Als Fehlerursache ist hier insbesondere ein für den umzuformenden Werkstoff und für die gewählte Werkzeuggeometrie zu großes Ziehverhältnis zu nennen. Es kann auch vorkommen, daß Falten im Flanschbereich in den Ziehspalt hineingezogen und dort abgestreckt werden. Die damit verbundene Erhöhung der Ziehkraft verursacht Bodenreißer.

Bei zu scharfkantiger Ziehkantenabrundung, viel zu geringem Ziehspalt, zu großer Ziehgeschwindigkeit und zu großem Niederhalterdruck wirkt das Ziehwerkzeug als Schneidwerkzeug, so daß der Boden allseitig abge-

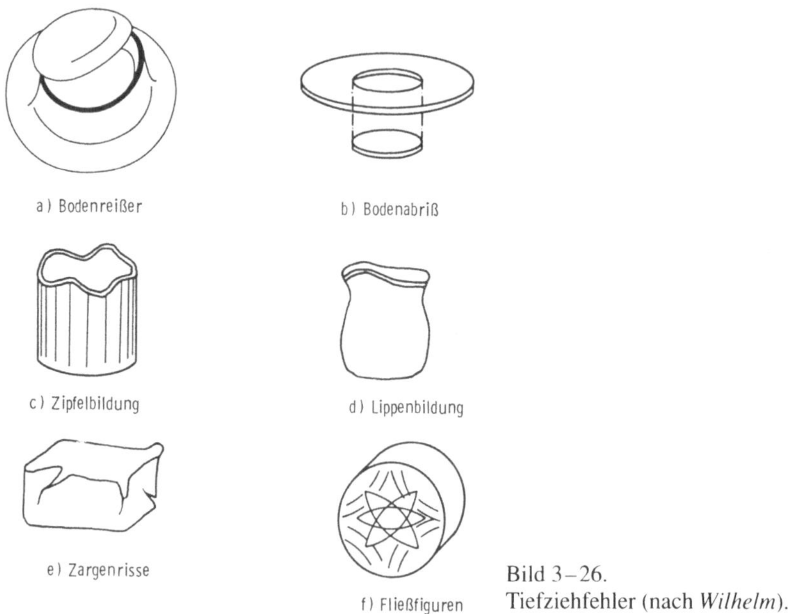

Bild 3–26. Tiefziehfehler (nach *Wilhelm*).

rissen wird, bevor es zur Zargenbildung kommt, Bild 3–26 b. Eine entsprechende Änderung der angesprochenen Parameter kann hier Abhilfe schaffen.

Eine unvermeidbare Erscheinung bei allen Blechen mit ebener Anisotropie ist die Zipfelbildung am Zargenrand oder am Blechflansch bei nicht ganz durchgezogenen Teilen, Bild 3–26 c. Hier kann nur versucht werden, Bleche mit geringerer ebener Anisotropie einzusetzen.

Ist die Zarge in der Mitte ausgebaucht oder bilden sich Lippen am oberen Zargenrand, Bild 3–26 d, ist dies auf einen zu großen Ziehspalt zurückzuführen.

Vor allem bei parabolischen, kugeligen und kegeligen Ziehteilen treten aufgrund der ungeführten Blechfläche zwischen Ziehring und Ziehstempel Falten in den Bereichen zwischen Ziehteilboden und Blechflansch auf. Aus diesem Grund werden Ziehteile solcher Formen oftmals mit Sonderziehverfahren hergestellt (vgl. Abschn. 3.1.2).

Beim Tiefziehen rechteckiger (Bild 3–26 e) aber auch sonstiger unregelmäßig geformter Hohlkörper sind Fehlstücke mit Rissen zumeist auf die Konstruktion des Zuschnittes zurückzuführen. Weitere Ursachen können in ungleicher Blechdicke, ungeeigneter Schmierung, Abnutzung der Stempel- und Ziehringkanten sowie in zu geringen Ziehspalten in den Ecken begründet sein.

Im Bild 3–26f sind schematisch Fließfiguren dargestellt, die meist nach geringen Umformungen bei hohen Spannungen auftreten, also häufig auf den Böden, seltener dagegen auf den Zargen der Ziehteile. Insbesondere bei der Herstellung flacher, unzylindrischer Ziehteile, wie bei Karosserieteilen, die großflächig lackiert bzw. gespritzt werden, sind diese Fließlinien aus optischen Gründen unerwünscht. Sie liegen hauptsächlich nach geringen plastischen Formänderungen alterungsempfindlicher Werkstoffe mit ausgeprägter Streckgrenze vor. Sind in einem weiteren Ziehvorgang die Formänderungen größer, verschwinden die Linien wieder. Daher sollte man beim Tiefziehen alterungsanfälliger Bleche auch aus diesem Grund den Werkstoff möglichst schnell nach dem Walzen weiterverarbeiten und Formänderungen in der „kritischen Zone" möglichst vermeiden. Während Stähle mit diesen Eigenschaften kaum noch Verwendung finden, kann die Neigung zur Fließfigurenbildung auch beim Tiefziehen von AlMg-Legierungen beobachtet werden [15].

3.1.5.2 Maß- und Formabweichung, Oberflächenausbildung

Aufgrund des sich örtlich und zeitlich ändernden Spannungszustandes weisen tiefgezogene Näpfe üblicherweise über der Napfhöhe unterschiedliche Wanddicken auf (vgl. Abschn. 3.1.1.2). Die Anisotropie des Blechwerkstoffs bewirkt eine Änderung der Wanddicke über dem Zargenumfang und eine Zipfelbildung, so daß gegebenenfalls aufwendige Nacharbeiten der Ziehteile erforderlich werden.

Wesentlichen Einfluß auf den Wanddickenverlauf hat der auf die Blechdicke bezogene Ziehspalt u_z/s_0, Bild 3–27 [141]. Nur wenn zusätzlich zum Tiefziehen das Werkstück noch abgestreckt wird ($u_z/s_0 < 1$), kann in diesem Arbeitsgang durch die gezielte Wanddickenverringerung eine verbesserte Durchmessergenauigkeit über der Napfhöhe und eine gleichmäßigere Wanddicke erreicht werden. Je kleiner dabei der Ziehspalt gewählt wird, um so geringer sind die Abweichungen von der Zylinderform und dem Nenninnendurchmesser sowie die Rundheitsabweichungen. Bei Werkstoffen mit ausgeprägter ebener Anisotropie läßt sich auch die Unrundheit nicht vollständig beseitigen [211]. Nach dem Abstreckziehen liegen die erreichbaren Toleranzen für den Napfdurchmesser im Bereich IT 6 bis 9, bezüglich der Wanddicke bei IT 11 bis 12 [165].

Die Zipfelbildung und der relative Ziehspalt haben zusätzlich einen Einfluß auf die nutzbare Napfhöhe. Mit geringerem Ziehspalt wird die Napf-

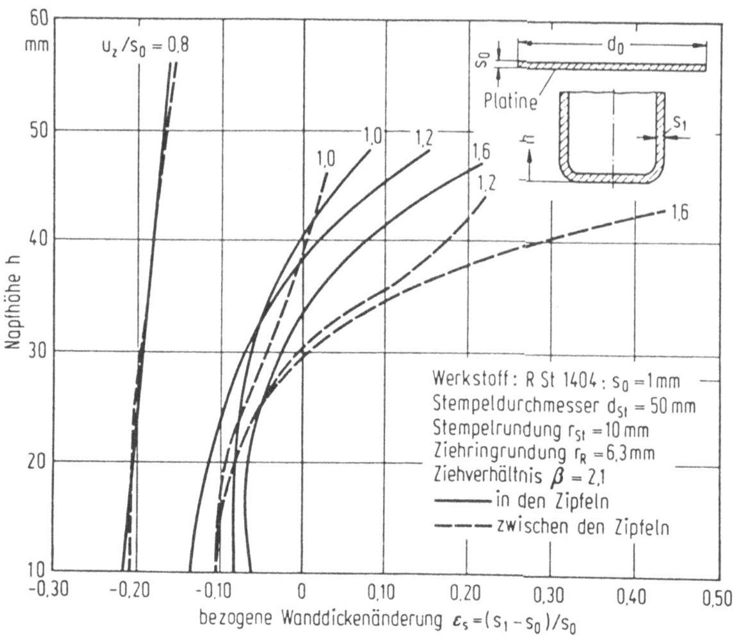

Bild 3–27. Verlauf der bezogenen Wanddickenänderung über der Napfhöhe für unterschiedliche relative Ziehspalte (nach *Wilhelm*).

höhe größer, gegebenenfalls auftretende Zipfel müssen in einem nachträglichen Schneidvorgang entfernt werden.

Über die Veränderung der Oberflächenbeschaffenheit durch die Umformung liegen bisher wenig Erfahrungen vor. Untersuchungen von Dannenmann [30] haben gezeigt, daß grundsätzliche Unterschiede zwischen Zargeninnen- und Zargenaußenseite eines tiefgezogenen Napfes bestehen. Im Bodenbereich des Napfes ist zunächst aufgrund der geringen Formänderungen keine Änderung der Oberflächenbeschaffenheit festzustellen. An der Zargeninnenseite nimmt die Rauheit mit zunehmender Napfhöhe und damit größeren Formänderungen zu. Die Rauheit der Außenseite des Napfes ist gegenüber der Rauheit der Ausgangsblechronde nahezu unverändert. Es wird angenommen, daß auch hier während der Umformung eine Aufrauhung stattfindet, die jedoch beim Durchlaufen des Ziehspalts durch Drucknormalspannungen wieder beseitigt wird. Ebenso verhält es sich mit der Oberflächenbeschaffenheit an der Innenseite im Übergangsbereich Boden/Zarge, die gegenüber der Außenseite und auch gegenüber der Ausgangsblechronde eine geringere Rauheit aufweist.

3.2 Kragenziehen

Unter Kragenziehen, auch Durchziehen genannt, versteht man das Anbringen von in sich geschlossenen Rändern (Kragen) an in der Regel ausgeschnittenen Innenkonturen, die sich sowohl in ebenen als auch gewölbten Flächen befinden können. Die Kragen oder Blechdurchzüge können der Lagerung, Fixierung oder Distanzierung dienen. Der Hauptanwendungsbereich liegt im Apparatebau. Dort wird das Kragenziehen bei dünnwandigen Blechteilen zum Gewindeschneiden, Einpressen von Bolzen, Anlöten von Rohren und zur Herstellung von Ansatzflanschen aus Blechabfällen eingesetzt.

3.2.1 Grundlagen des Kragenziehens

3.2.1.1 Verfahrensprinzip

Vor dem eigentlichen Kragenziehen wird das Blech gelocht. In das ausgeschnittene Loch drückt ein abgerundeter Stempel, dessen Durchmesser größer als der Lochdurchmesser ist, so daß sich das auf einer Matrize liegende Blech um die Ziehkante legt. Der Lochdurchmesser wird aufgeweitet, wobei ein etwa zylindrischer Kragenansatz entsteht, Bild 3–28.

Die Beanspruchungsverhältnisse während des Umformvorgangs stellen sich beim Kragenziehen anders dar als beim Tiefziehen eines Napfes. Während beim Napfziehen aufgrund der Verringerung des Außendurchmessers im Flanschbereich eine Stauchung des Bleches stattfindet, liegt beim Kragenziehen durch die Aufweitung des Durchmessers hauptsächlich eine Dehnung vor, Bild 3–29. Entsprechend nimmt die Wandstärke im Kragen mit zunehmender Kragenhöhe ab. Der Kragen wird also teilweise auf Kosten der Blechdicke gebildet.

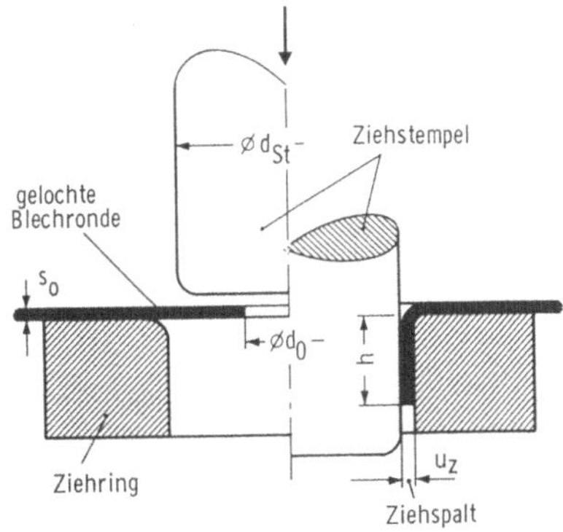

Bild 3–28.
Prinzip des Kragenziehens.

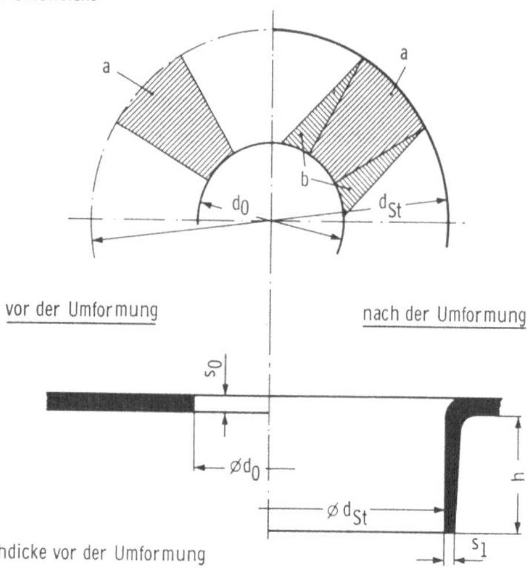

Bild 3–29. Umformung eines Kragenansatzes.

Die Kragenhöhe h berechnet sich überschlägig aus:

$$h = \frac{1}{2}\,(d_{St} + 2s_0 - d_0). \qquad (3\text{–}15)$$

d_{St} ist der Stempeldurchmesser, s_0 die Ausgangsblechdicke und d_0 der Durchmesser der Vorlochung. Diese Beziehung gilt jedoch nur für Spaltweiten, die im Bereich der Ausgangsblechdicke s_0 liegen und für scharfkantige Ringrundungen. Ebenso müssen für sog. enge Kragen ($d_{St} < 4\,s_0$) kompliziertere Formeln eingesetzt werden, wenn die Kragenhöhe im voraus bekannt sein soll [141; 165; 167].

Die Kragenhöhe ist nahezu unabhängig von der stirnseitigen Stempelform. Dagegen beeinflußt der Rundungsradius an der Matrize die Kragenform. Häufig wird ein Stempel mit Traktrixform oder angenäherter Traktrixform zum Kragenziehen eingesetzt. Der Vorteil dieses Schleppkurvenprofils besteht darin, daß ähnlich wie bei der Ziehringform für das niederhalterlose Tiefziehen (vgl. Abschnitt 3.1.2.1.1) der Stempel während des gesamten

Umformvorgangs mit dem ausgeschnittenen Lochrand in Linienberührung steht [188].

3.2.1.2 Zulässige Formänderungen

Auch beim Kragenziehen sind - ähnlich wie beim Tiefziehen – die Werkstoffelemente unterschiedlichen Beanspruchungsverhältnissen unterworfen. Es findet eine Biegung um den Ziehring und eine zweite Biegung um die Stempelkantenrundung statt. Druckspannungen in radialer Richtung und Zugspannungen in tangentialer Richtung bewirken die Formänderungen, die eine Blechdickenreduzierung beim Aufweiten des Durchmessers zur Folge haben. Formänderungen in axialer Richtung sind kaum zu beobachten [141; 188].

Die für eine fehlerfreie Herstellung eines Kragens maximal mögliche Formänderung wird beim Kragenziehen in Analogie zum Tiefziehen durch das Grenzaufweitverhältnis bestimmt. Diese Größe ist definiert als Quotient aus dem Stempeldurchmesser d_{St} und dem Vorlochdurchmesser d_0 [111; 141], bei dem gerade noch keine Rißbildung auftritt. Auch der Kennwert d_0/d_{St} [91; 131; 165] oder der Logarithmus $\ln(d_{St}/d_0)$ [188] wird als Maß für die Formänderung angegeben.

Das Grenzaufweitverhältnis ist von folgenden Faktoren abhängig [185; 201]:

1. vom Werkstückwerkstoff,
2. von dem auf die Blechdicke bezogenen Vorlochdurchmesser,
3. von der Geometrie bzw. Oberflächenbeschaffenheit der Werkzeuge,
4. vom Verhältnis der Blechdicke zum Stempeldurchmesser,
5. von der Art der Herstellung bzw. Güte der Schnittfläche der Vorlochung.

Die Stempelform hat keinen Einfluß auf das Aufweitverhältnis. Dagegen ist der Zustand des Vorloches von besonderer Bedeutung. Ein eventuell vorhandener Grat und eine größere Rauheit der Lochwandung begünstigen das Einreißen des Kragenrandes [108]. Daher ist das Aufweitverhältnis bei einem angeschnittenen Vorloch geringer als bei vorgebohrten Löchern.

Die Verbesserungen des Grenzaufweitverhältnisses durch erhöhte Lochqualität können nach *Brambauer* [20] bis zu 100 % betragen. Aus Gründen der Wirtschaftlichkeit sollte jedoch nur dann, wenn extrem große Kragenhöhen benötigt werden, eine spanende Nachbearbeitung der geschnittenen Vorlöcher erfolgen. Für größere Blechdicken (Vorlochdurchmesser zu Blechdicke $d_0/s_0 < 50$) können größere Aufweitverhältnisse erzielt werden.

Tabelle 3–1. Erreichbare Aufweitverhältnisse beim Kragenziehen in unterschiedlichen Blechwerkstoffen (nach *Kienzle/Timmerbeil*).

Werkstoff	Aufweitungsverhältnis d_1/d_0
Ms 63 w	2,3
Cu Zn 37 F 30	2,3
Al 99,5 h	2,3
St 13	2,4
St VIII	2,5
Al 99,5 w	3,4

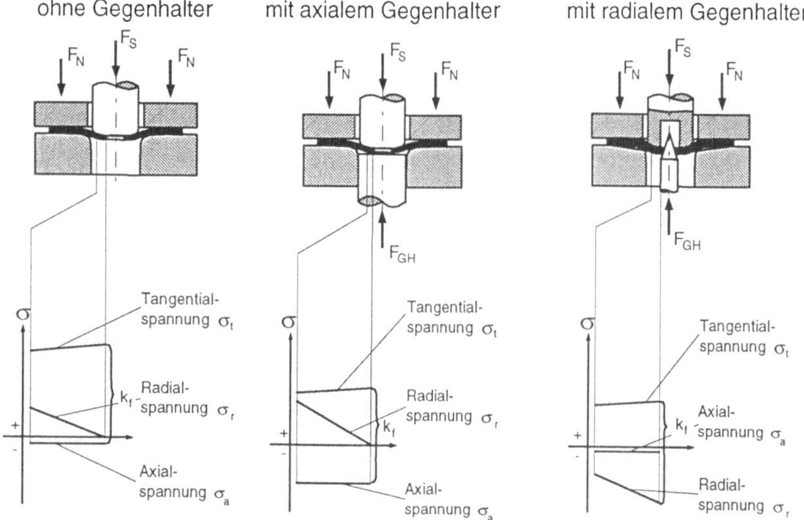

Bild 3–30. Spannungszustände beim Kragenziehen (nach *Schmoeckel/Schlagau*).

Tabelle 3–1 gibt einen Überblick über die erzielbaren Aufweitverhältnisse bei unterschiedlichen Werkstoffen [108; 111].

Ferner läßt sich das Grenzaufweitverhältnis durch eine Veränderung des Spannungszustandes am Vorlochrand erhöhen, indem man mit Hilfe eines Gegenhalters eine zusätzliche Druckspannung in axialer oder radialer Richtung erzeugt, Bild 3–30.

3.2.1.3 Kräfte

Die Vorausberechnung der auftretenden Stempelkräfte gestaltet sich aufgrund der komplexen Verhältnisse besonders schwierig. Bisher sind nur wenige Untersuchungen auf diesem Gebiet durchgeführt worden. Anhand eines Berechnungsmodells für zylindrische Stempelformen mit ebener Stirnfläche und abgerundeten Kanten stellten *Rauter* und *Reissner* [185] aus den plastizitätstheoretischen und geometrischen Zusammenhängen Beziehungen auf, die es ermöglichen, die Stempelkraft zu jedem Zeitpunkt des Prozesses zu bestimmen. Ein Vergleich der gemessenen und berechneten Werte zeigte gute Übereinstimmung, Bild 3–31.

Nach *Wilken* [237] läßt sich die Stempelkraft in einen Biegeanteil und einen Aufweitanteil unterteilen. Der Biegeanteil ist nahezu unabhängig vom Aufweitverhältnis, während der Aufweitanteil mit steigendem Aufweitverhältnis d_{St}/d_0 entsprechend zunimmt.

Im Gegensatz zum maximal möglichen Aufweitverhältnis hat die Stempelform einen wesentlichen Einfluß sowohl auf die maximale Stempelkraft als auch auf den Verlauf der Stempelkraft über dem Stempelweg, Bild 3–32.

Die Unterscheidung nach den Stempelformen ergibt für die Traktrixgeometrie die geringsten Kräfte. Die Nachteile der Traktrix sind in der schwierigen und teuren Herstellung sowie der Notwendigkeit eines größeren Maschinenhubs zu sehen. Halbkugelige oder kegelige Stempelformen

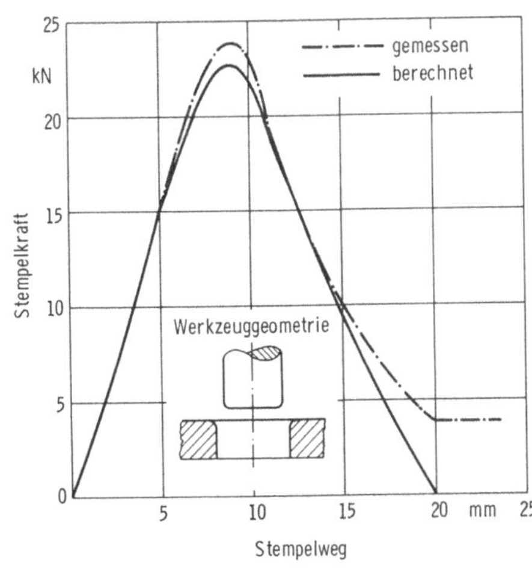

Bild 3–31.
Kraft-Weg-Diagramm für das Kragenziehen (nach *Rauter/Reissner*).

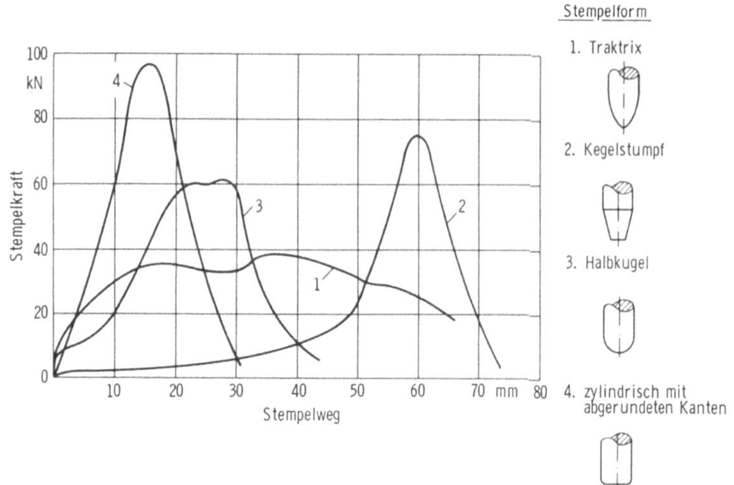

Bild 3–32. Kraft-Weg-Diagramme für unterschiedliche Stempelformen (nach *Wilken*).

sind zwar einfacher herzustellen, erfordern aber auch größere Stempelkräfte. Der größte Kraftbedarf bei gleichzeitig geringstem Stempelweg ergibt sich für zylindrische Stempel mit Kantenabrundung.

Eine überschlägige Vorausberechnung der Stempelkraft ermöglicht die Beziehung [91]:

$$F_{St} = U\, s_0\, R_m. \qquad (3\text{–}16)$$

Darin bedeuten U den Kragenumfang, s_0 die Ausgangsblechdicke und R_m die Zugfestigkeit des eingesetzten Blechwerkstoffs.

3.2.1.4 Reibung, Schmierung

Die Reibungsverhältnisse zwischen Blech und Werkzeug beeinflussen auch beim Kragenziehen das Arbeitsergebnis. Eine erhöhte Reibung des Bleches an Stempel und Durchziehöffnung wird die Kragenhöhe aufgrund einer behinderten Werkstoffumformung vermindern. Daher sollten Stempel und Matrize zur Minimierung der Reibung hochglanzpoliert werden. Eine zusätzliche Verringerung der Reibung wird durch konische Ausbildung der Matrizenöffnung erzielt [222].

Insbesondere dann, wenn das Vorloch nicht gratfrei hergestellt werden kann, ist der Stempel eines Kragenzieh-Werkzeuges großen Reibungsbelastungen unterworfen. In der Regel werden deshalb die Stempel nach dem Poliervorgang hartverchromt. Beträchtlich erhöhen läßt sich die Standmenge durch eine Beschichtung, z. B. mit TiC.

3.2.2 Verfahrensvarianten und Fertigungsbeispiele

Im allgemeinen wird unterschieden zwischen engen und weiten ($d_{St} > 4s_0$) Kragen. Zum Befestigen von Schrauben oder Bolzen an Blechen oder zur Verwendung des Kragens als Hohlniet werden enge Kragen gezogen. Weite Kragen finden beispielsweise Anwendung beim Bau von Druckbehältern.

Ähnlich wie beim Tiefziehen eines Napfes ergibt sich auch im Kragenziehprozeß die Möglichkeit eines Abstreckens. Wählt man den Spalt u_z zwischen Stempel und Matrize kleiner als die Ausgangsblechdicke, stellen sich größere Kragen bei gleichzeitiger Verbesserung der Genauigkeit ein. Das Verhältnis zwischen Ausgangsblechdicke und abgestreckter Blechdicke darf jedoch nicht zu klein sein, um ein Abreißen des gesamten Kragens zu vermeiden.

Neben runden Kragenansätzen können auch anders geartete Geometrien wie Rechteck, Langloch oder komplexere Formen, bei denen die Kragenhöhe über der Kontur einen vorgegebenen Verlauf aufweist, durchgezogen werden, Bild 3–33. Dabei treten jedoch unterschiedliche Spannungsverhältnisse z. B. in den Eckbereichen auf, die entsprechend bei der Auslegung des Blechausschnittes für das Vorlochen zu berücksichtigen sind [56].

Ein sehr altes Verfahren stellt das Durchdrücken von Kragen in vorgelochte Rohre dar, Bild 3–34. Die Kugel als Druckstück bestimmt die äußere Formgebung des Kragens. Das Verfahren wird in der Fahrradindustrie zur Herstellung von Tretlagergehäusen und Rohrverbindungshülsen eingesetzt [165].

Bewegt man sich an der Grenze des Aufweitverhältnisses, so sind Einrisse am äußeren Kragenrand oft nicht zu vermeiden. Muß der Kragen trotzdem eine bestimmte Höhe haben und ist eine Blechdickenreduzierung unerwünscht, ein Abstrecken also nicht möglich, wird in einem vorgeschalteten Arbeitsgang eine napfartige Form vorgezogen. Nach dem Vorlochen erfolgt dann in einem weiteren Arbeitsgang das Ziehen des Kragens auf die gewünschte Höhe.

Ähnlich vorbereitende Umformstufen schlägt *Oehler* [165; 167] mit einem Folgeverbundwerkzeug zur Herstellung von Blechdurchzügen großer Kragenhöhen für Gewinde vor. Dabei wird innerhalb des Folgewerkzeuges neben dem Vorlochen auch das Gewinde während des Lochvorgangs geschnitten.

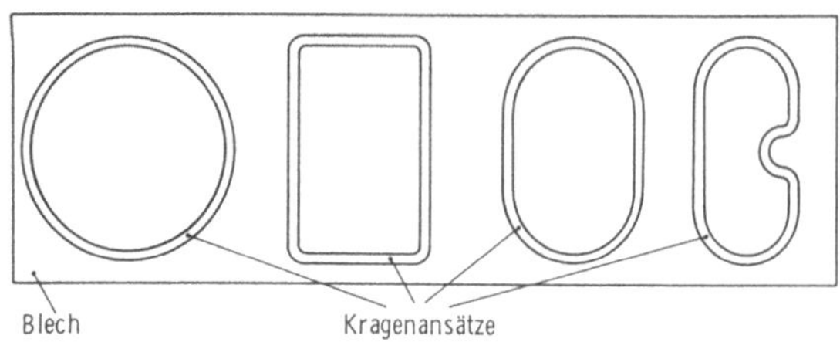

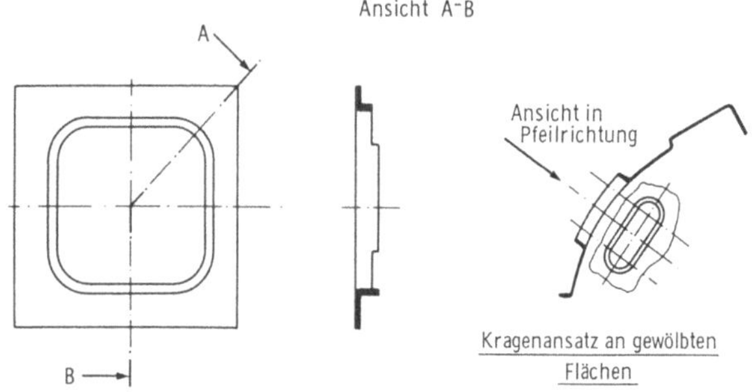

Bild 3–33. Verschiedene Kragenformen (nach *Hilbert*).

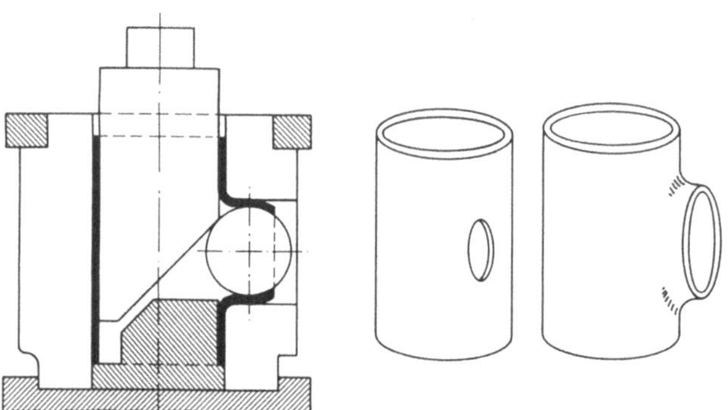

Bild 3–34. Blechdurchzüge in Rohren von innen (nach *Oehler/Kaiser*).

Diese Verbundarbeitsweise, also Vorlochen und Kragenziehen in einem Folgewerkzeug, kann gegebenenfalls mit einem einzigen doppelt wirkenden Stempel in einem Pressenhub ausgeführt werden [222; 280], Bild 3–35, links. Die stirnseitige Geometrie dient zum Lochen, die Abrundung zum anschließenden Kragenziehen. Die Stempelgestalt richtet sich nach Blechdicke und -werkstoff, Lochdurchmesser und Kragenhöhe. Ist die Blechplatine zu nachgiebig, weil das Verhältnis von Kragendurchmesser zur Blechdicke zu ungünstig ist, muß zum Lochen eine federnd gelagerte Matrize vorgesehen werden.

Weiterhin kann das Blech auch ohne vorheriges Loch mit Hilfe von Stechstempeln durchgerissen und gezogen werden (Bild 3–35, rechts). Zwar ist dies die einfachste und billigste Ausführung der Werkzeuge, es ergeben sich aber auch eine geringe Qualität und ein unbefriedigendes Aussehen des Kragens. Der Einsatz beschränkt sich daher auf Anwendungsfälle, wo geringste Kosten oder ein rauher Rand funktionell gefordert werden (z. B. Lötklemmen, Reibeisen) [222]. Gegebenenfalls erfolgt mit Hilfe eines Matrizeneinsatzes eine Abscherung des überschüssigen Werkstoffs während des Durchziehvorgangs an der Kragenunterseite [280].

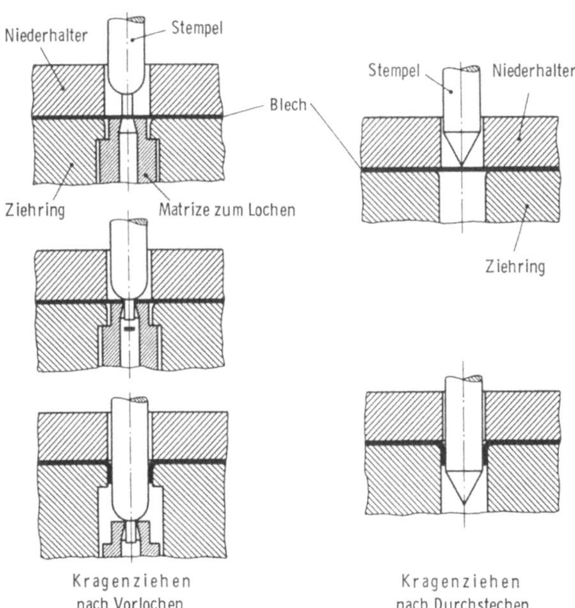

Bild 3–35. Stempelformen beim Kragenziehen zum gleichzeitigen Vorlochen bzw. Durchstechen.

Das Kragenziehen wird häufig zum Aushalsen von Behälterböden eingesetzt, um Rohre anschließen bzw. anschweißen zu können. Dabei ist neben einem glatten Übergang, der strömungstechnisch von Bedeutung sein kann, die durch den Kragen entstandene erhöhte Steifigkeit des Bodens im Übergangsbereich von Vorteil [43]. Einfache und mobile Vorrichtungen erlauben die Anwendung auch im Großbehälterbau und führten zu einer Verbreitung in Industrie- und Handwerksbetrieben. Durch Wärmezufuhr während der Umformung kann das Arbeitsergebnis verbessert werden. Dabei ist auf eine gleichmäßige Wärmeführung zu achten.

3.2.3 Werkzeuge

Neben dem Aufweitverhältnis beeinflussen im wesentlichen die Form und die Auslegung der einzelnen Werkzeugteile die Ausbildung des Kragens. Die wichtigsten Werkzeugelemente sind Stempel und Matrize. Unter Umständen kann auch ein Niederhalter – ähnlich wie beim Tiefziehen – notwendig werden, um ein Aufwölben des Bleches und ein verstärktes Nachfließen des Werkstoffs zu vermeiden.

Der Ziehspalt u_z sollte möglichst gleich oder kleiner als die Blechdicke gewählt werden. Je größer der Ziehspalt ist, um so stärker wird die Einbeulung und Konizität der Wandung. Ein Abstrecken mit $u_z < s_0$ erhöht den Kragen.

Zusätzlich vergrößert eine Verringerung des Stempelkantenradius die Kragenhöhe, allerdings wird dadurch auch das Grenzaufweitverhältnis bis zur Rißbildung reduziert. Umgekehrten Einfluß zeigt die Abrundung der Ziehringkante; die Kragenhöhe nimmt mit steigendem Ziehringradius zu [131]. Nach Kienzle [108] beträgt der günstigste Rundungsradius der Matrizenöffnung etwa 0,05 bis 0,1 des Bohrungsdurchmessers der Matrize. Die Abmessungen der verschiedenen eingesetzten Stempel- und Matrizenformen sind der Richtlinie VDI 3359 [280] zu entnehmen.

Beim Einsatz von Verbundwerkzeugen, die auch andere Blechumformverfahren beinhalten, ist darauf zu achten, daß Stechstempel nicht zu lang ausgeführt werden und nicht gleichzeitig mit anderen Umformstufen arbeiten. Durch eine z.B. aufgrund eines Tiefziehvorgangs bewirkte Zugbelastung des Stanzstreifens können sonst die relativ dünnen Spitzen der Stechstempel abbrechen oder aber unterschiedliche Wanddicken auftreten [165]. Auch sollten mehrere Kragen nicht zu dicht beieinander liegen, um eine Beeinflussung zu vermeiden.

3.2.4 Werkstoffe

Die für den Praktiker zentrale Größe, die maximal erreichbare Kragenhöhe, ist neben den bereits angesprochenen Faktoren natürlich auch abhängig von den Werkstoffeigenschaften des eingesetzten Bleches. Da beim Kragenziehen hauptsächlich ein Dehnungsvorgang auftritt, gestatten Tiefziehbleche, die hohe Duktilität bei relativ großer Zugfestigkeit aufweisen, höhere Kragen als gewöhnliches Blech. Darüber hinaus bieten weiche Werkstoffe gegenüber festeren Qualitäten günstigere Verhältnisse [222].

Aufgrund der Beanspruchungen beim Kragenziehen ist zunächst zu erwarten, daß Blechwerkstoffe mit höherer Gleichmaßdehnung hinsichtlich der erreichbaren Kragenhöhe bessere Ergebnisse liefern. Untersuchungen über das Verhalten nichtrostender Feinbleche beim Kragenziehen konnten diese Vermutung jedoch nicht bestätigen [131]. Im Falle der untersuchten Bleche ist ein umgekehrtes Verhältnis zwischen Gleichmaßdehnung und Grenzaufweitverhältnis zu beobachten.

3.2.5 Fertigungsgenauigkeiten

Neben einer Rißbildung können beim Kragenziehen auch geometrische Unregelmäßigkeiten auftreten. Auf die Ausbildung dieser Unregelmäßigkeiten hat die Werkzeuggeometrie maßgebenden Einfluß. Je größer der Radius der Stempelkantenabrundung und je scharfkantiger der Ziehring ausgebildet ist, desto zylindrischer wird die Kragenwandung [131].

Eine Veränderung des stirnseitigen Stempelprofils hat außerdem Auswirkungen auf die Ausbildung der Kragenunterseite. Die bereits beschriebene Traktrix-Geometrie liefert hier die besten Ergebnisse. Die Unterfläche des Kragens verläuft nach der Umformung etwa parallel zur unverformten Blechebene. Durch einen Halbkugelstempel wird die Kragenringfläche zu einer nach außen abfallenden Kegelfläche und bei kleineren Abrundungen eines spitzkegelförmigen Stempels zu einem Innenkegel [165]. Eine senkrecht verlaufende Kragenaußenwand wird erzielt, wenn die Beziehung

$$2\, s_0 / (d_M - d_{St}) \geq 2{,}0 \tag{3–17}$$

zwischen Blechdicke s_0, Matrizendurchmesser d_M und Stempeldurchmesser d_{St} erfüllt ist [167].

Für die Herstellung von Kragenzügen für Gewinde gelten besondere Voraussetzungen hinsichtlich des erforderlichen Kerndurchmessers, Stempeldurchmessers und Vorlochdurchmessers. Bei nicht zylindrischer Kragenausbildung ist nicht die volle Höhe nutzbar. Entsprechende Zahlenwerte für die Herstellung bestimmter Gewindedurchmesser sind in der DIN 7952 angegeben. Hinsichtlich der Beurteilung der übertragbaren Kräfte ist zu beachten, daß eine Belastung entgegen der Durchzugsrichtung eine um etwa 15% höhere Beanspruchung erlaubt. Daher sind Schrauben vorzugsweise in Durchzugsrichtung einzuschrauben [165; 167].

3.3 Streckziehen

Das Streckziehen ist ein Fertigungsverfahren, das in der Luft- und Raumfahrtindustrie sowie im Automobil- und Schiffbau zur Herstellung von Blechformteilen eingesetzt wird, Bild 3–36. Die großflächigen Werkstücke, deren Abmessungen mehr als 50 m^2, in Einzelfällen bis zu 100 m^2 betragen können, sind im allgemeinen über ihre gesamte Ausdehnung in einer Ebene oder in mehreren Ebenen gekrümmt [195].

Während konventionelle Umformverfahren wie beispielsweise das Tiefziehen oder Biegen aufgrund der Werkstückgrößen ausscheiden, kann die Fertigung auf Streckzieheinrichtungen sowohl in einem Arbeitsgang als auch in mehreren Stufen erfolgen.

Die größte bisher bekannte Streckzieheinrichtung der Welt wurde im Jahre 1957 gebaut und im Flugzeugbau eingesetzt. Sie dient zur stufenweisen Umformung von bis zu 35 m langen, 3 m breiten und 6 mm dicken Blechen für Flugzeugtragflächen [168].

Bild 3–36. Streckziehen eines Flugzeugteils.

Die Formgebung erfolgt schrittweise. Nachdem ein Bereich umgeformt ist, wird das Werkstück durch Zuführeinrichtungen weitertransportiert, so daß der sich jeweils daran anschließende Blechabschnitt umgeformt werden kann. Die schrittweise Umformung der Beplankungsbahn erspart Verbindungsarbeiten und eliminiert dadurch die sonst an den Verbindungsstellen auftretenden möglichen Ermüdungserscheinungen [136].

3.3.1 Verfahrensprinzip

Für den Streckziehprozeß werden ebene, rechteckige, ovale, trapez- oder nierenförmige Blechzuschnitte gewählt, die an zwei gegenüberliegenden Kanten fest eingespannt werden. Die Einspannung erfolgt entweder zwischen starren, drehbar gelagerten Spannelementen oder mit Hilfe von rotatorisch und translatorisch beweglichen Spannzangen, wobei diese eine zusätzliche Zugbeanspruchung aufbringen können. Der Umformvorgang besteht darin, daß der Blechzuschnitt durch Zugbeanspruchung bis über die Fließgrenze belastet und im plastischen Zustand der Kontur eines Formwerkzeuges angepaßt wird. Dabei ergibt sich eine Verringerung der Blechdicke bei gleichzeitiger Vergrößerung der Zuschnittsoberfläche. Vom Verfahrensablauf her wird prinzipiell zwischen dem einfachen und dem tangentialen Streckziehen unterschieden, Bild 3–37.

Beim einfachen Streckziehen wird der eigentliche Umformprozeß allein durch die Bewegung des Stempels eingeleitet. Beim tangentialen Streckziehen kann die Formgebung sowohl durch Bewegung des Formblocks als auch durch Verfahren der Spannzangen erfolgen. Die einzelnen Bewegungen werden auf den jeweiligen Umformvorgang abgestimmt.

3.3.2. Verfahrensvarianten

3.3.2.1 Einfaches Streckziehen

Die einfachste Art des Streckziehens besteht in der Herstellung gekrümmter Blechteile mit Formgebung in einer Ebene, d. h. es sind keine räumlichen Krümmungen vorgesehen. Die hierzu benötigten Streckzieheinrichtungen bestehen im wesentlichen aus dem Maschinenbett, der Schlittenführung für die Einspannelemente, der Blechhaltevorrichtung, dem hydraulisch betriebenen Preßtisch sowie dem Antriebsaggregat mit Steuerung, Bild 3–38.

Prinzipiell läuft der einfache Streckziehvorgang folgendermaßen ab: Der Blechzuschnitt wird mit Spannzangen oder anderen um ihre Achsen drehbar gelagerten Klemmvorrichtungen an zwei gegenüberliegenden Seiten fest eingespannt. Die Spannelemente, die auf Führungsschlitten verschiebbar angeordnet sind, behalten während der Umformung ihre Lage bei. Die

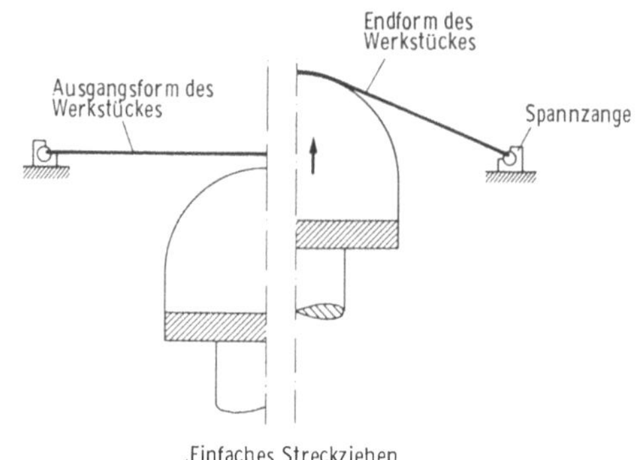

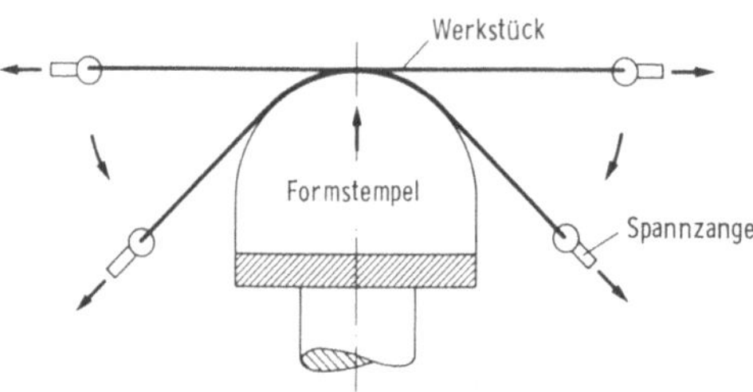

Bild 3–37.
Streckziehen; Verfahrensprinzip (nach DIN 8585).

zur Umformung notwendigen Spannungen werden durch den Stempel aufgebracht, Bild 3–39. Durch einen im allgemeinen hydraulisch betriebenen Tisch bewegt sich das formgebende Werkzeug, das als Außenkontur die Innenkontur des zu fertigenden Teils besitzt, aufwärts. Das Blech berührt zunächst die Kuppe des Werkzeuges und beginnt sich bei weiterer Aufwärtsbewegung des Stempels zunächst elastisch zu dehnen. Nach Überschreiten der Streckgrenze erfolgt eine plastische Verformung des Werkstoffs. Während der Werkstoff aus der Blechdicke fließt, vergrößert sich die Berührfläche zwischen Stempel und Blechzuschnitt. Die zwischen Formwerkzeug und bereits anliegender Blechoberfläche wirkenden Reibungskräfte behindern dabei eine gleichmäßige Dehnung und wirken einer weiteren Oberflächenvergrößerung der bereits umgeformten Blechpartien entgegen [205]. Der Werkstoff wird an diesen Stellen nicht bis an die Grenze seiner Dehnfähigkeit belastet. Dagegen wird das Blech mit zunehmendem Stempelweg vorwiegend in den Bereichen gestreckt, die nicht am Formwerkzeug anliegen.

Der Streckziehvorgang ist beendet, sobald der Blechzuschnitt die Kontur des Formklotzes aufweist. Der Stempel wird anschließend wieder abge-

Bild 3–38. Einrichtung zum einfachen Streckziehen; Preßkraft: 1500 kN, Tischbreite: 2000 mm.

senkt, so daß das Werkstück nach Lösen der Spannelemente entnommen werden kann.

Aufgrund der Reibungsverhältnisse sind beim einfachen Streckziehen nur geringe Dehnungen zu erzielen, so daß dieses Verfahren nur bei geringen Umformgraden für leicht gekrümmte Teile Anwendung findet [176]. Der Reibungseinfluß kann zwar durch Schmierung oder durch Beplanken der Holzform mit Blech verringert, jedoch nicht völlig ausgeschlossen werden. Wenn die Dehnung an Blechober- und -unterseite durch Reibung behindert wird, kann es zu Biegeeffekten kommen, die nach dem Ausspannen des Werkstückes eine unerwünschte elastische Rückfederung bewirken [106].

3.3.2.2 *Tangentialstreckziehen*

Während das einfache Streckziehen in einer Arbeitsstufe erfolgt und die für die Formgebung notwendigen Zugspannungen nur über den Stempel aufgebracht werden, zeichnet sich das tangentiale Streckziehen dadurch aus, daß der Umformprozeß durch zwei Vorgänge bestimmt wird (Bild 3–37).

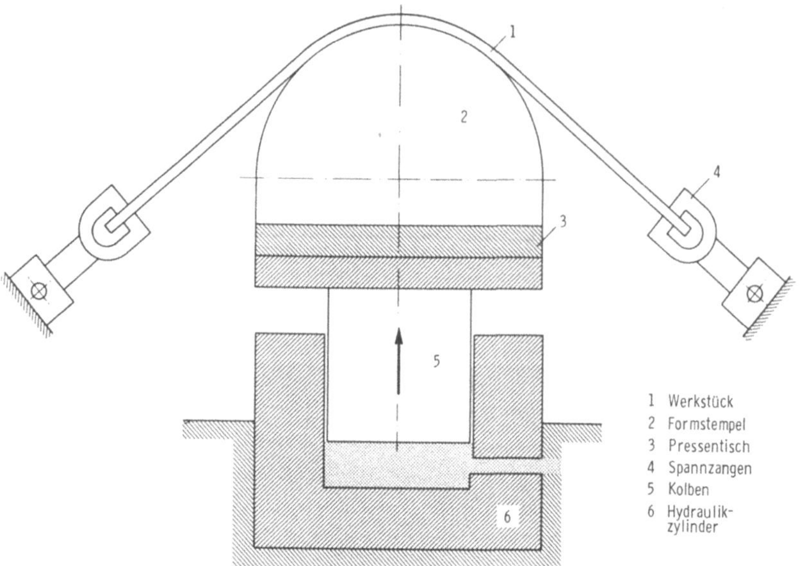

Bild 3-39. Schema einer Streckziehpresse.

Zunächst wird das umzuformende Blech wie beim einfachen Streckziehen in die Spannvorrichtung der Streckziehmaschine eingelegt und festgeklemmt. Die Spannelemente fahren horizontal auseinander, wodurch das Blech eine Zugbeanspruchung erfährt, die je nach Werkstückstoff eine plastische Dehnung von 2 bis 5% hervorruft [5; 133; 195]. Sofern das Werkstück völlig eben ist, wird dabei eine gleichmäßige Dehnung des gesamten Blechzuschnittes erreicht.

Weist das umzuformende Blech dagegen unebene Stellen wie Beulen oder Wellen auf, so wird zunächst eine gleichmäßige Dehnung verhindert. Die von den Spannelementen aufgebrachte Zugbelastung bewirkt in den unebenen Stellen Spannungsspitzen und führt zu unterschiedlich großen lokalen plastischen Verformungen, die eine Ausrichtung dieser Stellen in Zugrichtung zeigen [133; 135; 136]. Bei weiterem Steigern der Zugbelastung werden auch die bis dahin nicht gestreckten Stellen des Bleches plastisch verformt, so daß nunmehr eine Dehnung des gesamten Zuschnittes eintritt [133; 134; 158].

Die eigentliche Formgebung erfolgt in einem anschließenden zweiten Arbeitsgang durch ein Formwerkzeug.

Während die durch die Einspannelemente aufgebrachte Zugbelastung beibehalten wird, wird das vorgestreckte Blech in einem kontinuierlichen, geschwindigkeitsgeregelten Vorgang tangential an das Formwerkzeug angelegt. Dabei darf zwischen Blechzuschnitt und Formwerkzeug keine Relativbewegung stattfinden. Die hierzu notwendigen Bewegungen werden entweder allein von den auf Führungsschlitten montierten Spannwerkzeugen oder durch Spannzangen und Werkzeugstempel gleichzeitig ausgeführt [267].

In beiden Fällen werden Lage und Geschwindigkeit der Einspannelemente so geregelt, daß die aufgebrachte Zugbelastung stets tangential zur Werkzeugkontur wirkt, wobei die noch nicht am Formwerkzeug anliegenden Blechbereiche gleichmäßig gedehnt werden. Dadurch kann das Dehnungsvermögen des Werkstoffs in jedem Bereich des Bleches voll ausgenützt werden.

Da eine Relativbewegung zwischen Stempel und anliegendem Blech weitgehend vermieden wird, treten keine den Umformvorgang störenden Reibungseinflüsse wie beim einfachen Streckziehen auf.

Dem eigentlichen Streckziehvorgang schließt sich vielfach ein Nachstrecken der quasi fertigen Form mit erhöhter Streckziehkraft an, um die Rückfederung auszugleichen und die dadurch bedingte Abweichung von der Sollkontur des Werkstückes klein zu halten [94; 166].

Unter dem Gesichtspunkt der Automatisierung verfügen die für das tangentiale Streckziehen eingesetzten Maschinen, Bild 3–40, vielfach über numerische Steuerungen zur exakten und reproduzierbaren Koordinierung des Bewegungsablaufs zwischen Spannbacken und Formstempel [216].

Durch Tangentialstreckziehen lassen sich Werkstücke mit verhältnismäßig großen Krümmungen auch in zwei Ebenen herstellen. Der Verfahrensablauf bringt es mit sich, daß der Werkstückstoff während des gesamten Umformvorgangs unter Zugbelastung steht. Es tritt keine Biegung auf, die zu Druckspannungen und somit zu einem Ausbeulen des fertigen Blechteils führen kann [5; 134; 205]. Aus diesem Grunde lassen sich durch Tangentialstreckziehen Werkstücke in viel engeren Toleranzen fertigen als durch einfaches Streckziehen.

Die Vorteile des Tangentialstreckziehens liegen außerdem in kleineren Blechzuschnitten mit geringem Werkstoffabfall [94; 258] und in der Möglichkeit, das Formwerkzeug zu unterziehen, Bild 3–41. Bei entsprechender Werkzeuggestaltung können außer ebenen glatten Blechen auch Wellbleche, unsymmetrisch angefräste Bleche oder tiefgeätzte Blechbahnen streckgezogen werden [135; 136].

Bild 3–40. Einrichtung zum tangentialen Streckziehen; Preßkraft: 4000 kN, Spannbackenbreite: 4600 mm

3.3.2.3 Streckziehen mit Gegenwerkzeug

Mehrfach gekrümmte Blechformteile und Teile mit z.B. Aushalsungen, Vertiefungen oder Durchbrüchen können durch Streckziehen mit Gegenwerkzeug gefertigt werden. Der Fertigungsablauf besteht aus einem Tangentialstreckziehvorgang, dem eine durch ein Gegenwerkzeug ausgeführte Umformoperation folgt.

Die in den Bildern 3–42 und 3–43 dargestellte Streckzieheinrichtung mit Gegenwerkzeug wird in der Flugzeugindustrie für die Formgebung von Aluminiumblechen eingesetzt. Die maximalen Abmessungen der bearbeitbaren Bleche betragen 11 m × 2,5 m × 8 mm. Bild 3–42 oben zeigt eine Teilansicht der Streckzieheinrichtung mit hochgezogenem Gegenwerkzeug. Es ist eine der beiden Einspannvorrichtungen zu erkennen, die aus mehreren gegeneinander kippbaren Spannbacken bestehen. Die Hydraulikzylinder neben dem Formklotz dienen zum Spannen des Gegenwerkzeuges.

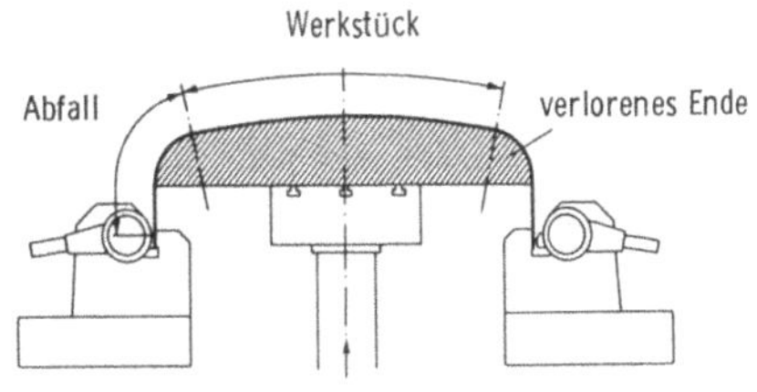

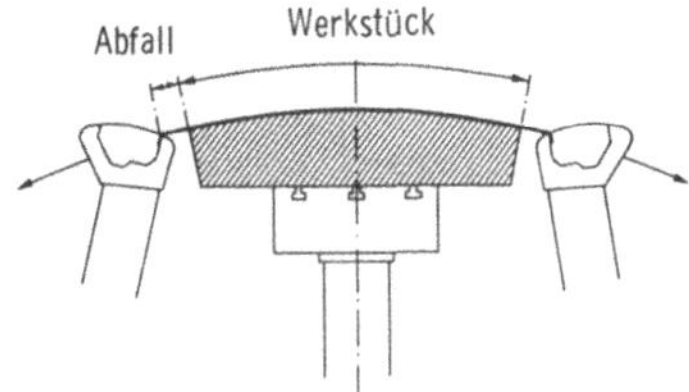

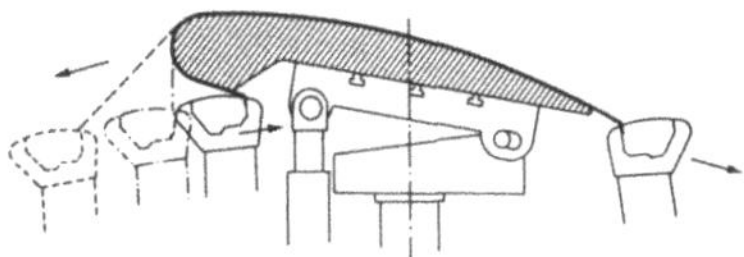

Bild 3–41.
Vorteile durch Anwendung des tangentialen Streckziehens.

Im vorliegenden Beispiel ist der Einsatz eines Gegenwerkzeuges erforderlich, da das zu fertigende Werkstück (Bild 3–42 Mitte) aufgrund seiner Größe und Form ungünstig zur Streckziehrichtung liegt [253].

Die Formgebung läuft in folgenden Schritten ab :

Das aufgrund einer vorausgegangenen Wärmebehandlung in sich gewellte Blech wird in den Spannelementen der Streckziehvorrichtung geklemmt und der Kontur des Formwerkzeuges entsprechend vorgestreckt. Die Spannelemente fahren dabei auseinander und senken sich gegenüber dem Formwerkzeug ab. In diesem vorgespannten Zustand liegen noch nicht alle Blechpartien am Formwerkzeug an.

Die endgültige Form des Werkstückes wird durch das Gegenwerkzeug erzeugt. Während es auf das Blech aufgesetzt und von den Spannzylindern gegen das Formwerkzeug gezogen wird, erfolgt die Umformung, wobei alle Bereiche des zu fertigenden Werkstückes unter Formzwang stehen. Auf die Bewegung des Gegenwerkzeuges ist eine Bewegung der

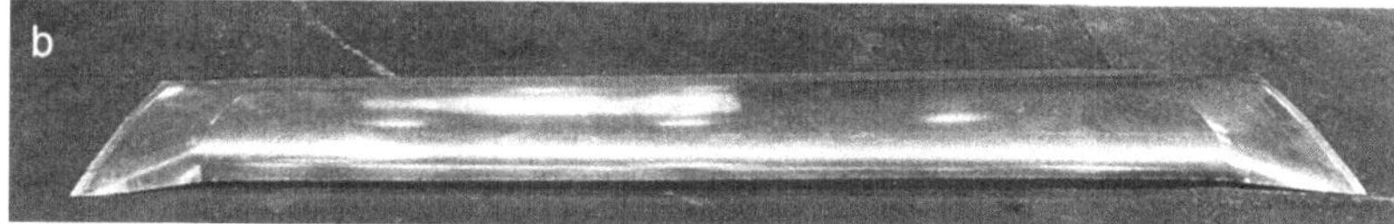

Bild 3–42. Streckziehen mit Gegenwerkzeug I.

Bild 3–43. Streckziehen mit Gegenwerkzeug II.

Spannelemente abgestimmt. Sie fahren aufeinander zu, um örtliche Überdehnungen zu vermeiden.

Am Ende der Umformoperation werden Formwerkzeug und Gegenwerkzeug geöffnet; die Spannelemente fahren in ihre Ausgangslage zurück, so daß das Werkstück entnommen werden kann. Dabei wird das Werkstück zuerst durch einen Streckzieh- und dann durch einen Tiefziehvorgang umgeformt, Bild 3–44. Zu Beginn des Arbeitsablaufs wird der Blechzuschnitt in die Streckzieheinrichtung eingelegt und durch Schließen der hydraulischen Spannbacken festgeklemmt. Durch Auseinanderfahren der Spanneinheiten wird das Blech um 2 bis 4% Dehnung gestreckt. Anschließend wird die rechte Spanneinheit abgesenkt, so daß die Blechbahn durch die Kontur des Unterwerkzeuges bereits eine örtliche Umformung erfährt. Nachdem auch die linke Spanneinheit abgesenkt ist, wird durch Aufsetzen des Werkzeugoberteils der Umformvorgang vollendet.

Die Vorteile des kombinierten Streck- und Tiefziehens liegen vor allem in der gegenüber dem reinen Tiefziehen möglichen Werkstoffeinsparung von 10 bis 15%. Diese resultiert aus der geringeren Ausgangsgröße des Blechzuschnittes, der sich nicht wie beim reinen Tiefziehen allseitig unter einem Niederhalter befindet, sondern nur an zwei Seiten eingespannt wird sowie

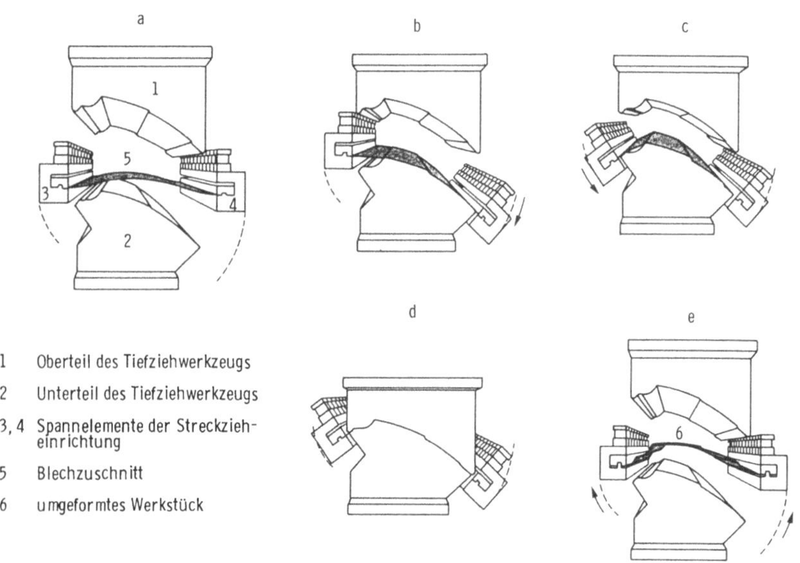

Bild 3–44. Kombiniertes Streck- und Tiefziehen.

aus der infolge des Streckziehvorgangs hervorgerufenen Vergrößerung der Zuschnittfläche [5]. Bedingt durch die mit dem kombinierten Streck- und Tiefziehen erreichbare gleichmäßigere Dehnungsverteilung im Umformteil sind diese Werkstücke stabiler.

3.3.2.4 Streckziehen von Profilen

Neben Flachmaterialien können auch profilierte Bleche durch Streckziehen zu Umformteilen wie Fahrzeugstoßstangen oder gekrümmten Abdeckprofilen gefertigt werden [133]. Dazu sind die Formwerkzeuge sowie die Spannelemente der jeweiligen Profilform anzupassen. Die Spannbacken bestehen aus einzelnen der Profilkontur entsprechenden Segmenten, die in einem konischen Klemmfutter derart untergebracht sind, daß sie mit steigender Zugbelastung fester schließen.

Die besonderen Vorteile des Profilstreckziehens werden aus dem Verfahrensvergleich mit dem freien Biegen ersichtlich, Bild 3–45.

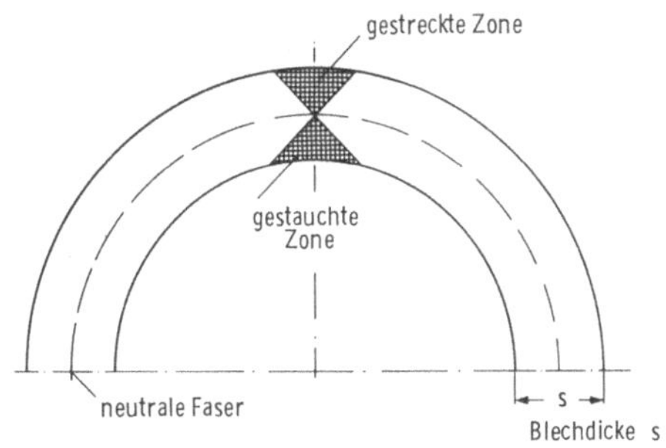

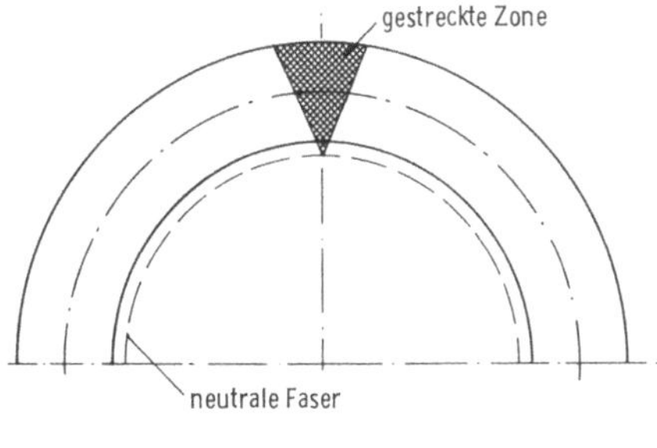

Bild 3–45.
Neutrale Faser beim Streckziehen und Biegen.

Biegevorgänge sind dadurch gekennzeichnet, daß der Werkstoff am Außenradius gedehnt und am Innenradius gestaucht wird, was besonders bei dünnwandigen Profilen zu örtlichen Ausbauchungen führen kann [94; 137; 138].

Beim Profilstreckziehen dagegen wird das Werkstück in geradem Zustand durch Zug so stark gedehnt, daß beim anschließenden Biegen die neutrale Achse außerhalb des Werkstückes liegt.

Im Gegensatz zum Biegen ist die radiale Rückfederung des Werkstückes gering, da in ihm keine Restspannungen mit entgegengesetztem Vorzeichen wirken. Man nutzt diesen Effekt auch zum Richten von Profilen.

3.3.2.5 Warmstreckziehen

Während das Streckziehen im allgemeinen bei Raumtemperatur durchgeführt wird, können Titanlegierungen bei einer Blechdicke größer als 1 mm, wie sie vorwiegend im Flugzeugzellenbau eingesetzt werden, ohne Erwärmung nicht umgeformt werden [86]. Die Umformtemperaturen liegen dabei in Abhängigkeit von der umzuformenden Titanlegierung zwischen 480 und 590 °C. Um eine unerwünschte, den Umformvorgang negativ beeinflussende Wärmeübertragung vom Werkstück an das Werkzeug zu vermeiden, werden beim Warmstreckziehen beheizte Werkzeuge aus wärmebeständigen Werkzeugstählen oder keramischen Werkstoffen eingesetzt.

3.3.3 Formänderungen, Werkstückstoffe und Kräfte

Der Streckziehvorgang ist durch eine primär aufgebrachte Zugbelastung gekennzeichnet, die einen Werkstofffluß aus der Blechdicke bewirkt. Um örtliche Einschnürungen zu vermeiden, wird das Blech normalerweise nur so stark gestreckt, daß die mittlere Formänderung über der gesamten Einspannlänge des Bleches den Wert der Gleichmaßdehnung A_g nicht überschreitet.

Während ursprünglich nur Aluminium- und Kupferlegierungen zum Streckziehen geeignet waren, deren Gleichmaßdehnungswerte in der Größenordnung von $A_g = 40\%$ liegen, umfaßt die heute eingesetzte Werkstoffpalette sowohl weiche als auch höherfeste Werkstoffe. Dazu zählen ebenso kohlenstoffarme Tiefziehstähle wie hochlegierte ferritische und austenitische Stähle, säurebeständige Stähle und Legierungen aus Magnesium oder Titan [127; 141].

Die Werte der Gleichmaßdehnung bei Raumtemperatur liegen in der Größenordnung von 5 bis 8 % für Titanlegierungen, 10 bis 30 % für Aluminiumlegierungen, 20 bis 35 % für Tiefziehbleche, 45 bis 50 % für Messing und 50 bis 60 % für austenitische Stahlbleche [141].

Mit Hilfe der Gleichung

$$\varphi_g = n = \ln(1 + A_g) \qquad (3\text{–}18)$$

lassen sich auch aus der Fließkurve eines Werkstoffs Hinweise auf seine Streckziehfähigkeit ableiten. Hohe Zahlenwerte für den Verfestigungsexponenten n weisen dabei auf günstige Streckzieheigenschaften hin [74; 174; 236; 243].

Wird der Werkstückstoff über das Maß der Gleichmaßdehnung gestreckt, so kommt es zu örtlichen Einschnürungen und eventuell daraus resultierenden Rissen [1]. Im allgemeinen werden drei Versagensarten durch Rißbildung unterschieden, Bild 3–46.

Bei gut umformbaren Werkstoffen treten Risse infolge Überbeanspruchung bevorzugt in der Nähe der Spannbacken und an Blechpartien auf, die noch nicht am Formwerkzeug anliegen.

Die Versagensarten Einschnürung und Sprödbruch liegen eher im mittleren Bereich des Blechformteils, vor allem aber im Scheitel des Formstempels.

Während spröde Werkstoffe, die sich infolge ihrer relativ schlechten Umformbarkeit nicht an die Werkzeugkontur anpassen können, bereits frühzeitig versagen, schnüren sich duktile Werkstoffe erst zu einem späteren

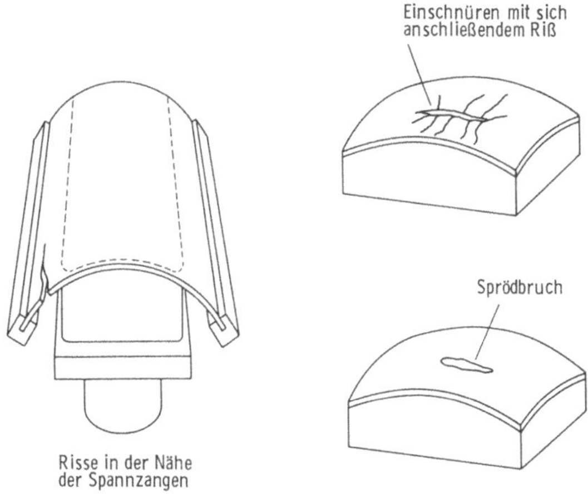

Bild 3–46. Versagensmöglichkeiten beim Streckziehen.

Zeitpunkt des Umformvorgangs im Scheitelbereich ein. Als Ursachen für diese Versagensfälle sind ein unzureichendes Umformvermögen des Werkstückstoffs oder zu große während des Umformvorgangs auftretende Reibungskräfte zu nennen [175].

Für den Fall, daß beim Streckziehen örtliche Einschnürungen zugelassen werden, stellt nicht die Gleichmaßdehnung, sondern die Bruchdehnung die für den Versagensfall kritische Kenngröße dar.
Die für eine Streckziehoperation an ca. 1 mm dicken Blechen notwendige Stempelkraft F_{St} errechnet sich nach [141] zu:

$$F_{St} = \frac{A_1}{\eta_F} k_{fm} \ln \frac{A_0}{A_1} \tag{3–19}$$

Hierin stellt A_1 die durch das Streckziehen vergrößerte Fläche des Blechformteils zwischen den Einspannstellen dar. A_0 bedeutet die Ausgangsfläche des Bleches und k_{fm} die mittlere Fließspannung. Die Reibungsverluste während des Umformvorgangs werden durch den Formänderungswirkungsgrad η_F zusammengefaßt. Übliche Werte für den Formänderungswirkungsgrad η_F liegen für über die gesamte Blechfläche gleichmäßig verteilte Beanspruchungen bei etwa $\eta_F = 0{,}7$ und für ungleichmäßig verteilte bei $\eta_F = 0{,}5$. Weicht die Blechdicke wesentlich von 1 mm ab, so ist zur Berechnung der Stempelkraft der auf Zug beanspruchte Querschnitt aus Einspannbreite und Blechdicke einzubeziehen.

Die höchstzulässige Streckziehkraft des Stempels F_{St}, die gerade noch aufgebracht werden kann, ohne daß die zu verformende Blechtafel reißt, ergibt sich aus einer Gleichgewichtsbetrachtung, Bild 3–47, zu:

$$F_{St\,max} = c\, 2\, F_{Sp\,max} \cos\gamma, \tag{3–20}$$

$$F_{St\,max} = 2{,}4\, R_m\, s\, b \cos\gamma. \tag{3–21}$$

Dabei werden die beim Umformen auftretenden Reibungskräfte durch einen Korrekturfaktor $c = 1{,}2$ erfaßt; die durch das Blechformteil maximal übertragbare Zugkraft F_{Sp}, die auf die Spannzangen übertragen wird, ergibt sich aus der Zugfestigkeit R_m, der Einspannbreite b sowie der Blechdicke s [141].

3.3.4 Werkzeuge

Die Werkzeugherstellung für die Streckziehverfahren ist durch geringe Material- und Fertigungskosten gekennzeichnet. Die formgebenden Stempel, Bild 3–48, die nach der Kontur des zu fertigenden Blechformteils gearbeitet sind, werden in den meisten Fällen aus verhältnismäßig billigen,

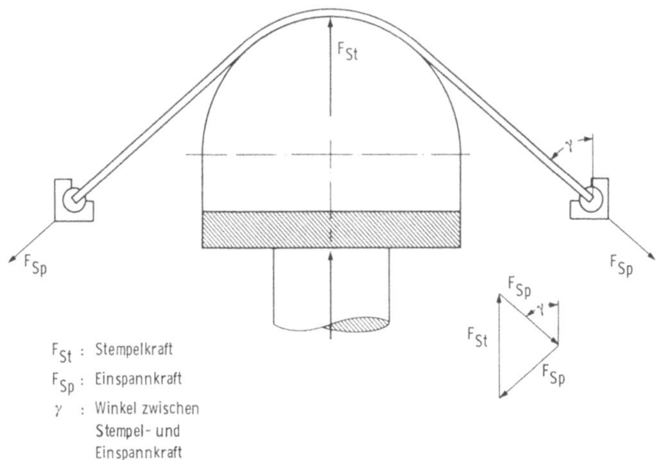

Bild 3–47. Kräfte beim Streckziehen.

Bild 3–48. Streckziehwerkzeug für Flugzeugbeplankungsbleche.

leicht form- oder gießbaren und gut zu bearbeitenden Werkstoffen hergestellt. Bei höheren Belastungen werden Werkzeuge aus Grauguß gefertigt, bei geringeren Belastungen kommen gegossene Zinklegierungen, Kunststoffe oder auch Hartholz als Werkzeugbaustoffe in Frage. Es ist nicht immer unbedingt notwendig, diese Formen massiv zu fertigen. Im Flugzeugzellenbau können z.B. bei der Verarbeitung von Leichtmetallblechen Formwerkzeuge eingesetzt werden, die aus Leisten zusammengesetzt sind [165]. Derartige Werkzeuge sind je nach Beschaffenheit des Holzes auch für größere Stückzahlen geeignet. Scharfe Kanten, die infolge wiederholter, hoher Beanspruchungen leicht verschleißen, werden von vornherein mit Bandstahl überzogen [7; 94; 205].

3.4 Drücken

Das Fertigungsverfahren Drücken dient zur Herstellung rotationssymmetrischer Hohlkörper. Ausgangsform des Werkstückes ist eine Blechronde oder ein vorgeformter Hohlkörper.

Die Wandstärken der Ausgangs- und Endform sind beim konventionellen Drücken nahezu gleich; bei den Verfahrensvarianten Projizierstreckdrücken und Abstreckdrücken wird die Wandstärke der Ausgangsform reduziert.

3.4.1 Verfahrensprinzip

Auf die Verfahrensprinzipien der Varianten

- konventionelles Drücken,
- Projizierstreckdrücken und
- Abstreckdrücken

wird im folgenden eingegangen.

3.4.1.1 Konventionelles Drücken

Nach DIN 8584 [266] ist konventionelles Drücken das Zugdruckumformen eines Blechzuschnittes zu einem Hohlkörper oder Verändern des Umfanges eines Hohlkörpers. Hierbei wird eine Blechronde zentrisch zwischen dem Drückfutter, das der Innenform des herzustellenden Werkstückes entspricht, und dem Gegenhalter fest eingespannt, Bild 3–49. Nachdem die Hauptspindel in Rotation gesetzt ist, wird die Blechronde mit dem Drückwerkzeug (Drückrolle) in einem Überlauf oder meist stufenweise bis zur Erreichung der Endform umgeformt. Die Umformung erfolgt dabei nur örtlich.

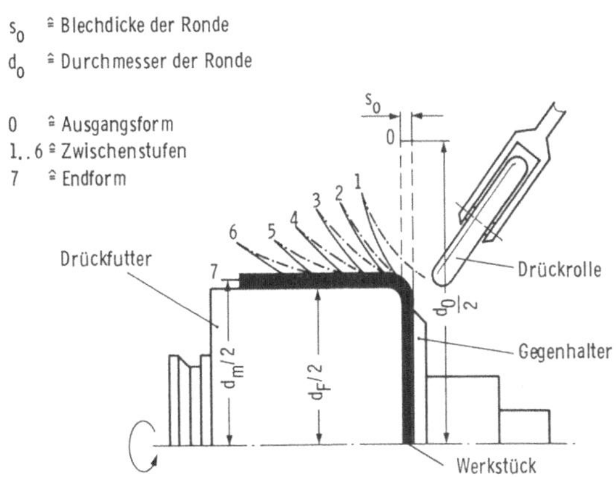

Bild 3–49. Drückvorgang (schematisch) mit Zwischenstufen.

Während früher das Werkzeug von Hand geführt wurde, wozu eine große Geschicklichkeit erforderlich war, kommen heute hauptsächlich NC-Maschinen zum Einsatz.

Ausgehend von vorgefertigten Hohlkörpern können durch Drücken auch ausgebauchte oder eingezogene Hohlgefäße hergestellt werden. Im einzelnen handelt es sich hierbei nach DIN 8584 [266] um:

- Engen und Aufweiten,
- Erzeugen von Innen- und Außenborden,
- Einhalsen und
- Gewindedrücken, Bild 3–50.

Hierbei werden meist teilbare Drückfutter, z. B. beim Aufweiten (Bild 3–50) verwendet. Eine Steigerung der Flexibilität ergibt sich durch das Drücken gegen eine umlaufende Profilrolle, z. B. beim Engen (Bild 3–50).

3.4.1.2 Projizierstreckdrücken

Das Projizierstreckdrücken wird zur Herstellung rotationssymmetrischer Hohlkörper mit kegeliger, konkaver oder konvexer Wandung angewendet. Bei der Umformung wird die Wandstärke der Ausgangsform so reduziert, daß jedes Volumenelement des Werkstoffs parallel zur Rotationsachse verschoben wird. Die Außendurchmesser von Ausgangs- und Endform sind somit gleich [148]. Die Drückrolle fährt im entsprechenden Abstand parallel zur Kontur des Drückfutters, Bild 3–51. Die Endform wird meist in

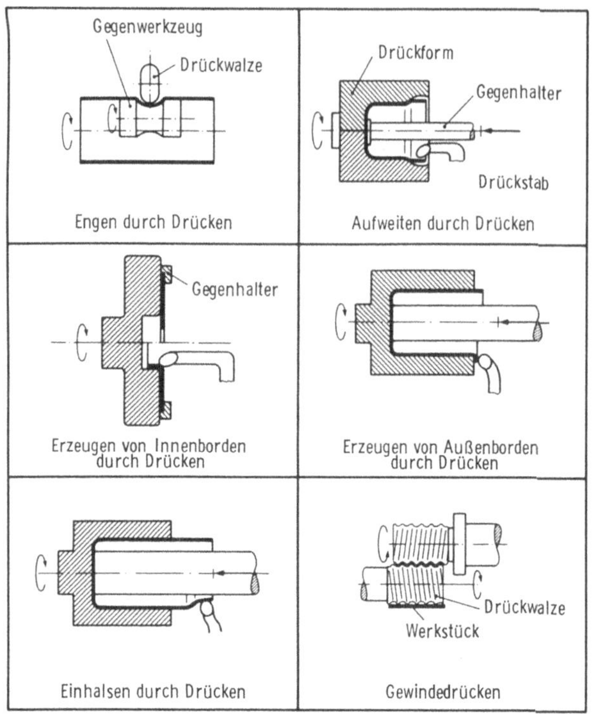

Bild 3–50. Verfahrensvarianten beim Drücken.

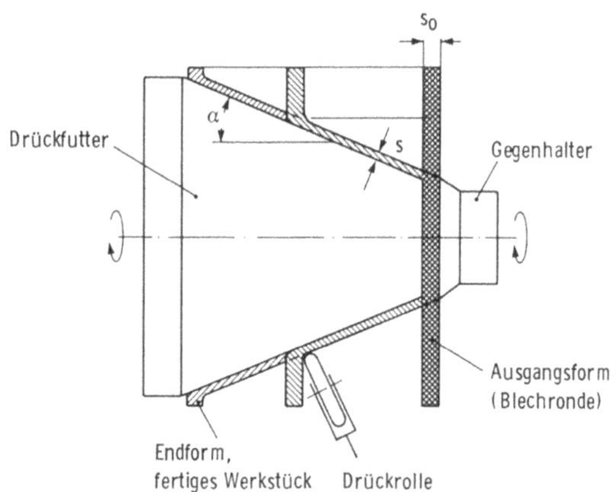

Bild 3–51. Projizierstreckdrücken eines kegeligen Hohlkörpers (nach *Ludwig*).

einem Überlauf erzeugt, die Wandstärke s_1 berechnet sich aus der Wandstärke der Ausgangsform s_0 und dem halben Öffnungswinkel α:

$$s_1 = s_0 \sin \alpha. \tag{3–22}$$

Es lassen sich kegelige Werkstücke mit Öffnungswinkeln zwischen

$$12° < \alpha < 85°$$

herstellen [19; 148].

Beim Projizierstreckdrücken von Werkstückformen mit konvexen, Bild 3–52, oder konkaven Mantellinien ändert sich – bedingt durch die Änderung des Tangentialwinkels – auch die Wandstärke der Endform. Der Wandstärkenverlauf kann auch hier mit variablem α nach Gl. (3–22) ermittelt werden.

Nach DIN 8583 [265] werden das Projizierstreckdrücken und das im folgenden beschriebene Abstreckdrücken den Fertigungsverfahren Druckumformen (Untergruppe Walzen) zugeordnet und als Drückwalzen bezeichnet.

3.4.1.3 Abstreckdrücken (Streckdrücken)

Das Abstreckdrücken wird zur Herstellung zylindrischer Hohlkörper eingesetzt. In einem oder mehreren Überläufen der Drückrolle parallel zur Rotationsachse des Drückfutters wird die Wandstärke des Werkstückes – meist unter Beibehaltung des Innendurchmessers – reduziert. Als Ausgangsform kann aber auch eine Ronde gewählt werden.

Aufgrund der Volumenkonstanz steht die Werkstückhöhe im direkten Verhältnis zur Wandstärkenreduzierung [19].

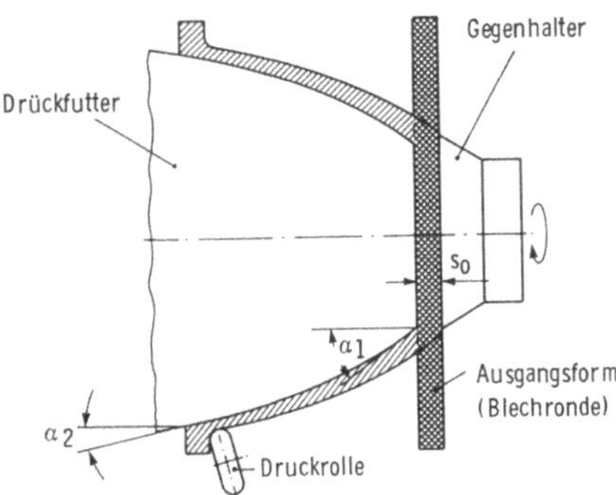

Bild 3–52.
Projizierstreckdrücken eines Werkstückes mit konvexer Mantellinie.

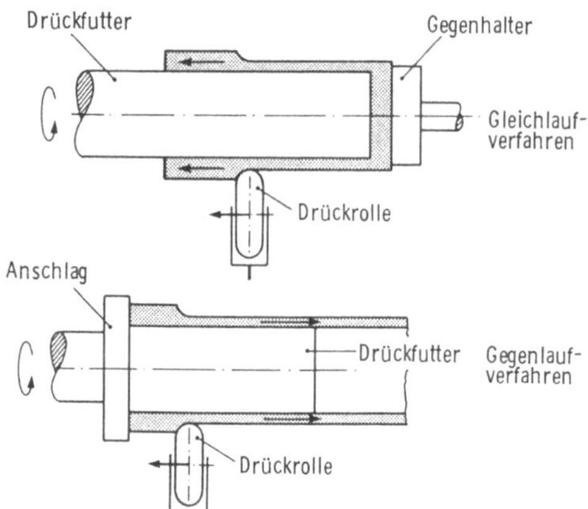

Bild 3–53.
Abstreckdrücken im Gleich- und Gegenlaufverfahren.

Hinsichtlich der Kinematik des Drückprozesses unterscheidet man zwischen dem Gleichlauf- und dem Gegenlaufverfahren. Während beim Gleichlaufverfahren Vorschub und Werkstoffbewegung gleichgerichtet sind, findet der Werkstofffluß beim Gegenlaufverfahren entgegen der Werkzeugbewegung statt, Bild 3–53.

Das Anwendungsgebiet des Abstreckdrückens kann auch auf die Fertigung kegeliger, konvexer und konkaver Formteile erweitert werden. Durch eine Steuerung der Rollenbewegung können im Gegensatz zum Projizierstreckdrücken Werkstücke mit bestimmten Wandstärken hergestellt werden [148; 206].

3.4.2 Zulässige Formänderungen

Während des Drückprozesses entstehen im Werkstück axiale und radiale Zugspannungen sowie Zug- und Druckspannungen in tangentialer Richtung. Mit zunehmendem Umformgrad steigen die Spannungen infolge der Kaltverfestigung an. Beim Überschreiten des Umformvermögens des Werkstoffs oder bei beginnender Prozeßinstabilität kann es zu folgenden Fertigungsfehlern kommen, Bild 3–54:

– Faltenbildung

Während der Umformung wird die Blechronde nicht über den gesamten Umfang, sondern nur im Bereich der Drückrolle gestützt. Durch tangentiale Druckspannungen können Falten entstehen, die beim weiteren Drücken ohne Rondengegenhalter nicht mehr geglättet werden können.

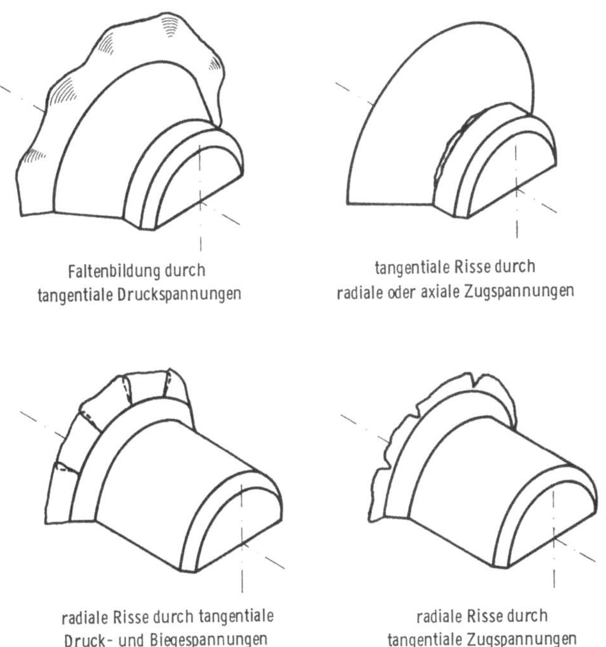

Bild 3–54. Fertigungsfehler beim Drücken eines Napfes (nach *v. Finckenstein/Kühne*).

– Radiale Risse

Nach der Bildung von kleineren Falten kann die Fortsetzung des Drückvorgangs zu radialen Rissen führen, die durch tangentiale Druck- und Biegespannungen oder durch tangentiale Zugspannungen entstehen.

– Tangentiale Risse

Treten als Folge zu hoher radialer oder axialer Zugspannungen auf. Um derartige Fertigungsfehler zu vermeiden, ist es notwendig, die beim Drükken bestehenden Verfahrensgrenzen zu beachten [130].

Analog zum Tiefziehen wird beim Drücken das Drückverhältnis, Bild 3–55,

$$\beta = d_0 / d_1 \qquad (3\text{–}23)$$

als ein Maß für die Formänderung definiert. Um die oben beschriebenen Fertigungsfehler zu vermeiden, darf das maximal zulässige Drückverhältnis β_{max} nicht überschritten werden. Den Einfluß verschiedener geometrischer Größen auf β_{max} zeigt Bild 3–55. Bei steigender Blechdicke

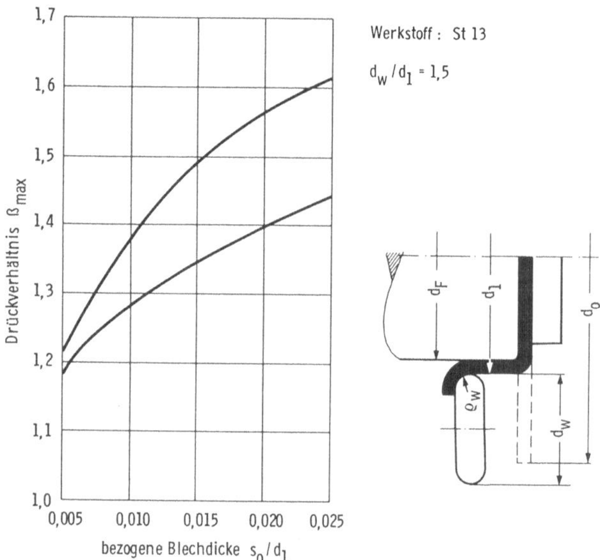

Bild 3–55. Maximal zulässiges Drückverhältnis (nach *Dröge*).

nimmt die Neigung zur Faltenbildung ab, so daß größere Drückverhältnisse möglich sind. Durch eine Vergrößerung des Rollenradius können tangentiale Risse infolge hoher axialer Spannung vermieden werden.

Beim Projizier- und Abstreckdrücken liegt die größte Formänderung in radialer Richtung vor [130]. Aus der Wanddickenreduktion ergibt sich die logarithmische Formänderung

$$\varphi_r = \ln (s_1 / s_0), \tag{3–24}$$

die sich beim Projizierstreckdrücken mit der Beziehung

$$s_1 = s_0 \sin \alpha \tag{3–25}$$

zu

$$\varphi_r = \ln (\sin \alpha) \tag{3–26}$$

vereinfacht (Bild 3–51).

Die maximal zulässige Wanddickenreduktion ist in erster Linie vom Werkstoff, vom Vorschub und der Rollenform abhängig.

Während des Abstreckdrückens ist – besonders bei großer Wanddickenreduktion – eine Wulstbildung, verbunden mit einer Aufweitung des Werkstückes, zu beobachten, Bild 3–56.

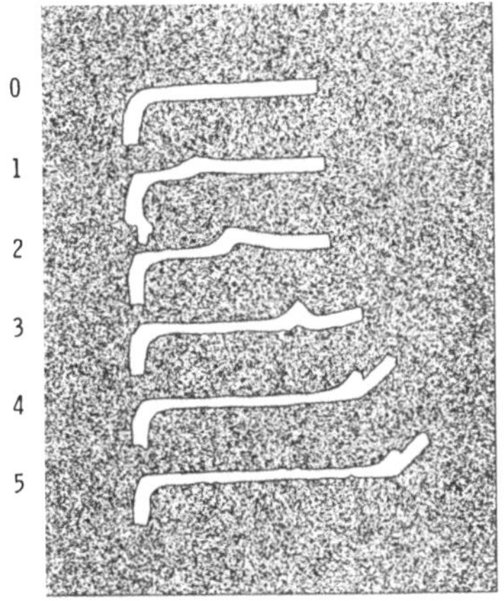

Bild 3–56.
Wulstausbildung und Aufweitung in verschiedenen Stadien des Abstreckvorgangs (nach *Thamasett*).

Die Glättung des Wulstes führt zu einer zusätzlichen Beanspruchung des Werkstoffs. Wenn das Formänderungsvermögen erschöpft ist, kann es zu einer schuppenartigen Materialablösung von der Werkstückoberfläche oder zur Ausbildung von Rissen kommen [225].

3.4.3 Kräfte

Die bei den unterschiedlichen Drückverfahren erforderlichen Umformkräfte sind neben den mechanischen Eigenschaften des Werkstoffs von geometrischen, kinematischen und verfahrensspezifischen Größen abhängig. Die Umformkraft läßt sich entsprechend Bild 3–57 in die drei Komponenten

- Radialkraft F_r,
- Axialkraft F_a und
- Tangentialkraft F_t

zerlegen.

Bei gleichem Werkstoff bewirken sowohl eine Erhöhung von Vorschub pro Umdrehung als auch größere Ausgangsblechdicken einen Anstieg der Umformkräfte.

Weiterhin werden Radial- und Axialkraft beim Drücken ohne Reduzierung der Blechdicke vom Drückverhältnis β und vom Krümmungsradius ρ_W der Drückrolle beeinflußt, Bild 3–58, die tangentiale Komponente kann i.a. vernachlässigt werden [41].

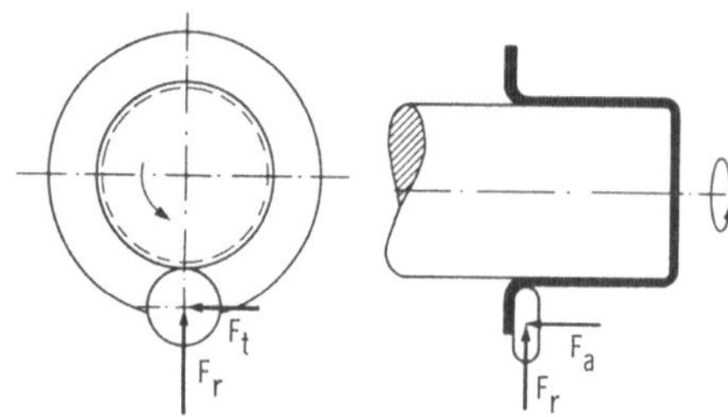

Bild 3–57. Kraftkomponenten beim Drücken.

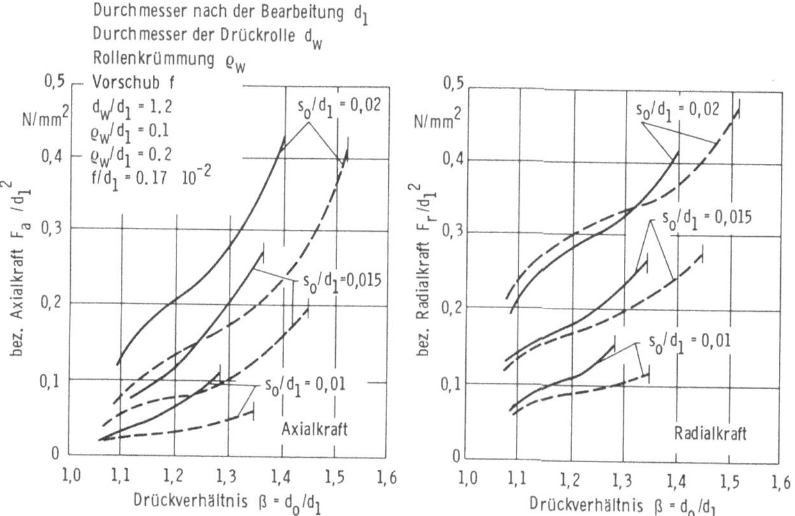

Bild 3–58. Axial- und Radialkraft beim Drücken (nach *Dröge*).

Beim Projizierstreckdrücken kommt es mit abnehmendem Neigungswinkel α zu einer stärkeren Reduzierung der Blechdicke. Aufgrund der höheren Formänderung steigen die Kraftkomponenten F_r und F_a an, Bild 3–59. Der Krümmungsradius der Drückrolle beeinflußt vor allem die Radialkraft [148].

Beim Abstreckdrücken ergeben sich ebenfalls mit größerer Formänderung höhere Kräfte. Die Form und die Abmessungen der Drückrolle beeinflussen das Verhältnis und die Größe von Axial- und Radialkraft.

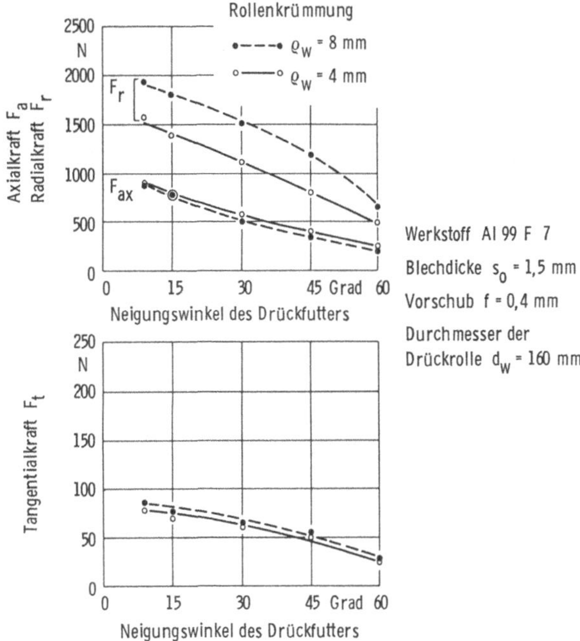

Bild 3–59. Kräfte beim Projizierstreckdrücken.

Meist ist die Umformung in radialer Richtung und damit die Radialkraft größer [148].

3.4.4 Fertigungsbeispiele

Der Einsatzbereich der Drückverfahren ist äußerst groß. Er umfaßt die Herstellung von:

- Fässern und Trommeln,
- Kochtöpfen und Pfannen,
- Radkappen und Schalldämpfern für Kraftfahrzeuge,
- Lampen- und Radarreflektoren,
- Keilriemenscheiben,
- Behälterböden,
- PKW-, LKW- und Traktorfelgen,
- Brems- und Hydraulikzylindern,
- Präzisionsrohren,
- Strahltriebwerks-, Raketen- und Geschoßteilen usw.

Bild 3–60. Drückteile aus verschiedenen Werkstoffen.

Bild 3–60 zeigt einige Drückteile aus Aluminium, Kupfer, Messing, Zinn und Stahl; Bild 3–61 stellt eine Teilefamilie von Reflektoren aus Aluminium dar.

Bei der Fertigung von Fahrzeugrädern, besonders LKW-Felgen (Bild 3–62), weist das Drücken wirtschaftliche Vorteile auf, da von preiswertem Flachmaterial ausgegangen werden kann. Bei der konventionellen Fertigung aus profilgewalztem Material wird dagegen für jede Felgenart und -größe ein eigenes profiliertes Halbzeug benötigt.

Die Arbeitsfolge bei der Herstellung von Schrägschulterfelgenringen ist in Bild 3–63 schematisch dargestellt. Bei der Fertigung der dazugehörenden Radschüsseln wird von einer Blechronde ausgegangen. Durch eine Kombination von Drücken, Projizier- und Abstreckdrücken kann dabei der Wanddickenverlauf beliebig variiert werden [251]. Felgenring und Radschüssel werden separat gefertigt und anschließend verschweißt.

Die Forderung nach Gewichtsreduktion von PKW-Rädern macht die Fertigung derselben durch Drücken interessant. Bild 3–64 zeigt die

Bild 3–61. Aluminiumreflektoren für verschiedene Einsatzbereiche.

Arbeitsfolge eines einteiligen Aluminium-Spaltrades. Dieses Rad ist etwa 50% leichter als ein Stahlblechrad gleicher Größe und gleicher Tragfähigkeit.

Zur Herstellung von Präzisionsrohren wird vorwiegend das Abstreckdrücken eingesetzt; das Abstrecken erfolgt hierbei meist in mehreren Überläufen. Durch eine geeignete Steuerung der Drückrollen können Bundabsätze und konische Übergänge erzeugt werden. Bild 3–65 zeigt ein Präzisionsrohr aus dem Werkstoff 14 CrMoV 5 9, das in zwei Überläufen hergestellt wurde. Die Wanddickentoleranz beträgt 0,01 mm, die Rundlaufgenauigkeit 0,05 mm. Bei großen Rohrlängen wird im Gegenlaufverfahren gearbeitet. Auf diese Weise sind durch Abstreckdrücken z.B. Rohre aus 5 CrNi 18 9 mit einer Länge von 6 m und einer Wanddicke von 0,5 mm herstellbar.

3.4.5 Werkzeuge

Neben dem Drückfutter, dessen Form durch das herzustellende Werkstück festgelegt ist, werden beim Drücken fast ausschließlich Drückrollen ein-

Bild 3–62. Ein- und zweiteilige Aluminiumfelgen.

gesetzt. Drückstäbe finden heute in der industriellen Fertigung nur noch selten Anwendung.

Die Drückrollen sind in einer Gabel gelagert; die während der Umformung auftretenden Axial- und Radialkräfte werden von den Lagern aufgenommen. Je nach Bearbeitungsvorgang unterscheidet man zwischen:

- Aufdrückrollen,
- Glättrollen,
- Kalibrierrollen,
- Einziehrollen,
- Projizierstreckdrückrollen usw. [148].

Die Rollen werden aus legiertem, verschleißfestem Werkzeugstahl hergestellt und gehärtet. Für die Verarbeitung weicher Metalle werden auch Kunststoff-, bei nichtrostendem Stahl Bronzerollen eingesetzt [148].

Form und Größe der Rollen (Rollenkrümmung ρ_W, -durchmesser d_W) sind den Abmessungen und der Gestalt des Werkstückes angepaßt.

HERSTELLUNG DER AUSGANGSFORM

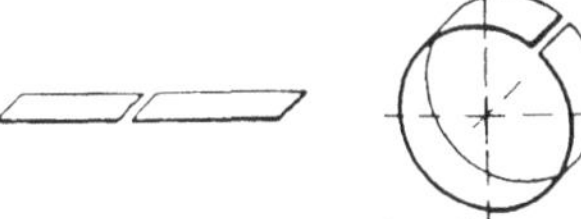
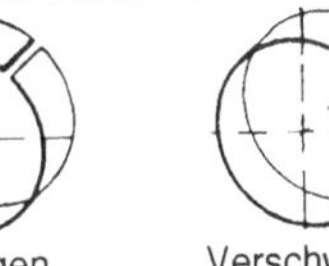
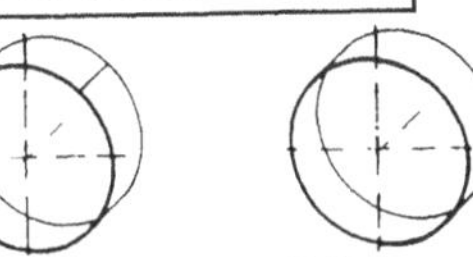

Weitere Bearbeitung

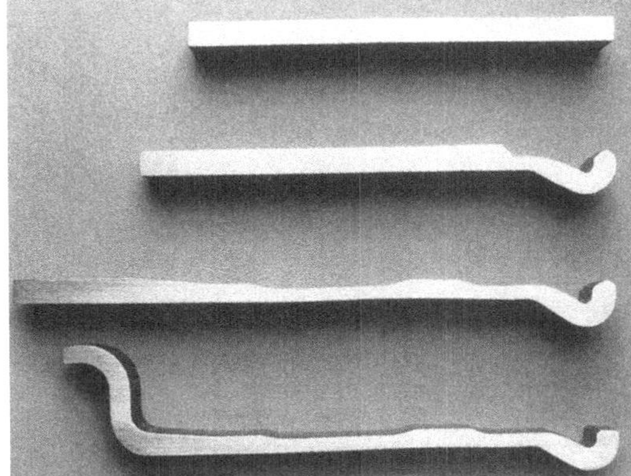

Bild 3–63. Arbeitsfolge bei der Herstellung von Schrägschulterfelgenringen (nach Leifeld & Co.).

Bild 3–64. Einteiliges Aluminium-Spaltrad (nach Leifeld & Co.).

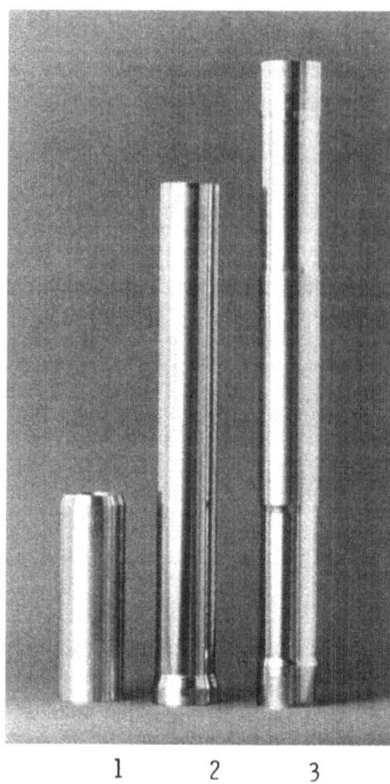

1 2 3

1 Ausgangsteil
2 nach 1. Strecküberlauf
3 nach 2. Strecküberlauf

Werkstoff: 14 CrMo V 5 9

Wanddickentoleranz 0,01 mm
Rundlaufgenauigkeit 0,05 mm

Bild 3–65. Präzisionsrohr aus 14 CrMoV 5 9 (nach Leifeld & Co.).

Beim Abstreckdrücken liegen i.a. höhere Umformkräfte als beim konventionellen Drücken vor. Man unterscheidet folgende Drückrollenformen, Bild 3–66, [72; 148]:

- Radiusrolle,
- Absatzrolle,
- Kegelrolle (Doppelkegelrolle).

Im Vergleich zu Radius- und Kegelrollen können mit Absatzrollen größere Wanddickenreduktionen pro Überlauf realisiert werden, da mit dem Einlaufkegel eine Behinderung durch Wulstbildung weitgehend vermieden wird [148].

Als Werkstoff für die Rollen wird Werkzeugstahl mit einer Härte von 62 bis 65 HRC eingesetzt [72].

Den hohen Belastungen wird häufig durch den Einsatz von drei um 120° versetzten Drückrollen Rechnung getragen. Dadurch wird eine gleichmäßige Kraftverteilung auf das Werkstück realisiert und eine Auslenkung des Streckfutters vermieden [254].

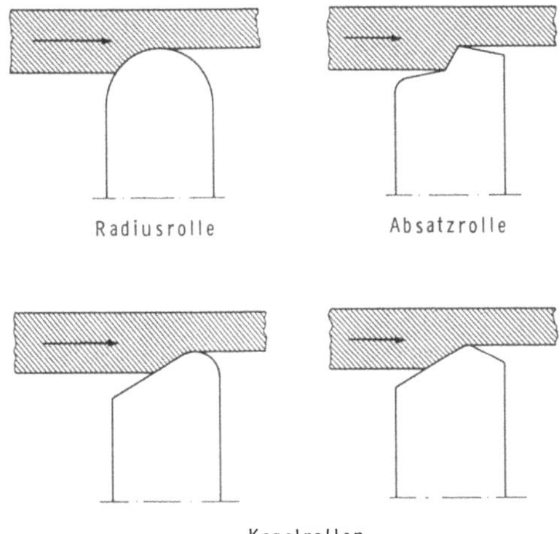

Bild 3–66.
Drückrollenformen für das Abstreckdrücken.

Heute werden bei den verschiedenen Drückverfahren zunehmend Maschinen mit NC-gesteuerten Drückrollen eingesetzt, die neben einer höheren Reproduzierbarkeit eine größere Flexibilität und kürzere Umrüstzeiten gewährleisten [19].

Weiterhin kann das Drückfutter durch eine ebenfalls NC-gesteuerte Gegenrolle ersetzt werden, Bild 3–67.

3.4.6 Werkstoffe

Durch Drücken lassen sich nahezu alle bildsamen Blechwerkstoffe verarbeiten [148]. Gebräuchliche Werkstoffe sind [252]:

- unlegierte und niedriglegierte Kohlenstoffstähle,
- rost- und säurebeständige Stähle,
- Leichtmetalle (Aluminium, Aluminiumlegierungen mit Mangan, Magnesium und Silizium sowie Titan),
- NE-Schwermetalle (Blei, Kupfer, Messing, Nickel, Zinn und Zink) und
- Edelmetalle.

Ein großes Formänderungsvermögen und eine geringe Neigung zur Kaltverfestigung wirken sich besonders günstig auf den Drückprozeß aus.

Werkstoffe mit niedrigem Formänderungsvermögen, wie z. B. einige Al-Mg-Legierungen, Wolfram und Titan sowie Stahlbleche über 50 mm bzw.

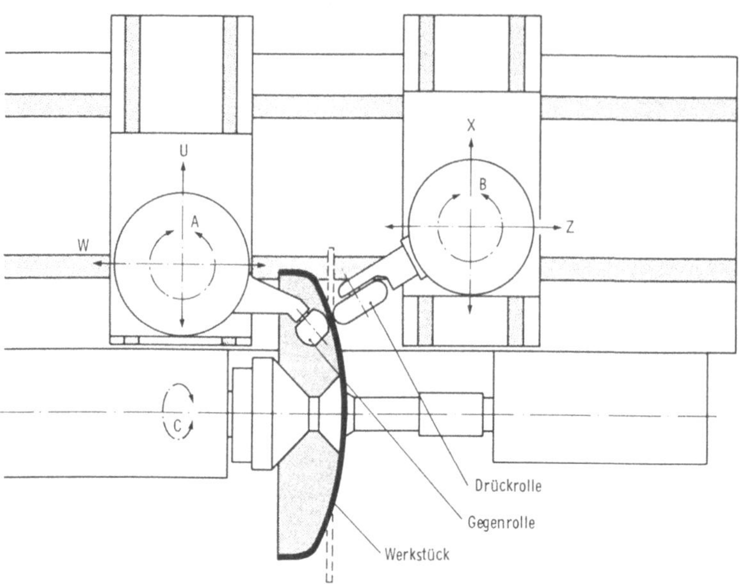

Bild 3–67. NC-gesteuerte Drück- und Gegenrolle.

Edelstahlbleche über 20 mm Dicke [252] müssen warm umgeformt werden. Der Werkstoff wird hierbei während des Drückens örtlich mit einem Gasbrenner erwärmt [148].

In einigen Fällen ist auch eine stufenweise Umformung mit Zwischenglühen notwendig, um die entstandene Kaltverfestigung abzubauen.

3.4.7 Fertigungsqualitäten

Maß- und Formgenauigkeit

Durch die nach dem Drückvorgang auftretenden Rückfederungen werden die Maß- und Formgenauigkeit der Werkstücke beeinflußt. Dieser Fehler kann durch eine Korrektur der Drückrollenbewegung verringert werden. Tabelle 3–2 zeigt die erzielbaren Maßgenauigkeiten. Beim Drücken mit einer automatischen Nachformsteuerung (Kopierdrücken, NC-Drücken) können im Vergleich zur manuellen Drückrollensteuerung wesentlich engere Toleranzen eingehalten werden.

Im Vergleich zum Drücken ohne Wandstärkenreduzierung ermöglicht das Projizierstreckdrücken eine bessere Formgenauigkeit, da hier kaum eine

Tabelle 3–2. Erzielbare Arbeitsgenauigkeit beim Drücken.

ohne Nachformeinrichtung		mit Nachformeinrichtung	
Werkstück-durchmesser	Toleranz gesamt	Werkstück-durchmesser	Toleranz
mm	mm	mm	mm
< 600	0,8 - 1,6	≤ 500	± 0,2
600 - 1200	1,6 - 3,2		
1200 - 3000	3,2 - 6,4	> 500	± 0,4

Rückfederung auftritt [252]. Die Wanddickenabweichungen sind in erster Linie von der Genauigkeit der Ausgangsform (Ronde, Vorform) abhängig und liegen je nach Werkstückform und -größe zwischen 0,01 und 0,2 mm [148].

Beim Abstreckdrücken können Durchmessertoleranzen von 0,02 mm (bei 100 mm Durchmesser) und Wanddickenabweichungen von bis zu 0,01 mm erreicht werden.

Oberflächengüte

Die Oberflächenqualität beim Drücken und Projizierstreckdrücken kann durch die Wahl eines kleineren Vorschubes oder Einsatz einer Drückrolle mit größerem Krümmungsradius verbessert werden. Je mehr die Form der Werkzeugmantellinie von der Geraden abweicht (konkav oder konvex), desto schlechter wird die Oberfläche [148].

Beim Abstreckdrücken wird durch die Form der Drückrolle ein Glattwalzen der Werkstückoberfläche erreicht [148].

Die Qualität der Innenfläche eines Drückteils ist von der Oberfläche des Drückfutters abhängig, das aus diesem Grund häufig poliert wird. Die erzielbaren Mittenrauhwerte liegen zwischen $R_a = 0{,}02$ und $0{,}2\,\mu m$ [148].

3.4.8 Vor- und Nachteile des Drückens, Einsatzkriterien

Bei der Herstellung rotationssymmetrischer Hohlkörper konkurriert das Drücken mit den Fertigungsverfahren Tiefziehen, Drehen und Rundbiegen mit anschließendem Verschweißen.

Das Tiefziehen erfordert einen entscheidend größeren Kraftbedarf, da die Umformung in einem Umfangssegment erfolgt und nicht – wie beim Drücken – in einem örtlich eng begrenzten Bereich stattfindet. Daher findet das Tiefziehen in der Baugröße der Werkstücke seine Grenze [256]. Den höheren Werkzeugkosten beim Tiefziehen – wo Stempel und Matrize benötigt werden und bei komplizierten Formen ein Werkzeug oft nicht ausreicht – stehen die längeren Hauptzeiten und die hiermit verbundenen höheren Lohnkosten beim Drücken gegenüber.

Aufgrund der geringeren Werkzeugkosten können die Drückverfahren auch in der Kleinserienfertigung eingesetzt werden. Das Drücken von zylindrischen Hohlkörpern ist – je nach Werkstoff und Werkstückform – schon bei Serien von 700 bis 1500 Teilen wirtschaftlich [87].

Das Herstellen von Hohlkörpern durch Drehen kann zu hohem Materialabfall führen; daher stellt das Drücken von Fall zu Fall eine kostengünstige Alternative dar. Neben der Materialeinsparung ergibt sich als Vorteil, daß die Wandungen der Hohlkörper kaltverfestigt werden und damit eine höhere Festigkeit aufweisen.

Im Gegensatz zum Drücken kann die Fertigung von Hohlkörpern durch Rundbiegen und Verschweißen sehr zeitintensiv sein und mehrere Arbeitsgänge erfordern. Dabei sind keine Varianten wie Wanddickenänderungen und Geometrieformänderungen (Kegel, Kugeln, Näpfe usw.) möglich [256].

3.5 Biegen

Nach DIN 8586 [268] ist das Biegen bzw. Biegeumformen ein Umformen von festen Körpern, wobei der plastische Zustand im wesentlichen durch eine Biegebeanspruchung herbeigeführt wird. Als Werkstoffe eignen sich außer den in diesem Abschnitt beschriebenen metallischen auch alle anderen „bildsamen“ Werkstoffe.

Einsatzgebiete des Biegeumformens sind zum einen die Einzelfertigung im Kessel-, Behälter- und Schiffbau und zum anderen die Massenproduktion kleinerer Werkstücke im Fahrzeugbau sowie die Herstellung verschiedenartiger Profile und Wellbleche. Bei der Blechbearbeitung steht das Biegen als Umformverfahren an erster Stelle. Außer Blechen werden vor allem Bänder, Rohre, Drähte und Stäbe mit verschiedenen Biegeverfahren umgeformt. Dabei kommen die typischen Umformmaschinen, wie Pressen, Abkant-, Profilwalz- und Walzenrundmaschinen zum Einsatz.

Den Gesamtüberblick über die unterschiedlichen Verfahrensvarianten des Biegeumformens zeigt Bild 3–68.

3.5.1 Grundlagen des Biegens

3.5.1.1 Verfahrensprinzip

Die mechanischen Grundlagen des Biegeumformens werden im weiteren an Hand des querkraftfreien Biegens erläutert. Obwohl dieses Biegeverfahren in der Praxis selten vorkommt, lassen sich daraus Hinweise auf die elastische Rückfederung nach dem Biegen, die Art der Formänderung (Biegeradius) und die Biegekräfte gewinnen.

Die klassische Theorie des Biegens geht von der Vorstellung einer neutralen Faser oder ungelängten Schicht aus, die in der Mitte des Blechquerschnittes liegen soll und in der keine Längsspannungen wirken. Diese Hypothese gilt jedoch nur für $r_i/s \geq 50$, während für die meisten Biegeprozesse Verhältnisse im Bereich $r_i/s < 50$ vorliegen.

Hier befindet sich die ungelängte Faser nicht mehr in der Querschnittsmitte, sondern verlagert sich bei stärkerer Biegung nach innen, Bild 3–69. In der Außenfaser (äußerer Radius) tritt infolge Streckung eine Ab-

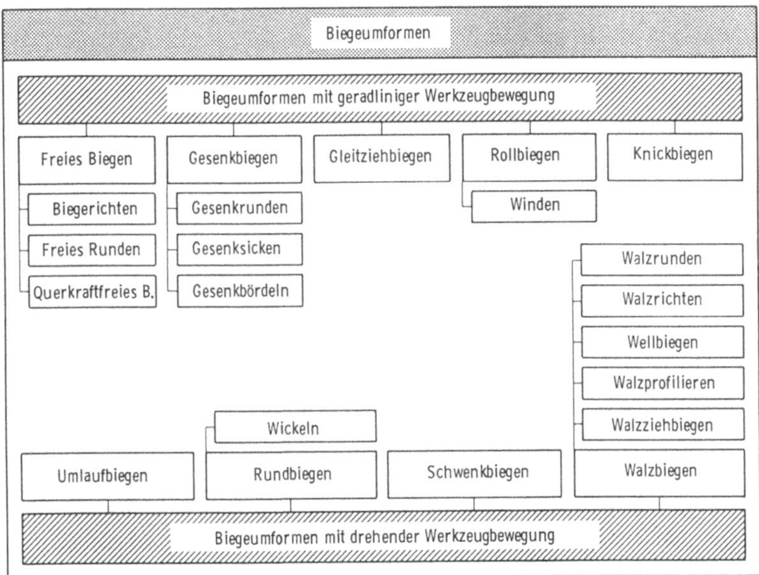

Bild 3–68. Untergliederung der Biegeverfahren (nach DIN 8586).

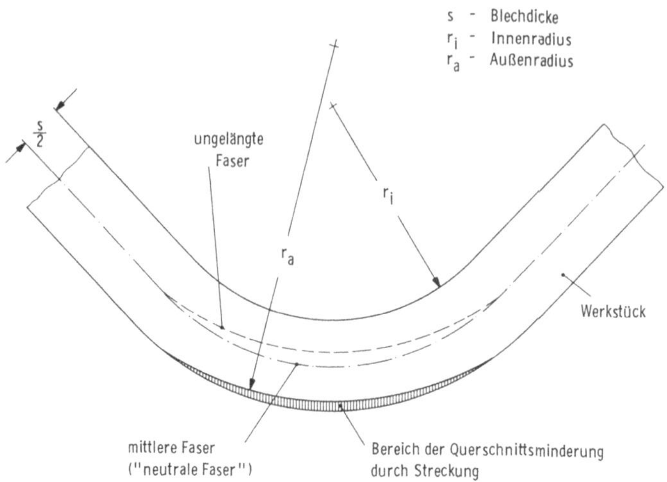

Bild 3–69. Biegezone bei Werkstücken mit einem Biegewinkel von 90° (nach VDI 3389, Blatt 1).

flachung ein, so daß in der Mitte der Krümmung der äußere Krümmungsradius größer ist als in den seitlichen Krümmungsbereichen. Die Innenfaser erfährt in der Regel eine Stauchung.

3.5.1.2 Rückfederung

Die in der Biegezone des Werkstückes auftretenden Stauchungen und Streckungen müssen durch Werkstoffverschiebung ausgeglichen werden. Hierdurch entstehen Spannungen, die z.T. nach dem Biegevorgang frei werden und dabei eine Rückfederung der gebogenen Schenkel bewirken.

Dabei zeigt sich, daß ein nur schwach gebogenes Blech, dessen Biegeradius r sehr viel größer als seine Dicke s ist, ein stärkeres Bestreben hat, in seine ursprüngliche Lage zurückzufedern als ein scharfkantig gebogenes Werkstück. Das heißt, die Rückfederung ist abhängig vom Verhältnis des Biegehalbmessers zur Blechdicke.

Dieses Rückfederungsverhalten ist bei allen Biegeverfahren zu beachten sowohl für das Biegen unter der Presse als auch unter der Abkantmaschine, Profilwalzmaschine oder Walzrundmaschine. Während im letzteren Fall das Rückfedern durch den Anstellwinkel der Walzen beeinflußt werden kann, genügt beim Freibiegen ein tieferes Senken des Stempels und beim Abkanten ein größerer Schwenkwinkel der Biegewange. Soll jedoch ein genaues, formschlüssiges Biegen erfolgen, ist zur konstruktiven Gestaltung der Werkstücke eine vorherige Ermittlung der Rückfederung notwendig. Das Verhältnis aus gewünschtem Biegewinkel α_2 zum erforderlichen Winkel am Biegewerkzeug α_1, der die Rückfederung ausgleicht

$$k = \frac{\alpha_2}{\alpha_1}, \qquad (3\text{–}27)$$

hängt von den Werkstoffeigenschaften und dem Verhältnis r/s ab, Bild 3–70. Die Verläufe der k-Werte als Funktion vom Biegeradius/Blechdickenverhältnis für verschiedene Werkstoffe enthält Bild 3–71.

Ein Vergleich der Werkstoffe USt 1405 und St 37 K im Bild 3–71 zeigt, daß der k-Wert bei gleichem Elastizitätsmodul mit der Werkstoffestigkeit zunimmt. Diesen Zusammenhang bringt auch die Gleichung

$$r_{i1} = \frac{r_{i2}}{1 + \frac{r_{i2} R_m}{sE}}, \qquad (3\text{–}28)$$

die den geforderten Radius r_{i2} des Werkstückes, die Blechdicke s und das Verhältnis aus Zugfestigkeit R_m und Elastizitätsmodul E mit dem einzustellenden Radius r_{i1} verknüpft [282]. Danach würde ein starrplastischer Werkstoff mit unendlich hohem E-Modul gar keine Rückfederung aufweisen. Umgekehrt tritt bei einem hochfesten Werkstoff mit endlichem E-Modul eine große Rückfederung auf.

In jüngster Zeit wird der Biegeprozeß zunehmend auch durch numerische Berechnungen mit Hilfe der Finite-Elemente-Methode (FEM) simuliert. Hiermit sind auch Voraussagen zur Rückfederung und zu den Eigenspannungen zu treffen [50; 105].

3.5.1.3 Kleinstmögliche Biegeradien

Aufgrund der beim Biegeumformen zu den Blechrändern hin wachsenden Streckungen und Stauchungen tritt eine Randverfestigung auf [110]. Die mit der Festigkeitserhöhung verbundene, zunehmende Randdehnung bringt allerdings die Gefahr mit sich, daß Risse auftreten. Ein kleinstmöglicher Biegehalbmesser $r_{i\,min}$ ist deshalb nicht zu unterschreiten. Er wird durch den Grad der Umformung in den Randfasern festgelegt. Die Umformung muß dabei einerseits groß genug sein, um die gewünschte Biegung hervorzurufen, darf andererseits aber dann keine Anrisse im Bereich des Biegebogens verursachen.

Berechnet werden kann der minimale Radius $r_{i\,min}$ über die maximal zulässige Dehnung in der Außenfaser ε_{aB}, wobei die Fließeigenschaften des

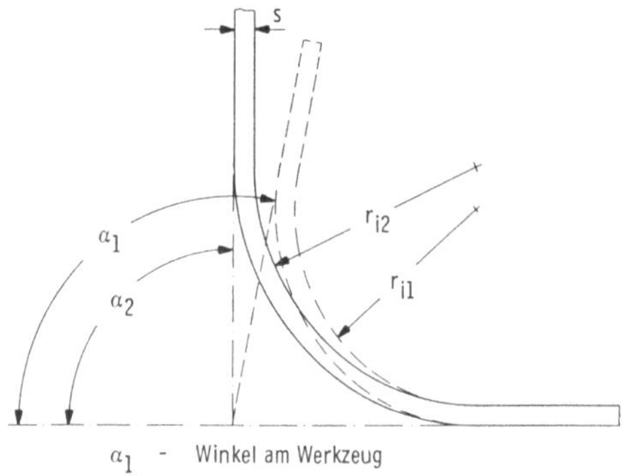

Bild 3–70. Definition des Rückfederungsfaktors.

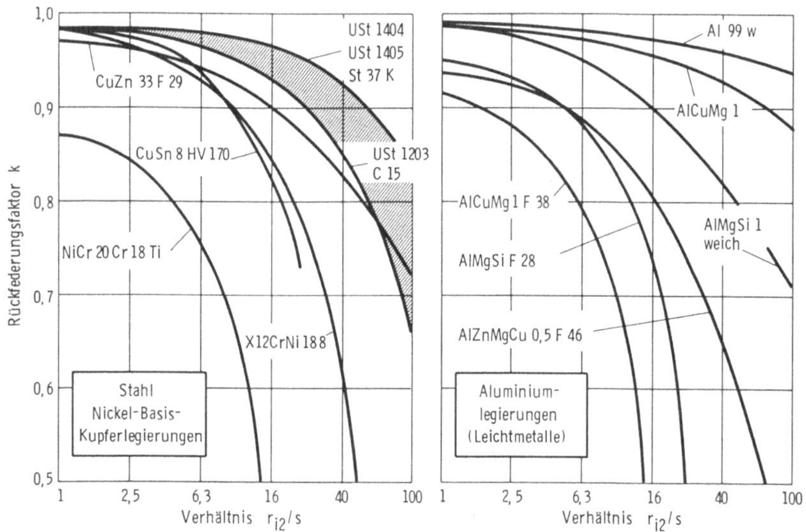

Bild 3–71. Rückfederungsdiagramm für verschiedene Werkstoffe (nach *Oehler*/VDI 3389, Blatt 1).

Werkstoffs wichtige Einflußfaktoren sind. Es gilt der folgende Zusammenhang zwischen $r_{i\,min}$ und der Randdehnung ε_{aB} [141; 170]:

$$r_{i\,min} = \frac{1}{2} s \left(\frac{1}{\varepsilon_{aB}} - 1 \right) = cs \qquad (3\text{–}29)$$

Hierbei stellt c den Mindestrundungsfaktor dar, der für verschiedene Werkstoffe in Tabelle 3–3 aufgelistet ist.

Einfluß auf die Größe ε_{aB} hat die Richtung der Biegeachse im Vergleich zur Walzrichtung des Bleches. Liegen beide parallel, so ist bereits bei kleineren Randdehnungen mit Bruch zu rechnen. Nach DIN 6935 liegen die Werte für $r_{i\,min}$ um etwa 0,5 s höher als beim Biegen senkrecht zur Walzrichtung.

Ist wegen konstruktiver Gründe eine scharfkantige Gestalt der Biegekante von Bedeutung, muß das Werkstück entweder vor der Umformung erwärmt werden oder es ist ein vorhergehendes Einkerben (Querschnittsminderung) bzw. bei dünnen Blechen ein Sicken erforderlich, Bild 3–72.

3.5.1.4 Randverformung

Im äußeren Rand des Biegebogens können Verformungen auftreten, die bei bestimmten Bearbeitungsfällen unerwünscht sind. Dies gilt beispiels-

Tabelle 3–3. Mindestrundungsfaktoren für verschiedene Werkstoffe (nach *Oehler*).

Werkstoff	c-Faktor	Werkstoff		c-Faktor	Werkstoff		c-Faktor
Stahlblech	0,6	Aluminium,	halbh.	0,9	Al Mn	weich	1,0
Tiefziehblech	0,5		hart	2,0		preßh.	1,2
rostfreier Stahl		Al Mg 3	weich	1,0		hart	1,2
mart. ferrit.	0,8		halbh.	1,3	Al Cu	weich	1,0
austenitisch	0,5	Al Mg 7	weich	2,0		ausgeh.	3,0
Kupfer	0,25		halbh.	3,0	Al Cu Mg	weich	1,2
Zinnbronze	0,6	Al Mg 9	weich	2,2		preßh.	1,5
Aluminiumbronze	0,5		halbh.	5,0		ausgeh.	3,0
Cu Zn 28	0,3	Al Mg Si	weich	1,2	Al Cu Ni	geglüht	1,4
Cu Zn 40	0,35		ausgeh.	2,5		ungegl.	3,5
Zink	0,4	Al Si	weich	0,8	Mg Mn		5,0
Aluminium, weich	0,6		hart	6,0	Mg Al 6		3,0

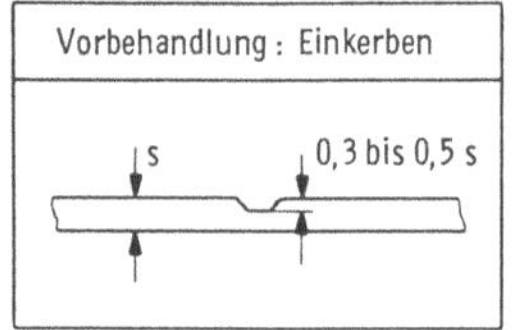

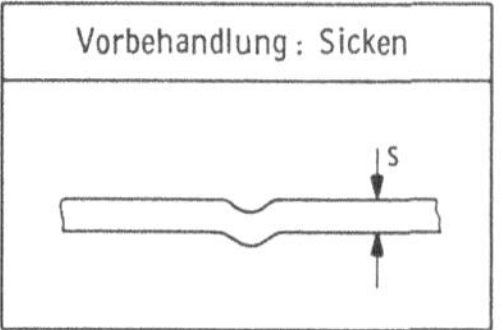

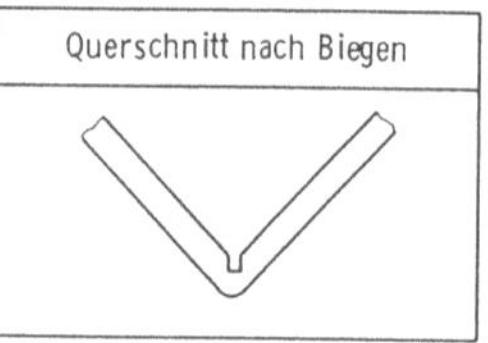

Bild 3–72. Möglichkeiten zur Erzielung scharfer Biegekanten.

weise für Scharnierrollen oder Biegeteile, die nach dem Zusammenbau seitlich geführt werden und daher auch im Bereich des Biegebogens eine saubere, rechtwinklige Kante aufweisen müssen.

Störende Randverformungen erhält man hauptsächlich bei der Umformung dicker Bleche mit einem kleinen Biegeradius [146]. Da der an der inneren Biegekante liegende Werkstoff eine Stauchung erfährt, versucht er seitlich zum Rand hin auszuweichen. Die Ursprungbreite b nimmt dadurch um das Maß 2 t auf b_i zu, Bild 3–73. Umgekehrt verhalten sich die außen verlaufenden Werkstoffasern. Bei ihrer Dehnung vermindert sich zum einen die Ausgangsblechdicke s oft um mehr als 10% zu s_1. Zum anderen tritt auch eine Schrumpfung der Breite b auf b_a ein, da der Werkstoff bestrebt ist, nach innen zu fließen.

Der Querschnitt im Biegebereich entspricht demzufolge nicht mehr einem Rechteck, sondern eher einem Trapez, Bild 3–73. Tatsächlich aber erfolgt aufgrund der nach außen gerichteten Stauchkräfte an den Innenkanten zusammen mit den einwärts wirkenden „Schrumpfungskräften" an der Außenseite der Biegung ein seitliches Hochwölben am Rand. Bei Versuchen [145; 171] wurde für weichen Baustahl ein annähernder Wert für den Breitenunterschied zwischen innerer und äußerer Biegefläche von etwa

$$4\,t = 1{,}6\,\frac{s}{r_i} \qquad (3\text{–}30)$$

ermittelt.

Ist das seitliche Hervorstehen des Wulstes über die Ausgangswerkstückbreite aus konstruktiven oder auch funktionsbedingten Gründen störend, so läßt sich dies durch eine vorherige Freibearbeitung vermeiden.

Bei gut umformbaren Werkstoffen lassen sich die Rückfederung und damit die Fertigungstoleranzen für Gesenkbiegeprozesse (V-Gesenk) durch einen Prägevorgang oder Kalibrierschlag in engen Grenzen halten. Dazu müssen

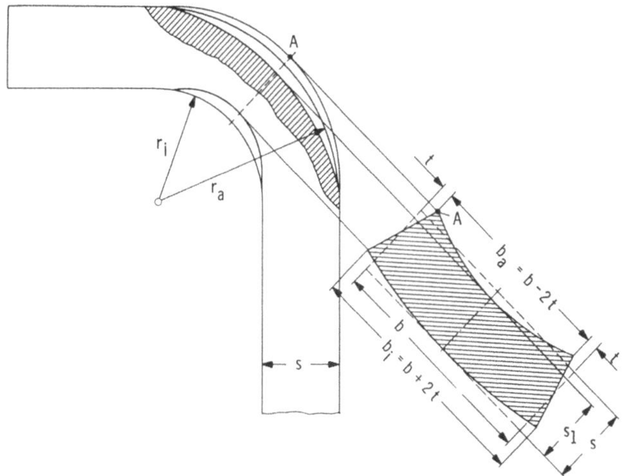

Bild 3–73. Randverformung beim Biegen (nach *Oehler*).

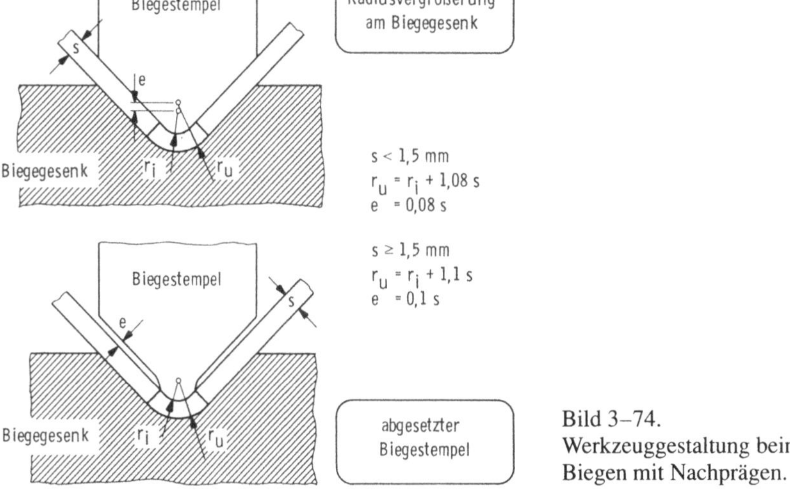

Bild 3–74. Werkzeuggestaltung beim Biegen mit Nachprägen.

die Werkzeuge nach Bild 3–74 gestaltet sein. Der Biegewinkel ist in diesen Fällen mit jeweils 90° auszuführen. Durch Vergrößern des Gesenkradius r_u oder Verwendung einer abgesetzten Stempelform um den Betrag e wird der Werkstoff im Biegebereich geprägt [284].

3.5.2 Verfahrensvarianten

3.5.2.1 Freies Biegen

Die DIN 8586 beschreibt das freie Biegen als ein Biegen mit freiem Ausbilden der Werkstückform. Die gewünschte Form wird also nicht von der Geometrie der einzelnen am Biegeprozeß beteiligten Werkzeuge (Stempel, Auflage) festgelegt.

Bild 3–75 zeigt zwei Verfahren des freien Biegens: Das freie Biegen eines an zwei Seiten aufliegenden Bleches mit einem zwischen den Auflagern angreifenden Stempel (Bild 3–75, oben) und das freie Biegen eines einseitig eingespannten Bleches mit einem am Ende angreifenden Stempel (Bild 3–75, unten).

In beiden Fällen kann jedoch nur solange von freiem Biegen gesprochen werden, wie der kleinste innere Biegeradius des Werkstückes größer ist als der Stempelradius bzw. der Radius der Werkstückauflage.

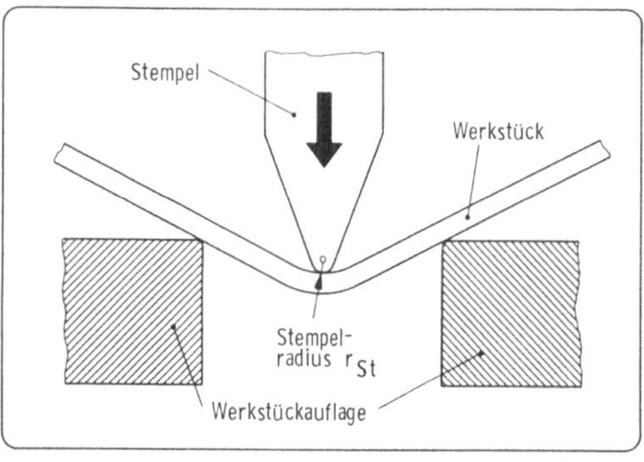

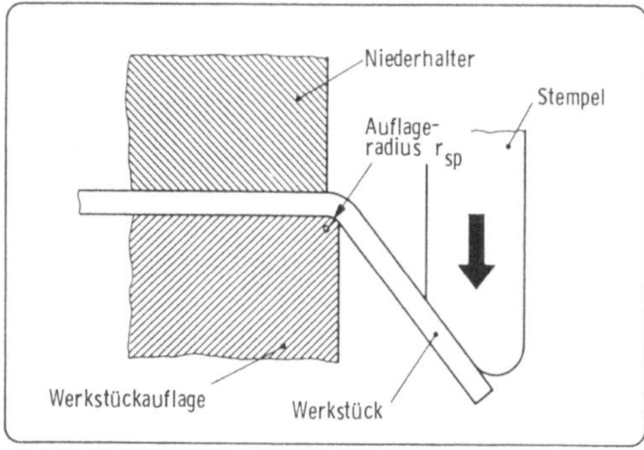

Bild 3–75. Freies Biegen unter Querkraft.

Weiterhin unterscheidet man noch

- querkraftfreies Biegen,
- freies Runden und
- Biegerichten.

Beispiele zu den ersten beiden Verfahrensvarianten sind dem Bild 3–76 zu entnehmen.

Das querkraftfreie Biegen ist ein Umformen unter reiner Momentenbelastung, wobei der Biegeradius über der Bogenlänge gleichbleibt.

Unter freiem Runden versteht man ein schrittweise fortschreitendes Biegen des Werkstückes. Aufgrund der geradlinigen Bewegung des Stempels muß das Biegeteil nach jedem Hub weitergeschoben werden. Man erzeugt so eine sich frei einstellende, runde Werkstückform (Bild 3–76, unten).

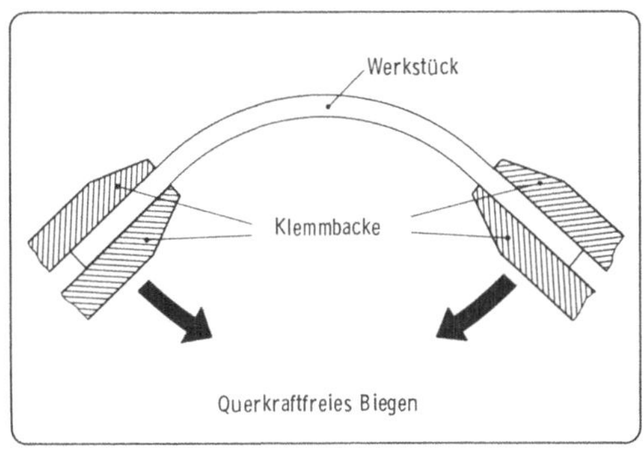

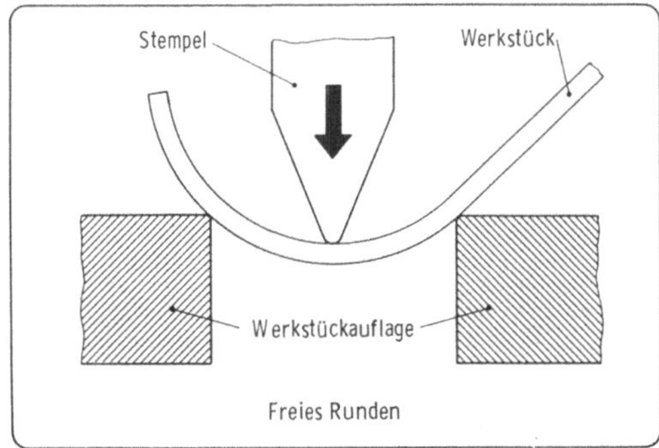

Bild 3–76. Verfahrensvarianten des freien Biegens.

Während die bislang vorgestellten Verfahren dazu dienen, an ebenen oder geraden Werkstücken Krümmungen zu erzeugen, haben Biegerichtverfahren die Aufgabe, bereits vorhandene und unerwünschte Krümmungen zu beseitigen, die z.B. durch unterschiedliche Abkühlung nach dem Umformen oder freiwerdende Restspannungen bei der spanenden Bearbeitung entstehen.

Zu nennen sind vor allem kurze Stäbe, abgesetzte Wellen oder auch Kurbelwellen, die vor der Endbearbeitung, dem Schleifen, gerichtet werden müssen.

3.5.2.2 Biegen im Gesenk

Beim Gesenkbiegen wird das Werkstück zwischen Biegestempel und Biegegesenk gebogen, bis es die entsprechende Form angenommen hat. Kombinieren kann man das Gesenkbiegen mit dem Gesenkdrücken, worunter ein Nachdrücken der Werkstücke zur Erzielung der geforderten Genauigkeit verstanden wird. Gesenkdrücken bezeichnet man auch als Nachschlagen oder Nachprägen (vgl. Abschn. 3.5.1.4).

Das wichtigste Gesenkbiegeverfahren, das in der Praxis auch am häufigsten zur Anwendung kommt, ist das Biegen im V-förmigen Gesenk. Bei diesem Verfahren werden geschlossene und halboffene Werkzeuge eingesetzt, Bild 3–77.

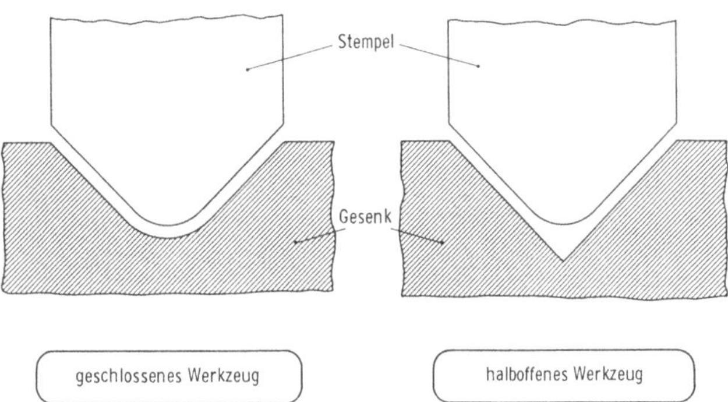

Bild 3–77. Unterschiedliche Werkzeuge für das Biegen mit V-förmigem Gesenk.

Unabhängig von der Werkzeugform laufen beim Gesenkbiegen zwei Vorgänge nacheinander ab:

Zunächst liegt ein Freibiegevorgang vor, der mit dem Aufsetzen des Stempels auf das Werkstück beginnt und abgeschlossen ist, wenn sich entweder die Schenkel des Biegeteils an die Gesenkwände anlegen oder am Werkstück ein innerer Biegeradius auftritt, der kleiner als der Stempelradius ist.

Im Anschluß daran folgt das Nachdrücken, womit die Anpassung des Werkstückes an die Werkzeugform erreicht wird. Dabei spielt das Verhältnis r_i/r_{St} eine große Rolle.

Ist $r_i/r_{St} > 1$, findet zunächst eine Abstützung des Biegeteils an zwei Stellen gegen das Gesenk und an einer gegen den Stempel statt, Bild 3–78, oben. Beim weiteren Absenken des Stempels verschieben sich dann die Auflagepunkte am Gesenk in die Gesenkmitte und die freien Schenkel des Biegeteils legen sich seitlich an den Stempel an (Bild 3–78, Mitte). Eine weitere Annäherung hat ein Zurückbiegen der freien Schenkel zur Folge, bis das Werkstück in der Endstellung vollständig die Form des Werkstückes annimmt (Bild 3–78, unten).

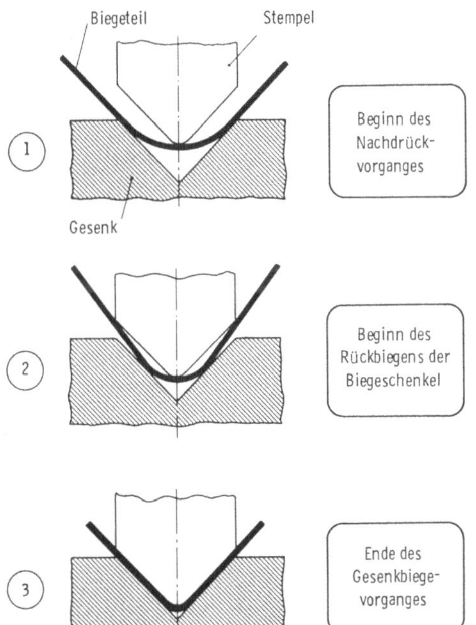

Bild 3–78.
Biegen im 90°-Gesenk bei kleinem Stempelradius (halboffenes Werkzeug) (nach *Dannenmann*).

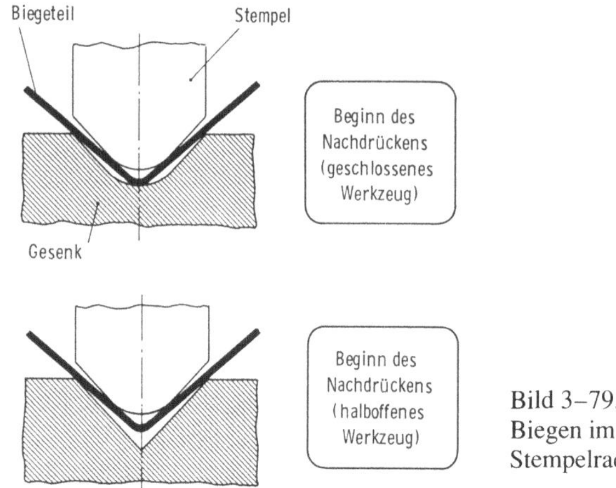

Bild 3–79.
Biegen im 90°-Gesenk bei großem Stempelradius (nach *Dannenmann*).

Bei einem Verhältnis $r_i/r_{St} < 1$ muß die Werkzeugform beim Nachprägevorgang jedoch berücksichtigt werden. Kommt ein *geschlossenes* Werkzeug zum Einsatz, so liegen die im Bild 3–79, oben, skizzierten Kontaktstellen zwischen den Werkzeugteilen und dem Werkstück vor. Die endgültige Form ergibt sich dann durch das immer stärkere Eindrücken des Biegebogens.

Verwendet man dagegen *halboffene* Werkzeuge, kann sich der Biegebogen im Scheitel nicht am Gesenk abstützen (Bild 3–79, unten). Daher können auch Biegevorgänge auftreten, bei denen sich das Werkstück in der Mitte nicht an den Stempel anlegt [283].

Ein weiteres, häufig anzutreffendes Gesenkbiegeverfahren ist das Biegen im U-förmigen Gesenk. Man versteht darunter das gleichzeitige Biegen von zwei durch einen Steg verbundenen Schenkeln um meist 90° zu einem U-förmigen Werkstück. Es wird zwischen zwei Verfahrensvarianten unterschieden:

U-Biegen ohne Gegenhalter, Bild 3–80, links

Zunächst stellt sich eine elastische Durchbiegung ein, die im Bereich des Steges kreisbogenförmig verläuft. Beim Absenken des Stempels klappen die Schenkel nach oben. Dabei tritt eine Erhöhung der Stegkrümmung auf. Sobald die Stegrundung den Gesenkboden berührt, setzt der Nachdrückvorgang ein, bei dem sich der Steg erst nach oben wölbt und danach eben gedrückt wird. Die Schenkel des Biegeteils legen sich bei diesem Vorgang an den Stempel an.

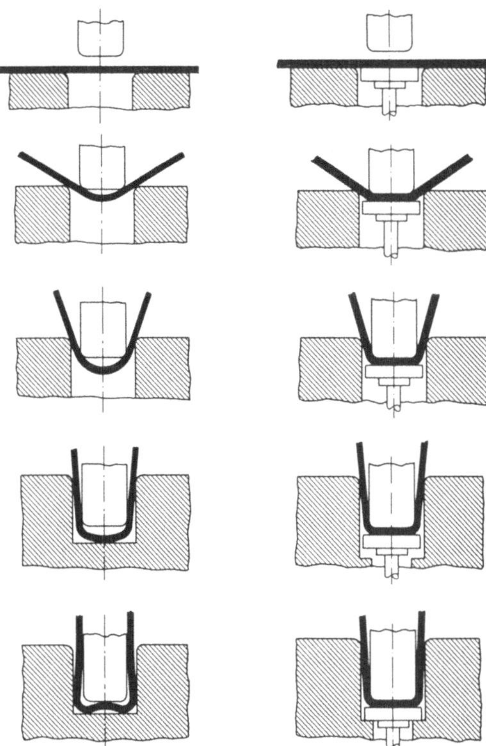

Bild 3–80. Biegen im U-förmigen Gesenk ohne und mit Gegenhalter (nach *Oehler*).

U-Biegen mit Gegenhalter, Bild 3–80, rechts

Der Gegenhalter hat die Aufgabe, während des gesamten Biegeumformens den Steg fest an die Stempelunterseite zu drücken. Da hierdurch ein Durchbiegen des Steges verhindert wird, kann auf das Nachbiegen verzichtet werden. Ansonsten läuft der Vorgang wie beim gegenhalterlosen Biegen ab. Der erforderliche Kraftbedarf des Gegenhalters liegt, wie Untersuchungen zeigen, bei etwa dem 0,3fachen der zum Hochstellen der Schenkel notwendigen Kraft [232]. Wird kein Gegenhalter eingesetzt, ist für das Nachdrücken die 3fache Schenkelhochstellkraft erforderlich.

3.5.2.3 Schwenkbiegen

Im Gegensatz zum Gesenkbiegen führt das aktive Werkzeug in Schwenkbiegemaschinen keine geradlinige, sondern eine Schwenkbewegung aus.

Das zu biegende Blech wird zwischen der Ober- und Unterwange eingespannt und sein auskragendes, freies Ende durch Schwenken der Biegewange umgeformt, Bild 3–81. Der Schwenkwinkel entspricht hierbei dem Biegewinkel des Bleches zuzüglich des Rückfederungsbetrages. Um den benötigten Schwenkwinkel und die nach dem Biegen im Blech verbleibenden Eigenspannungen bestimmen zu können, sind bereits leistungsfähige FEM-Simulationen durchgeführt worden [197].

Die Biegelinie und die Kräfte beim Schwenkbiegen zeigen eine starke Abhängigkeit von der Kinematik der Biegewange. Wählt man einen großen Biegehebelarm und einen großen Abstand zwischen Biegewange und den einspannenden Werkzeugelementen, so ergibt sich eine große Biegeinnenrundung. In dieser Einstellung werden relativ geringe Kräfte benötigt, Bild 3–82. Für möglichst scharfkantige Biegeradien muß der Wangenabstand entsprechend verringert werden [48; 49].

3.5.2.4 Walzbiegen

Das ebenfalls zu den Biegeumformverfahren mit drehender Werkzeugbewegung gehörende Walzbiegen unterteilt man in eine Reihe von Verfahrensvarianten:

- Als *Wellbiegen* bezeichnet man das Walzbiegen von Blechen, Drähten oder Rohren mit in Umfangsrichtung profilierten Walzen, wobei die Walzenachsen meist senkrecht zur Biegeebene stehen, Bild 3–83.
- Das *Walzziehbiegen* ist ein Biegeumformen, bei dem die Werkzeuge, die die Formgebung bewirken, nicht angetrieben werden. Statt dessen wird das Werkstück (Bänder, Blechstreifen) durch den Walzspalt gezogen. Die Gestaltung der Walzen ähnelt der beim Walzprofilieren.

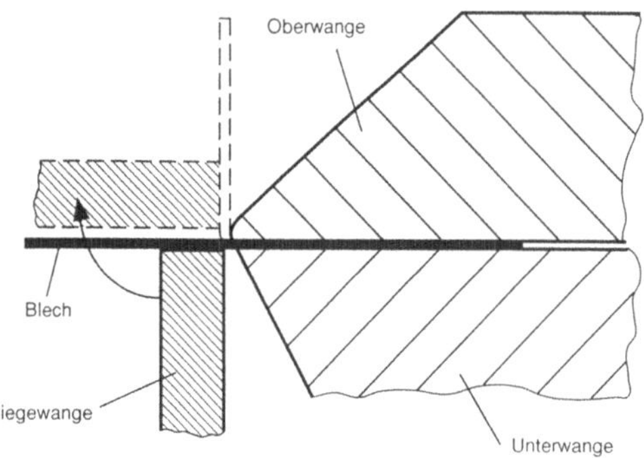

Bild 3–81. Prinzip des Schwenkbiegens.

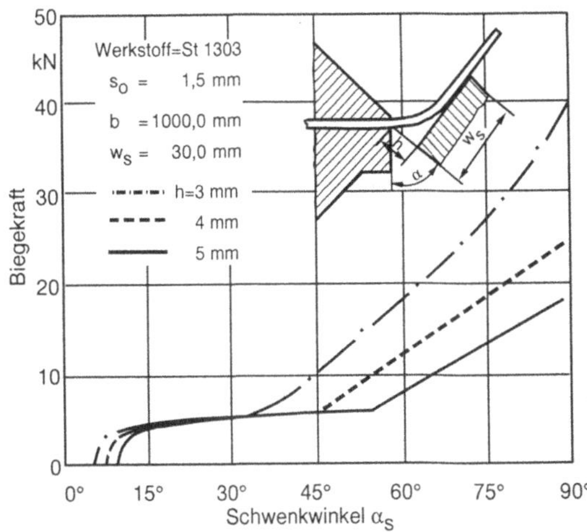

Bild 3–82. Biegekraft in Abhängigkeit von Schwenkwinkel und Wangenabstand (nach *Fait*).

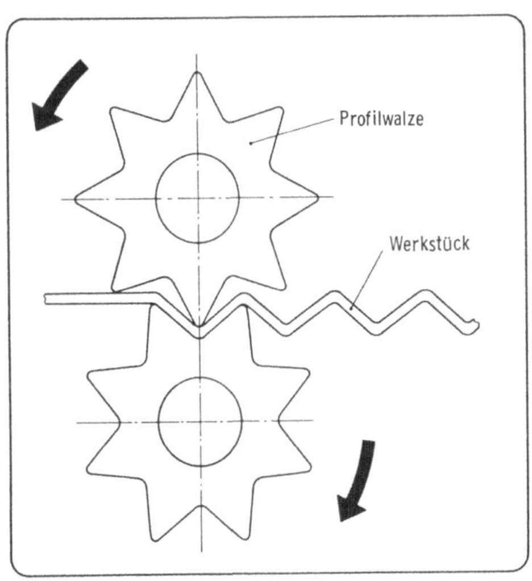

Bild 3–83. Wellbiegen.

3.5.2.4.1 Walzprofilieren

Eine kostengünstige Möglichkeit, Profile für den Leichtbau usw. aus Blechstreifen herzustellen, bietet das Walzprofilieren. Bei diesem Verfahren werden Metallbänder durch hintereinanderliegende Walzenpaare zu Profilen umgeformt. Ein einfaches Beispiel, die Fertigung eines U-Profils, zeigt Bild 3–84. Der Spalt zwischen Ober- und Unterwalze der beiden Stufen ändert sich dabei von der Form des Bandes bis hin zur endgültigen Profilform. Die Banddicke und damit die Querschnittsgröße bleibt wie bei allen anderen Biegeverfahren konstant. Herstellen kann man mit diesem Verfahren auch verwickelte bzw. zusammengesetzte Profile. Die Walzgeschwindigkeit kann bis zu 100 m/min betragen, womit das Verfahren in Konkurrenz zum Gesenkbiegen sowie Strangpressen und Warmwalzen von Profilen tritt [234].

Schwierigkeiten ergeben sich beim Walzprofilieren durch Verwerfungen an den Kanten, die wegen der dort auftretenden Dehnungen entstehen können [157; 228; 234; 235]. Der Grund für die Verwerfungen liegt darin, daß nicht über der gesamten Blechbreite gebogen wird. Zur Reduzierung der Kantenstreckung lassen sich folgende Maßnahmen ergreifen:

- Vermeidung des Biegens langer Schenkel;
- Weiterbiegung je Stufe nur um wenige Grad;
- Gegeneinanderneigung der Walzenpaare, um den sonst gedehnten Profilen eine Stauchung zu überlagern;
- Profilierung durch Streckung (Voreilung) unter Verwendung stufenweise wachsender Walzendurchmesser bei gleichbleibender Drehzahl, wobei jedoch die Gefahr von starkem Walzenverschleiß sowie Profilverkratzung besteht;

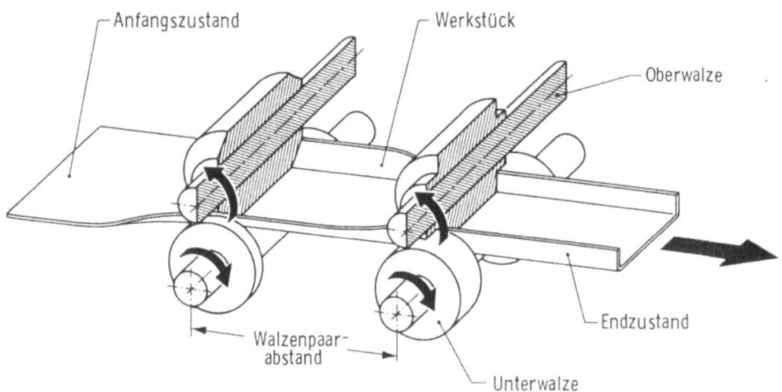

Bild 3–84. Herstellung eines U-Profils durch Walzprofilieren.

– Kontinuierliches Richten der gekrümmten Profile durch Richtwalzen entgegen der sonst auftetenden Krümmungsrichtung [234].

3.5.2.4.2 Walzrunden

Das Umformverfahren Walzrunden dient vorwiegend dem Runden von Fein-, Mittel- und Grobblechen zur Herstellung von Rohren und rohrförmigen Werkstücken, z. B. für den Behälter- und Apparatebau, des weiteren dem Biegen von konischen Schüssen. Daneben lassen sich auf Walzrundmaschinen auch von der Rotationssymmetrie abweichende Formen wie Ovale, abgerundete Rechtecke, Spiralen usw. für den Einsatz als Behälter-, Gehäuse- oder Leuchtenteile fertigen. Dementsprechend haben sich unterschiedliche Bauarten von Walzrundmaschinen eingeführt, die sich im wesentlichen nach Anzahl, Anordnung und Verstellmöglichkeit der Biegewalzen aufteilen lassen.

Am häufigsten sind Drei- und, insbesondere bei großen Einheiten, auch Vierwalzenmaschinen. Bei den Zweiwalzenmaschinen handelt es sich ausnahmslos um leichte Maschinen für geringe Blechdicken, bei denen ein abgewickelter Falz in einen entsprechenden Schlitz der Ober- oder Unterwalze eingelegt wird.

Für das Runden von Grobblechen werden bei dem Standardmaschinenkonzept symmetrische Dreiwalzen-Rundmaschinen gebaut, die in der Regel mit horizontal verschieblichen Unterwalzen und vertikal verstellbarer Oberwalze ausgerüstet sind, Bild 3–85, links. Im Gegensatz dazu stehen asymmetrische Dreiwalzenmaschinen für Fein- und Mittelbleche (Bild 3–85, rechts). Kennzeichnend hierbei ist, daß das Blechteil von den

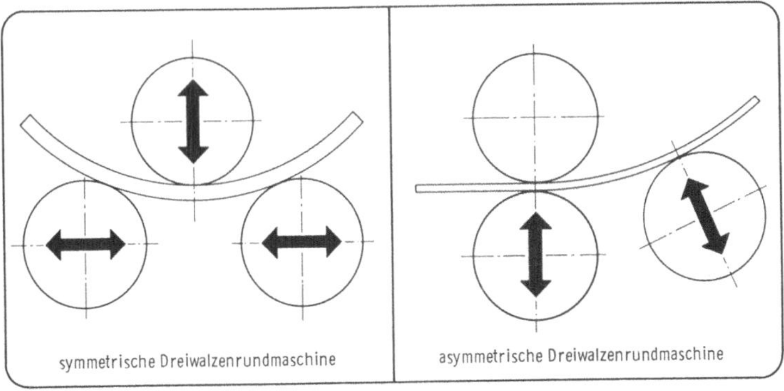

Bild 3–85. Walzenanordnung bei Dreiwalzenrundmaschinen (nach *Zicke*).

beiden Vorderwalzen ständig eingeklemmt bewegt wird, während die Hinterwalze den Biegevorgang einleitet. Zwischen diesen beiden Bauarten gibt es aus verfahrenstechnischen Gründen eine Vielzahl von Varianten. So lassen sich z.B. auf asymmetrischen Dreiwalzenrundmaschinen zylinderförmige Werkstücke nicht in einem Durchgang bzw. einer Einspannung fertigen. Das Blechteil muß an einem Ende angebogen werden, was unter einer Presse oder durch zunächst umgekehrtes Einführen und Anbiegen in der Walzrundmaschine, Bild 3–86, geschehen kann [151].

Bild 3–87 zeigt den Belastungsfall und den zugehörigen Biegemomentenverlauf beim Walzrunden auf einer asymmetrischen Dreiwalzenmaschine [240]. Vergleichbar ist der momentane Zustand mit einem Kragarm: Als Einspannstelle ist die Berührzone des Bleches zwischen den Antriebswalzen anzusehen; die Last wird von der Hinterwalze am Punkt C aufgebracht. Die versetzte Lage der Punkte A und B zur Verbindung der Mittelpunkte der Klemmwalzen ergibt sich aus der elastischen Verformung der Walzen sowie der elastisch-plastischen Verformung des Bleches. Die Länge der Strecke $\overline{AB}$ verursacht zum Teil das beim Anbiegen „ungebogene Ende", das mit dem 1,5- bis 4fachen der Blechdicke angegeben wird.

Zur Herstellung konischer Schüsse muß das Blech einem Ringausschnitt entsprechend zugeschnitten werden. Durch Schrägstellen der Unterwalze werden dann die unterschiedlichen Durchmesser erzeugt. Das Walzrunden bietet darüber hinaus auch die Möglichkeit, nichtrotationssymmetrische Behälter und Gehäuse zu fertigen [147; 240]. Dabei müssen Blecheinzug und Anstellung der Biegewalzen kontinuierlich gesteuert werden.

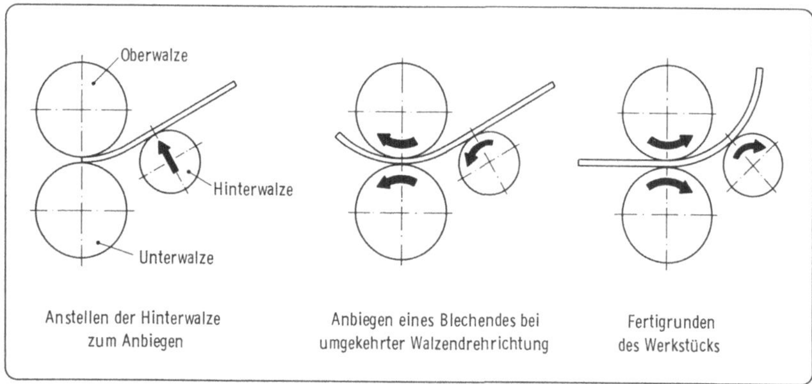

Bild 3–86. Anbiegen und Fertigrunden auf einer asymmetrischen Dreiwalzenrundmaschine (nach *Zicke*).

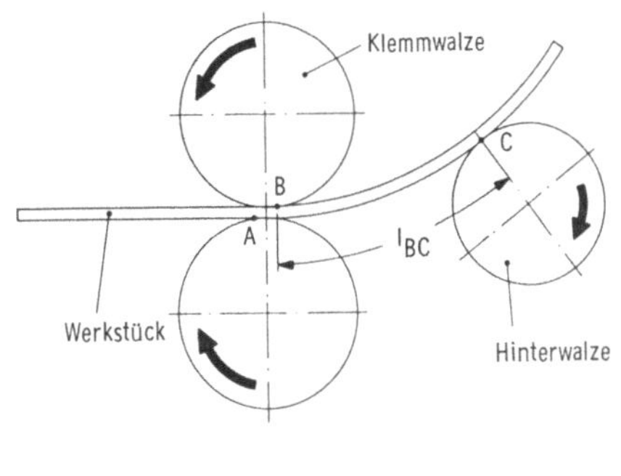

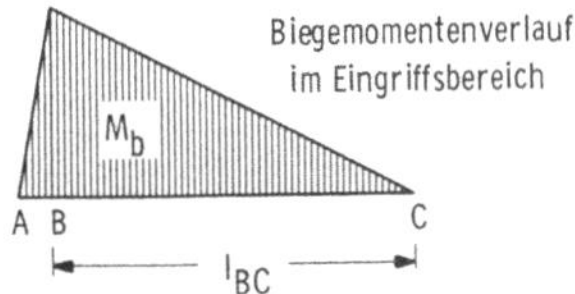

Bild 3–87.
Belastungsfall und Biegemomentverlauf beim Walzrunden auf einer asymmetrischen Dreiwalzenrundmaschine (nach *Zicke*).

3.5.3 Werkzeuge und Fertigungsbeispiele

Die sehr unterschiedlichen Biegeverfahren bedingen eine Vielzahl von Biegewerkzeugen, für die man folgende Unterteilung vornehmen kann:

- Werkzeuge, mit denen kleine Werkstücke umgeformt werden können. Hierbei kommen in der Regel Verfahren mit geradliniger Werkzeugbewegung, d. h. Gesenkbiegen, Rollbiegen oder Knickbiegen zum Einsatz.
- Werkzeuge für große Werkstücke, deren Bearbeitung eine spezielle Biegemaschine erfordert. Auch hier werden die oben bereits genannten Verfahren eingesetzt.
- Werkzeuge für Verfahren mit drehender Werkzeugbewegung (Walzprofilieren, -runden oder Schwenkbiegen), die alle ohne Ausnahme auf speziellen Biegemaschinen angewandt werden.

Zur Verkürzung der Rüstzeiten und zur Erhöhung der Flexibilität in der Fertigung werden die Werkzeuge zunehmend modular aufgebaut und mit einer automatischen Wechseleinrichtung versehen [100; 219; 245]. Hinsichtlich der Ordnung und Unterscheidung der Werkstückprofilformen greift man auf die Kennzeichnung mit Großbuchstaben zurück, die entsprechend der Querschnittsform der Profile vorgenommen wird, so daß man von

V-, W-, L-, U-, C-, 0-, D-, Z- und 5-Grundprofilen

spricht, Tabelle 3–4.

Tabelle 3–4. Profilgrundformen (nach *Oehler*).

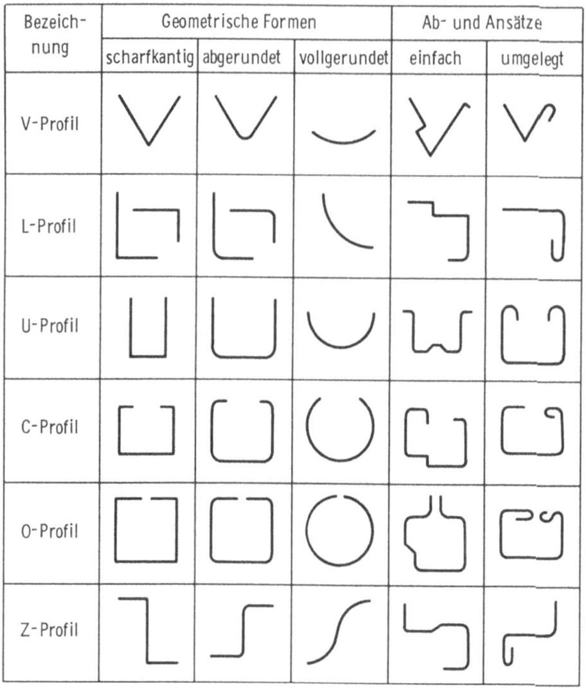

Bezeichnung	Geometrische Formen			Ab- und Ansätze	
	scharfkantig	abgerundet	vollgerundet	einfach	umgelegt
V-Profil					
L-Profil					
U-Profil					
C-Profil					
O-Profil					
Z-Profil					

Neben diesen Profilgrundformen werden für spezielle Anwendungen auch komplexere Profile walzprofiliert, Bild 3–88.

Die erreichbaren Genauigkeiten sind verfahrensabhängig. So kann man beim Gesenkbiegen ohne Gegenhalter nur Blechteile geringerer Genauigkeit (IT 11) fertigen. Für Werkstücke mit mittlerer Genauigkeit (IT 10) wird das Biegen mit Gegendruck angewendet. Höhere Genauigkeiten (ca. IT 8 bis IT 9) werden beim Biegen nur erreicht, wenn das Blech vorher im Werkzeug zentriert wird. Die gleiche Genauigkeit ist aber auch durch einen zusätzlichen Kalibrierschlag zu erzielen [189].

Um die gewünschte Genauigkeit am Biegeteil einzuhalten, sind eine Reihe weiterer Forderungen zu erfüllen [189]:

- Der minimale Biegeradius sollte nur in Ausnahmefällen vorgesehen werden. Im allgemeinen sind günstige Radien für dünne Bleche mit $2s \geq r_i \geq s$ und für dicke Bleche mit $r_i \geq 2s$ anzustreben.

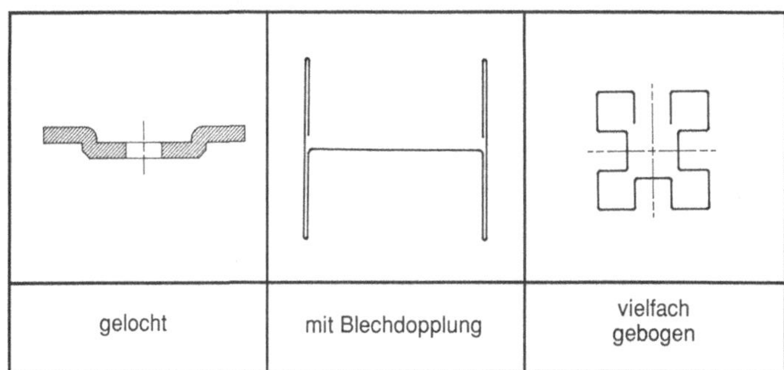

Bild 3–88. Sonderformen beim Walzprofilieren (nach Profilverarbeitungs-Gesellschaft).

- Werden weniger plastische Werkstoffe mit kleinsten Radien $r_i \leq 0{,}5s$ gebogen, so sollte die Biegelinie stets quer zur Walzrichtung liegen. Bei $0{,}5s < r_i < s$ ist die Lage der Walzrichtung dagegen nicht von Bedeutung.
- Bei spröden Werkstoffen (z.B. Bronze, Messing hart oder Federbandstahl) muß unbedingt quer zur Walzrichtung umgeformt werden.

3.5.3.1 Biegen mit geradliniger Werkzeugbewegung

Der Werkzeugaufbau für das Biegeumformen ähnelt dem der Werkzeuge, die zum Tiefziehen oder Schneiden eingesetzt werden. An die Stelle von Ziehring oder Schneidplatte tritt das Biegegesenk, an die Stelle von Zieh- bzw. Schneidstempel der Biegestempel, Bild 3–89.

Stempel und Gesenk werden bei sehr einfachen Werkzeugen direkt am Tisch oder Stößel der Presse, bei komplizierten Werkzeugen in Gestellen befestigt. Da die Werkstücke nach dem Biegen teilweise am Stempel haften, müssen diese über Abstreifer oder ein federndes Druckstück vom Stempel gelöst werden. Zur Vereinfachung des Einlegens der Werkstücke werden Anschläge in Form von Stiften oder Leisten benutzt [283].

Unabhängig von der Bearbeitungsmaschine kommen die im Bild 3–90 gezeigten Arten von Biegewerkzeugen zum Einsatz [23; 155]:

Biegestempel und -kern (1)

Beide Werkzeugteile haben gleiche, nur um die Werkstückdicke unterschiedliche, Konturen. Diese Kontur entspricht der Form des Biegeabschnittes, wobei die Rückfederung des Teils zu berücksichtigen ist.

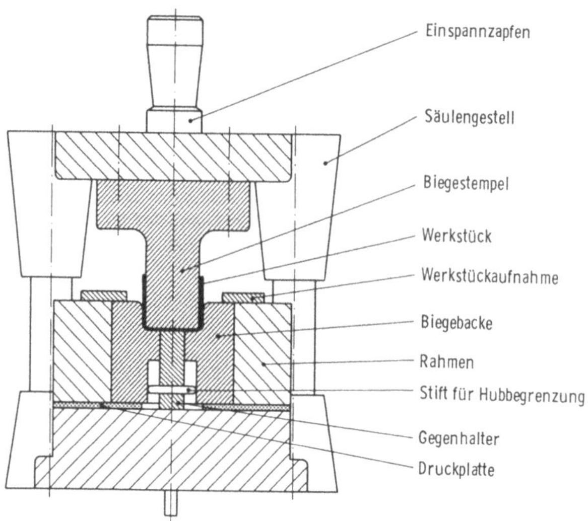

Bild 3–89. Abbiegewerkzeug mit Säulenführung (nach VDI 3389, Blatt 2).

Biegestempel und -kanten (2)

Das Werkstück wird gegenüber einer festen Einspannstelle oder zwischen zwei Auflagepunkten frei gebogen. Die Endlage des Biegestempels ergibt nach Auffederung die Biegeform. Durch Regelung der Endlage des Stempels läßt sich die Biegung korrigieren. Wegen der Unsicherheit bei der Vorkorrektur der Rückfederung wurden Biegewinkelmeßsysteme entwickelt, die die Rückfederung nach dem Stempelrückzug erfassen. Diese Meßwerte dienen der Pressensteuerung zur On-line-Berechnung der erforderlichen Endlage des Stempels. Es existieren zwei verschiedene Meßmethoden, wovon die eine über einen optischen Lichtschnittsensor [67] und die andere über einen mechanischen Taster [98] den Winkel des Bleches erfaßt, Bild 3–91.

Biegezangen und -kern (3)

Der oder die Biegestempel sind zangenartig gelagert. Während des Absenkvorgangs kann man durch Auffahren und Schließen der Zangen über die Anschläge ein Umbiegen des Werkstoffs um den Biegekern erzielen.

Rollwerkzeug (4)

Gegen das vorgegebene Werkstoffende wird ein schalenförmiges Werkzeug bewegt.

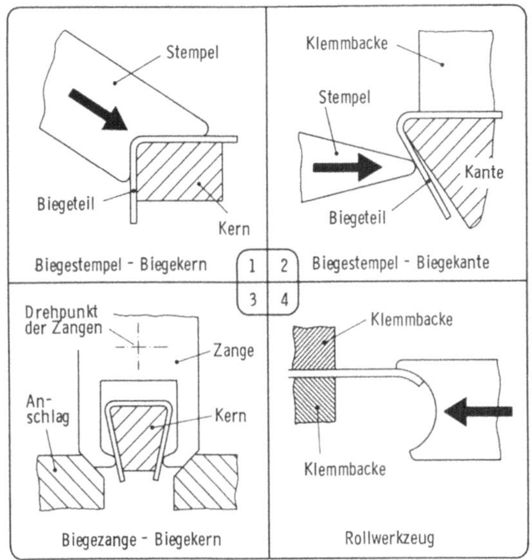

Bild 3–90. Biegewerkzeugarten (nach *Brüller*).

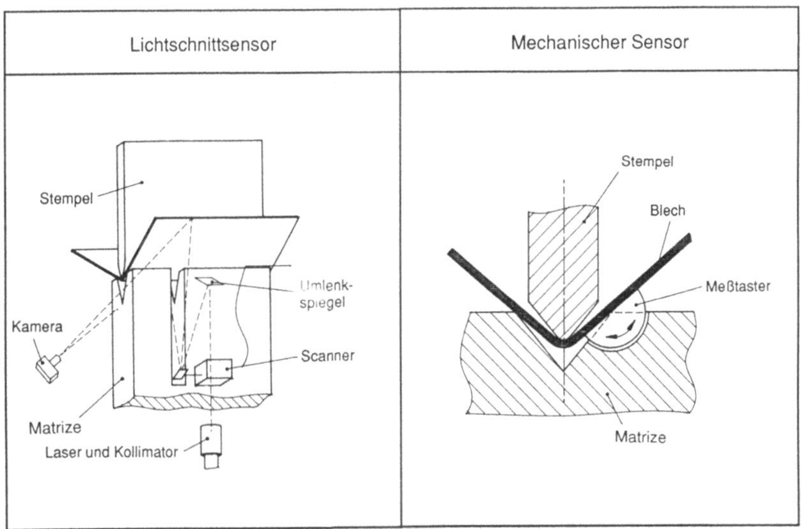

Bild 3–91. Optische und mechanische Messung des Biegewinkels (nach *Geiger/Beyeler*).

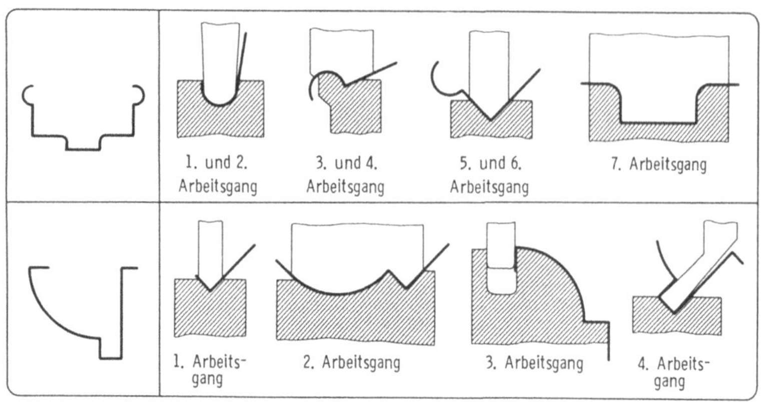

Bild 3–92. Beispiele von Arbeitsabläufen bei der Herstellung unterschiedlicher Profile mittels Gesenkbiegen (nach *Oehler*).

Als Ausgangsmaterial für Stempel und Matrizen werden Schnellarbeitsstähle, hartmetallbestückte Werkzeugteile und in Spezialfällen auch Keramiken eingesetzt.

Als Beispiel für komplizierte Biegeteile zeigt Bild 3–92 die Umformstufen zur Herstellung zweier Profile.

Für das unterschnittene Rinnenprofil (Bild 3–92, unten) sind im zweiten und dritten Arbeitsgang Sondergesenke erforderlich. Der zweite Arbeitsgang läßt sich auch in drei einzelnen Stufen mit Normalgesenken vollziehen. Da das hier gezeigte Profil jedoch in großer Stückzahl gefertigt werden muß, lohnen sich größere Aufwendungen.

Die Hochkantstellung in Arbeitsstufe 4 ist nur mit einer sehr stark gekröpften Oberwangenschiene möglich.

Die Herstellung eines solchen unterschnittenen Profils ist auch in einem Arbeitsgang denkbar, allerdings mittels Spezialgesenk und einer zusätzlich schwenkbaren Hilfsschiene zum Erzeugen der Überlappung des Profilrandes nach innen.

Ein weiteres Arbeitsbeispiel – die Fertigung eines Türrahmenprofils – ist im Bild 3–93 gezeigt.

Bild 3–94 zeigt die Fertigung eines fast völlig geschlossenen Werkstückes. Nach konventioneller Arbeitsmethode ließe sich dieses Teil nur an verschiedenen Arbeitsplätzen herstellen, wobei auf Einlegearbeit nicht verzichtet werden kann.

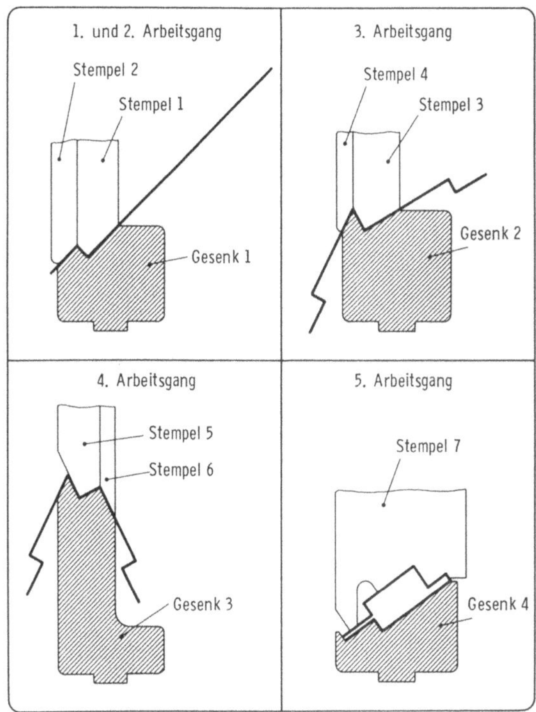

Bild 3–93. Fertigung eines Türrahmenprofils (Gesenkbiegen) (nach *Oehler*).

Im vorliegenden Fall werden sämtliche Biegungen quer zur Walzrichtung ausgeführt, so daß kleine Biegeradien erzielt werden können.

Moderne Gesenkbiegemaschinen sind NC-gesteuert und können automatisch die Werkzeugelemente wechseln. Für sehr genaue Biegeoperationen an großen Blechen weisen die Maschinen eine hydraulische Durchbiegekompensation der Matrize auf, die auf die jeweilige Preßkraft abgestimmt ist.

Weitere Fertigungsbeispiele finden sich in [22; 23; 91; 114; 155; 165; 170; 182; 189].

3.5.3.2 Biegen mit drehender Werkzeugbewegung

Von den verschiedenen Biegeumformverfahren, die mit drehendem Werkzeug arbeiten, sollen im folgenden nur

- das Schwenkbiegen und
- das Walzprofilieren

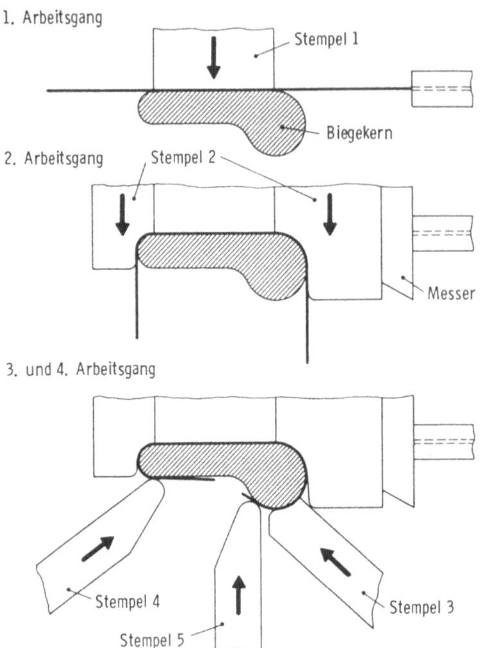

Bild 3–94. Biegen auf Biegeautomaten (nach *Brüller*).

mit ihren Werkzeugen und einigen Fertigungsbeispielen vorgestellt werden.

3.5.3.2.1 Schwenkbiegen

Den Aufbau von Schwenkbiegemaschinen zeigt der Querschnitt im linken Teil des Bildes 3–95. Wichtig ist hierbei vor allem die möglichst massenarme Gestaltung der Biegewange, um kurze Stückzeiten zu erzielen. Durch die Verstellung der Biegewange läßt sich eine Änderung des Biegehebelarmes und der Biegeinnenrundung erreichen. Das Schwenkbiegen hat in den letzten Jahren insbesondere für kleine und mittlere Stückzahlen zunehmend Verbreitung gefunden, da es weitaus flexibler anzuwenden ist als das Gesenkbiegen. Beim Schwenkbiegen können mit einem Werkzeugsatz über die Ansteuerung der Biegewange und der Anschläge viele verschiedene Werkstückformen gebogen werden. Auf diese Weise reduzieren sich Rüstzeit und Werkzeugkosten bei allerdings höheren Maschinengrundkosten.

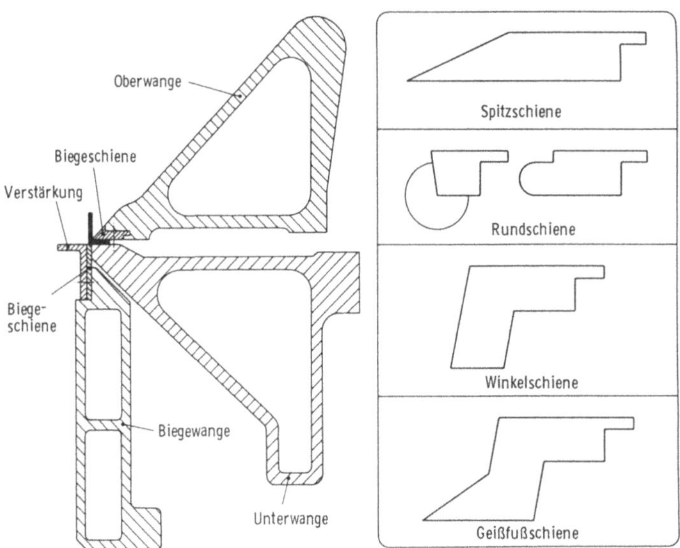

Bild 3–95. Querschnitt durch eine Schwenkbiegemaschine und die verwendeten Hauptbiegeschienenprofile.

Die Leistungsfähigkeit der Schwenkbiegemaschinen konnte durch den Einsatz mehrerer NC-gesteuerter Achsen wie z.B. Anschläge, Schwenkwinkel, Wangenanstellung etc. deutlich gesteigert werden.

Als Werkzeug kommen verschiedene Biegeschienen in Betracht, die sich in vier Hauptgruppen einteilen lassen (Bild 3–95, rechter Teil).

Beispiele für die Herstellung einfacher Profilgrundformen enthält Bild 3–96:

Abgerundetes U-Profil (Bild 3–96, oben links)

Zur Herstellung dieser Werkstückform ist eine passende Geißfußmaschine auszuwählen, damit vor dem Hochstellen das Blech zunächst gegen den unteren (hinteren) Anschlag und der erste Schenkel nach dem Schwenkbiegevorgang gegen den oberen (vorderen) Anschlag gelegt werden kann.

Abgerundetes C-Profil (Bild 3–96, oben rechts)

Beim Biegen dieses Profils wird nach Möglichkeit die Biegewange um den Mittelpunkt des Rundungsprofils geschwenkt. In jedem Fall ist auch hier für eine eindeutige und sichere Anlage gegen die Anschlagstellen zu sorgen. Die Anbiegeschienen sind an ihrer Innenseite der zu erzeugenden Rundung entsprechend zu gestalten.

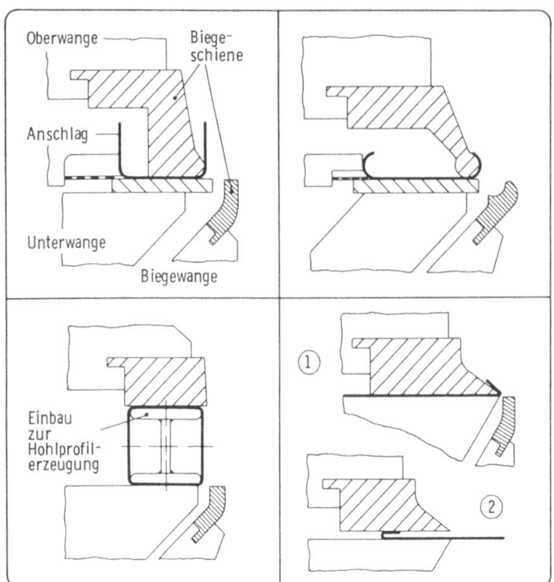

Bild 3–96. Beispiele für das Schwenkbiegen verschiedener Profile (nach *Oehler*).

Abgerundetes O-Profil (Bild 3–96, unten links)

Für dieses Hohlprofil sind beim Schwenkbiegen Einbauten vorzusehen, die am Schluß der Fertigung wieder seitlich herausgezogen werden müssen.

Scharfkantiges Falzbiegen (Bild 3–96, unten rechts).

Dazu sind zwei Arbeitsgänge erforderlich.

Ein Fertigungsbeispiel, das ebenfalls mehrere Arbeitsstufen beinhaltet, ist die Herstellung eines Türrahmenprofils, Bild 3–97. Es wird die gleiche Endprofilform wie beim Gesenkbiegen (Bild 3–93) erzeugt.

Die größere Anzahl der Stufen beim Schwenkbiegen ergibt sich deshalb, weil hier nicht wie beim Gesenkbiegen direkt Z-förmige Profilformen in einem Arbeitsgang erreicht werden können. Dafür braucht bei den ersten sechs Arbeitsstufen des Schwenkbiegens keine Auswechslung der Oberwangenbiegeschiene vorgenommen zu werden. Der Trend bei den Biegemaschinen geht zu segmentierten Werkzeugen, die eine bis auf die Hälfte verkürzte Umrüstzeit ermöglichen und somit die Produktivität steigern [219].

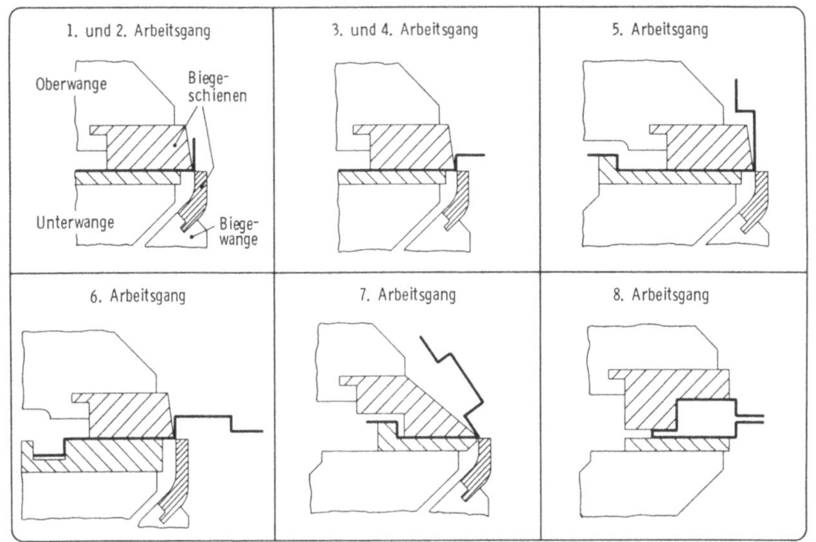

Bild 3–97. Fertigung eines Türrahmenprofils (Schwenkbiegen) (nach *Oehler*).

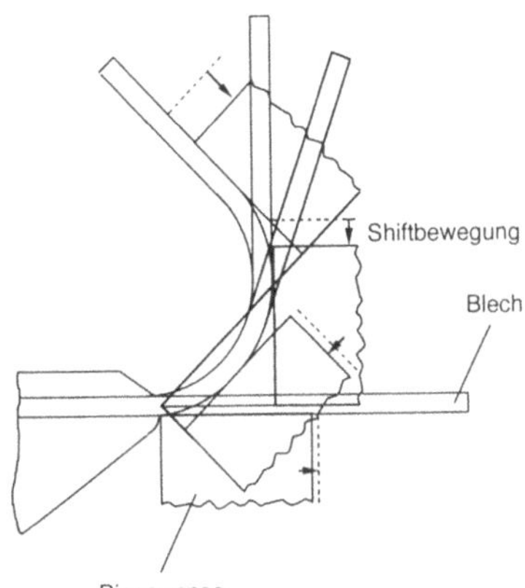

Bild 3–98.
Kinematik des Rollbiegens (nach Reinhardt GmbH, Sindelfingen).

Eine besondere Verfahrensvariante des Schwenkbiegens ist das Rollbiegen, bei dem der Schwenkbewegung der Biegewange eine lineare Bewegung überlagert ist, Bild 3–98. Diese NC-gesteuerte, überlagerte Kinematik verhindert die sonst bei fast allen Biegeverfahren übliche Relativbewegung zwischen Werkzeug und Blech. Dadurch können Kratzer auf der Blechoberfläche vermieden werden [220].

3.5.3.2.2 Walzprofilieren

Die Maschinen zum Walzprofilieren sind meist nach dem Baukastenprinzip aufgebaut. Hierbei können Einheiten mit ein oder zwei Walzenpaaren leicht zu Maschinen mit wenigen Walzgerüsten für die Fertigung einfacher Profile zusammengesetzt werden. Es werden aber auch Anlagen mit bis zu 30 Walzenpaaren für hochkomplizierte Teile realisiert. Die Wirtschaftlichkeit des Verfahrens liegt da, wo Profile in sehr großen Stückzahlen bzw. Längen benötigt werden.

Die Auslegung eines Walzprofilierpaares geht von einem Biegestadienplan aus. Für einen optimalen Ablauf der Umformung sollte das Profil möglichst flach liegen, so daß keine oder nur niedrige senkrechte Wände entstehen, wenig Schlupf zwischen Band und Walzen auftritt sowie möglichst wenige Überschneidungen. Weiterhin sollte das Werkstück zum leichten Beobachten nach oben offen sein und in flachen Teilen parallel zu den Walzenachsen liegen.

Werkstoffkennwerte und Werkstückgeometrie geben Aufschluß über die Anzahl der Stufen, in denen ein einzelner Profilschenkel abzubiegen ist. Diese Anzahl ist größer, wenn Streckgrenze, Biegewinkel, Schenkellänge und Elastizitätsmodul zunehmen bzw. die Verformungslänge abnimmt.

Man bestimmt Stufenanzahl und Teilbiegewinkel zweckmäßig für das Biegen jeder Kante einzeln. Sie sind abhängig auch von der Reihenfolge, in der die einzelnen Kanten profiliert werden und von der Lage des Profils in der Maschine. Weiter kombiniert man die Biegungen so, daß immer mehrere, auf beiden Seiten der Symmetrieachse gleich viele, aber nicht mehr als vier Kanten gleichzeitig umgeformt werden [194].

Es empfiehlt sich, zuerst die Kanten in Profilmitte zu biegen, da die Bandränder dann noch nicht eingespannt sind und so kein Nach- oder Dünnerziehen des Bandes quer zur Bewegungsrichtung an den fertigen Kanten auftreten kann. Profiliert man viele Kanten gleichzeitig, so müssen die Werkzeuge den enger aneinanderrückenden Kanten folgen, damit der Werkstoff zwischen den angrenzenden Kanten zur Formung ausreicht. Außerdem ergibt sich bei anfangs großen Radien die Möglichkeit, bei kleinen Ungenauigkeiten, den Werkstoff von einem Schenkel zum anderen zu ziehen.

Rohre werden zweckmäßig mit konstantem Radius von außen nach innen geformt. Das Schließen des Rohres geschieht durch Seitenwalzen.

Zusammenfassend sollten folgende Umformvorgänge möglichst vermieden werden [102; 229]:

- Ziehen von Werkstoff über Kanten,
- Stauchen von Werkstoff in Ecken hinein,
- senkrecht zu den Walzenachsen stehende Wände,
- große Profilhöhen wegen unterschiedlicher Walzenumfangsgeschwindigkeiten und entsprechender Reibung,
- zu schmale Profilöffnung, da sonst hoher Walzenverschleiß auftritt,
- Unterschneidungen, da das Profil dort nicht auf allen Seiten von den Werkzeugen umgeben ist,
- lange Schenkel bei nicht versteiften Bandkanten,
- zu starke bzw. schroffe Biegungen,
- zu kleine Biegeradien,
- zu große Biegeradien (Rückfederung),
- Auswalzen des Bandes aufgrund zu großen örtlichen Werkzeugdruckes,
- Pressen der scharfen Bandkanten mit Walzen oder Führungen.

Als erstes Fertigungsbeispiel für das Walzprofilieren sei hier wieder das vom Gesenk- und Schwenkbiegen bekannte Türrahmenprofil genannt, Bild 3–99. Bei der Herstellung werden zunächst die Außenpartien vorgewalzt, während daran anschließend die inneren Bereiche geformt werden. In der Schlußstellung 7 empfiehlt es sich, eine der beiden Walzen jeder Achse übereck lose aufzustecken, da die Umlaufgeschwindigkeiten der Walzen verschieden sind und das herzustellende Profil somit durch zusätzliche Reibung verkrümmt würde. Außerdem wäre es günstig, eine weitere Stufe mit einer treibenden Ober- und Unterwalze anzubringen, die gleichzeitig das Schließen des Profils übernimmt.

Mittels Walzprofilieren lassen sich auch zusammengesetzte Werkstücke herstellen, indem beispielsweise ein Stahlblechprofil um einen Kunststoffstreifen oder um eine Holzleiste oder um ein anderes Blechprofil herumgelegt wird. Dies kann auf Gesenkbiegemaschinen sowie durch Schwenkbiegen als auch auf einer Walzprofiliermaschine geschehen. Aufgrund der Rückfederung ist aber ein wirklich fester Schluß zusammengesetzter Profile bei den erstgenannten Biegeumformverfahren nur sehr schwer erreichbar. Insofern ist eine Herstellung unter Profilwalzen günstiger, zumal hier eine Einschalung des inneren Profils durch das äußere unter Vorspannung leichter möglich ist, so daß die Teile tatsächlich fest ineinander sitzen. Ein Beispiel dazu zeigt Bild 3–100.

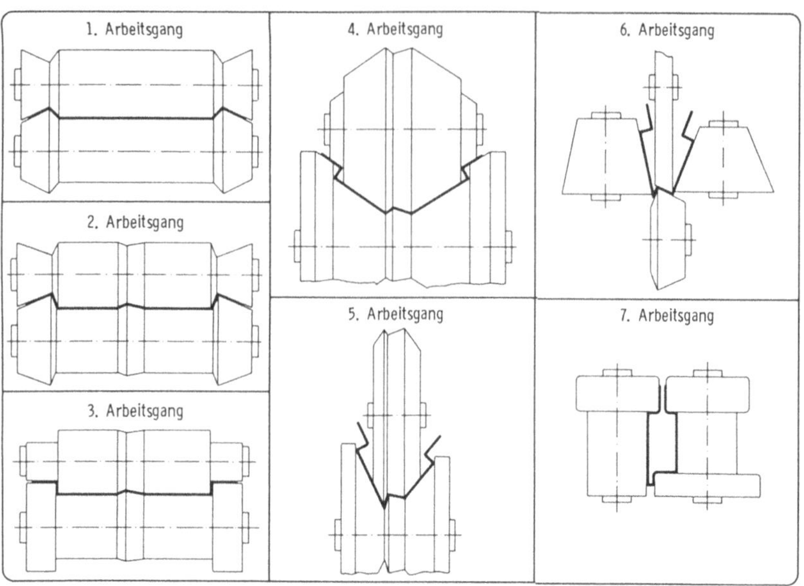

Bild 3–99. Fertigung eines Türrahmenprofils (Walzprofilieren) (nach *Oehler*).

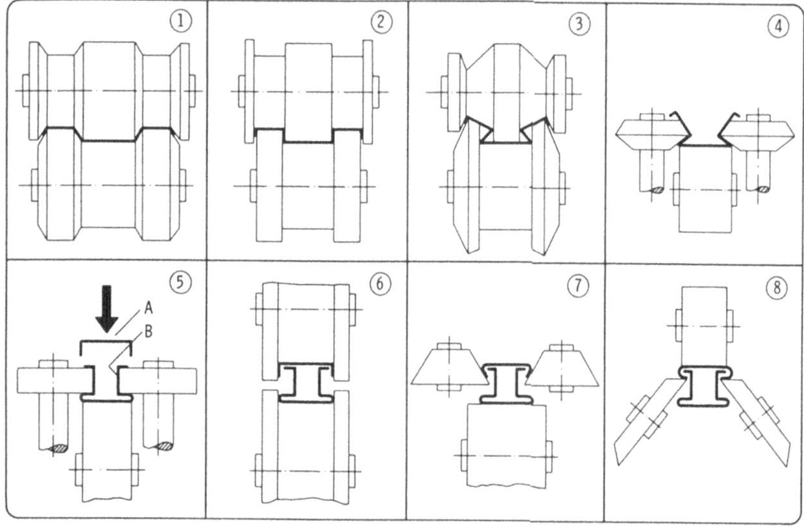

Bild 3–100. Walzprofilieren eines aus zwei Teilen bestehenden Profils (nach *Oehler*).

Die Fertigung des U-förmigen Bandes, das ab der fünften Stufe mit dem breiteren unteren Band verbunden wird, ist hier nicht dargestellt. Beide Bänder können räumlich so angeordnet werden, daß sie nach dem vierten Arbeitsgang des unteren Bandes aufeinander zulaufen. Schließlich bedeckt das U-förmige Band die oberen Auskröpfungen des Bandes B. Die seitlich angeordneten Walzen schlagen die Profilschenkel des Bandes A einwärts um den oberen auswärts gerichteten Bördelrand des Profils B, wobei hier die Lage der Schließrollenachse senkrecht angedeutet ist, obwohl eine Schräglage im sogenannten Türkenkopf möglich wäre. Dabei wird das Profil B von unten und das Profil A von oben durch zusätzliche Walzen in der waagerechten Lage gestützt. Ebenso wie dieses zweiteilig gestaltete Band ist es auch möglich, drei- und mehrteilige Profile herzustellen.

Das Walzprofilieren bietet einen großen Gestaltungsspielraum hinsichtlich der Formgebung der Profile. So können auch gelochte Profile hergestellt werden, wobei die Lochung über eine Schneidrolle während des Formgebungsprozesses geschieht. Ebenso ist eine sehr scharfkantige Biegung zwischen Walzen möglich, so daß eine Blechdopplung erzielt wird.

3.6 Sonderverfahren der Blechumformung

3.6.1 Innenhochdruckumformung

Das Innenhochdruckumformen ist ein relativ junges Umformverfahren, welches hohle, dünnwandige Bauteile mittels eines hydraulischen Innendruckes in einer Gesenkform aufweitet, wobei eine lineare, axiale Werkzeugbewegung überlagert wird. Das Verfahren wurde vor allem aufgrund des fortschreitenden Trends zur Leichtbauweise entwickelt. Es geht meist von einem rohrförmigen, abgelängten Halbzeug aus [38; 39].

3.6.1.1 Verfahrensprinzip

Zum Einlegen des Rohteils und zur Entnahme der verformten Werkstücke müssen die Werkzeuge grundsätzlich geteilt sein. Der Herstellungsvorgang läuft in folgenden Schritten ab [140]: Zunächst wird das rohrförmige Rohteil in das geöffnete Werkzeug gelegt und mit der Hydraulikflüssigkeit geflutet. Anschließend wird das Werkzeug geschlossen und die Stirnflächen des Werkstückes werden abgedichtet. Es folgt der eigentliche Umformprozeß, indem das Werkstück von innen mit hohem Druck beaufschlagt wird, wodurch es sich nach außen verformt. Nach dem ersten freien Aufweiten legt es sich nach und nach an die Innenkontur des Werkzeuges an. Wegen des gestiegenen Umfangs und der damit vergrößerten

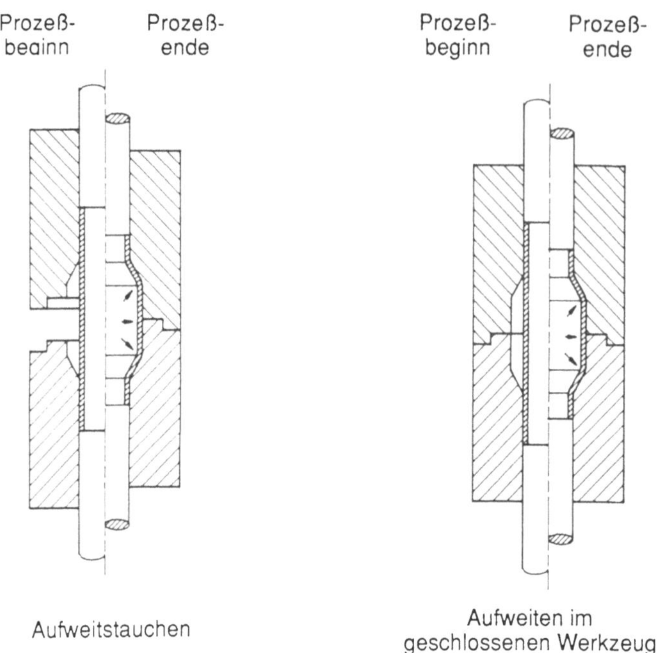

Bild 3–101. Prinzipien des Innenhochdruckverfahrens (nach *Dohmann*).

Oberfläche muß axial über eine Werkzeugbewegung Werkstoff nachgeschoben werden. Für quergeteilte Werkzeuge lassen sich grundsätzlich zwei Prinzipien unterscheiden, Bild 3–101:

- Aufweiten im geschlossenen Gesenk, bei dem das Formwerkzeug vor der Umformung geschlossen wird und das Werkstück mit Innenstempeln axial zusammengeschoben wird.
- Aufweitstauchen, wobei das Formwerkzeug erst durch die axiale Umformbewegung im Prozeß selbst geschlossen wird.

Beim Aufweiten im geschlossenen Werkzeug weist der Werkstoff im Prozeß eine Relativbewegung zum umschließenden Formwerkzeug auf, wodurch Reibung entsteht. Die Axialstempel müssen daher folgende Kraftanteile für folgende Anforderungen aufbringen:

- Überwindung der Wandreibung,
- Umformung des Werkstückes,
- Überwindung des hydraulischen Gegendruckes.

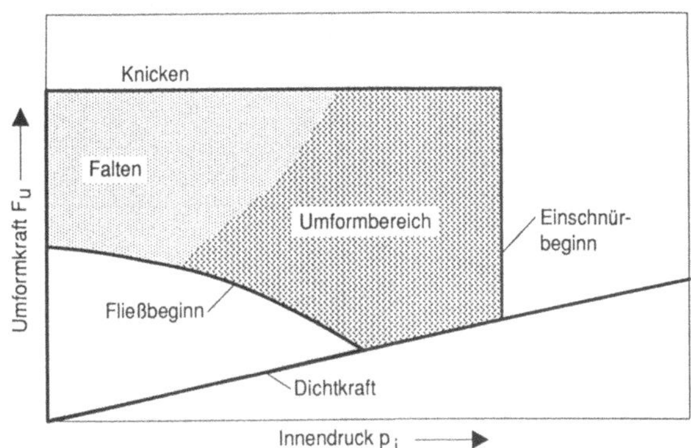

Bild 3–102. Arbeitsdiagramm für das Aufweiten (nach *Dohmann*).

Der erste Kraftanteil entfällt beim Aufweitstauchen wegen der vernachlässigbaren Relativbewegung, der dritte Kraftanteil hingegen ist aufgrund der größeren Fläche höher als beim Aufweiten im geschlossenen Gesenk [37]. Unabhängig vom Wirkprinzip müssen der axiale Preßweg und die entsprechende Umformkraft sowie der Innendruck genau auf die Geometrie, den Werkstoff und andere Prozeßgrößen abgestimmt sein.

Den sich hieraus ergebenen Umformbereich in Abhängigkeit von Druck und Kraft zeigt Bild 3–102. Man erkennt, daß der Umformbereich sehr klein ist und nur bei richtiger Prozeßführung befriedigende Ergebnisse zu erzielen sind. Bei ungünstiger Wahl der Prozeßparameter kann das Werkstück knicken oder es treten Falten auf. Im Extremfall kann das Rohr an Stellen mit großen Querschnittsprüngen sogar bersten, Bild 3–103.

Der dargestellte, zulässige Umformbereich verschiebt sich je nach Ausgangswanddicke und Werkstückstoff zu höheren oder niedrigeren Werten für die Umformkraft und den Innendruck. Der im Bild 3–104 dargestellte Zusammenhang gilt für die Phase des Prozesses, wo das Werkstück sich gerade an die Werkzeugkontur angelegt hat, aber noch keine enge Ausformung in den Eckbereichen stattfindet. Nach dieser ersten Umformphase steigen die Kräfte und Drücke steil an und können je nach Werkstoff und Geometrie Werte bis 20000 bar erreichen.

3.6.1.2 Herstellbare Formen und Verfahrensgrenzen

Mit dem Innenhochdruckumformen läßt sich eine Vielzahl verschiedener Formen herstellen, die in drei Klassen zu unterteilen sind, Tabelle 3–5:

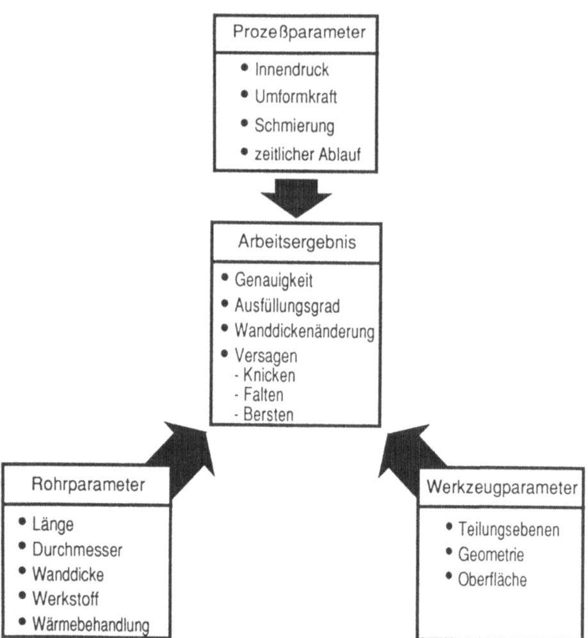

Bild 3–103. Einflußgrößen auf das Arbeitsergebnis.

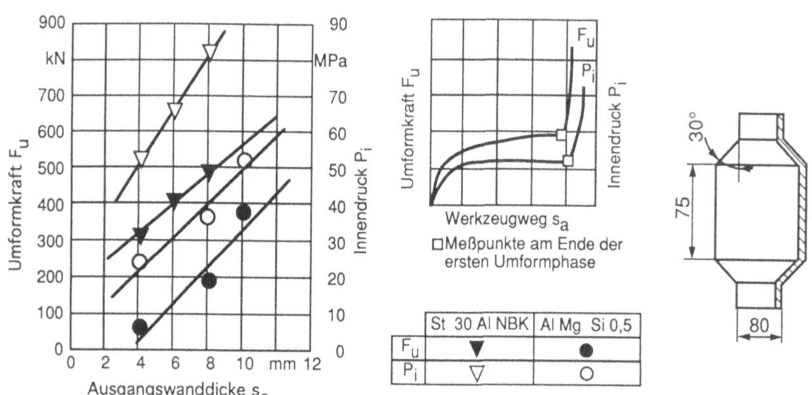

Bild 3–104. Umformkraft und Innendruck in Abhängigkeit von der Ausgangswanddicke (nach *Dohmann*).

Tabelle 3–5. Formenordnung für das Innenhochdruckumformen.

	rotations- oder achsensymmetrisch	mit partieller Aufweitung	durchgesetzt verlagert
mit Hinterschnitt			
ohne Hinterschnitt			

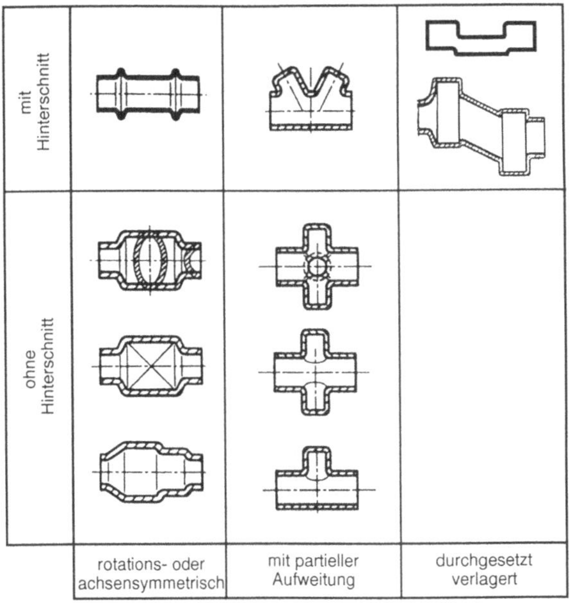

- rotations- oder achssymmetrische Teile (auch oval, polygonförmig oder mehreckig),
- mit partieller Aufweitung in einer oder mehreren Ebenen und Richtungen,
- durchgesetzt oder verschoben, z. B. exzentrisch.

Diese Formklassen können auch kombiniert und mit Hinterschneidungen realisiert werden.

Die Werkstückgeometrie ist begrenzt durch die zulässigen Werkzeugbelastungen sowie durch die zulässigen Prozeßparameter. In der industriellen Produktion von Hohlteilen durch Innenhochdruckumformen können bislang folgende Abmessungen des Fertigteils hergestellt werden [247]:

- Außendurchmesser 20 bis 120 mm,
- Länge < 800 mm,
- Wanddicke 1 bis 10 mm, jedoch höchstens 18 % des Außendurchmessers.

Als Werkstückstoff sind alle metallischen Werkstoffe mit einem ausreichenden Formänderungsvermögen geeignet. Dies reicht von Leichtmetallen über unlegierte und legierte Einsatzstähle bis hin zu vergütbaren und rostfreien Stählen. Die Fließspannung und Verfestigung des Werkstoffs wirkt sich auf die Kräfte und Innendrücke sowie die ausformbaren Radien aus [89; 90].

Hochdruckumgeformte Teile werden häufig für Armaturen im Installationsbereich und für Gasleitungen oder Auspuffteile verwendet. Hier ersetzen sie zumeist gefügte (geschweißte, gebördelte) Konstruktionen und vermeiden damit Probleme mit Undichtigkeiten oder dynamischen Brucherscheinungen in der Fügezone. Auch für Fahrwerkteile in der Automobilindustrie und ähnliche Anwendungen hat sich das Verfahren bewährt [104].

3.6.1.3 Genauigkeit und Werkstückeigenschaften

Die erreichbaren Maßgenauigkeiten der Werkstücke werden von einer Vielzahl von prozeß- und werkstückseitigen Randbedingungen beeinflußt. An werkzeuggebundenen Außendurchmessern können Genauigkeiten von etwa IT 14 bis IT 12 (in Sonderfällen auch IT 10) nach DIN 7151 gewährleistet werden. Es läßt sich eine Längentoleranz von ± 0,8 mm erreichen.

Im Bereich scharfkantiger Querschnittübergänge tritt eine extreme Werkstoffumlenkung mit der entsprechenden Verfestigung auf. Eine vollständige Ausfüllung dieser Geometrien ist daher nicht zu erzielen. Das Maß des kleinsten herstellbaren Außenradius beim Ausformen hängt vor allem von der Wanddicke, dem Werkstoff und dem Innendruck ab, Bild 3–105.

Da die Innenkontur durch das Druckmedium und nicht durch formgebundene Werkzeuge verformt wird, stellt sich in diesem Bereich praktisch freier Materialfluß ein. Die Wanddicke schwankt daher je nach Verfestigung, Geometrie und Werkstofffluß örtlich über das Bauteil, Bild 3–106. Bei großen Durchmesseränderungen ohne axiales Nachschieben des Werkstoffs durch die Stempel kann die Wanddicke im Aufweitprozeß erheblich reduziert werden. Umgekehrt ist es auch möglich, durch einen großen axialen Stempelweg die Wanddicke in bestimmten Grenzen örtlich gezielt zu erhöhen.

Die Festigkeit der geformten Werkstücke steigt durch die Kaltverfestigung an. Zudem liegen die Werkstoffasern sehr günstig tangential zur Kontur, so daß die Bauteile ein gutes Belastungsverhalten aufweisen. Im Umformprozeß bleibt die Oberflächengüte des Ausgangsrohres weitgehend erhalten, an Radienübergängen kann sie bei entsprechender Werkzeuggestaltung verbessert werden. In Bereichen freier Aufweitung dagegen ist auch eine Erhöhung der Oberflächenrauheit möglich [113].

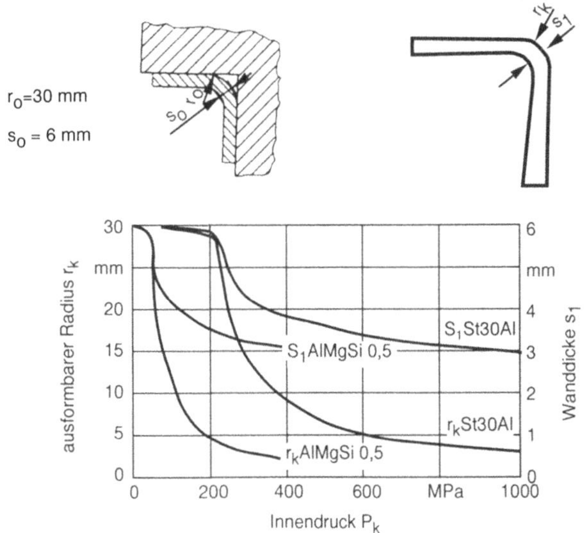

Bild 3–105. Ausformbare Radien bei Stahl und Aluminium (nach *Dohmann/Lange*).

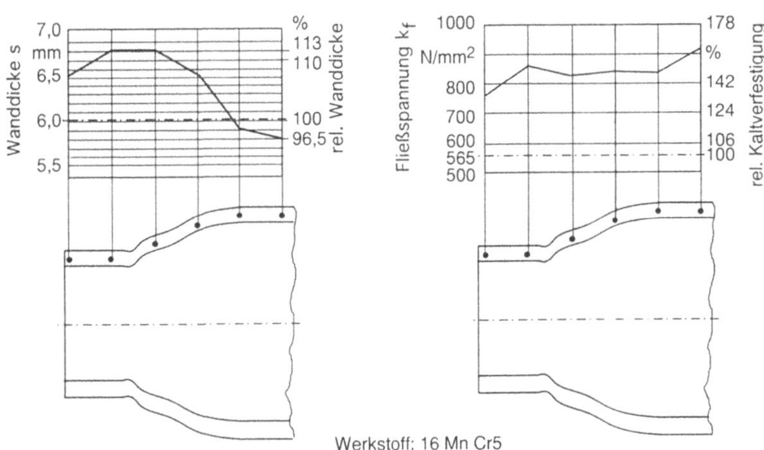

Bild 3–106. Wanddickenänderung und Verfestigung durch das Innenhochdruckumformen (nach Gesenkschmiede Schneider, Aalen).

3.6.1.4 Werkzeuge

Die Gestaltung der Umformwerkzeuge hängt entscheidend von den nötigen Teilungsebenen und Verfahrwegen ab. Bei rotationssymmetrischen Bauteilen ohne Hinterschneidung bietet sich die Querteilung an, da hier die Werkzeugherstellung preiswerter und genauer ist als bei einer Längsteilung, Bild 3–107 (links). Zudem ist in der Umformmaschine nur eine Wirkrichtung der Stößel erforderlich.

Für Bauteile mit Hinterschneidung ist die Querteilung nicht möglich. Hier muß aus Gründen der Entformbarkeit die Längsteilung gewählt werden. Für diese Werkzeugbauart kommt nur das Verfahrensprinzip Aufweiten im geschlossenen Gesenk in Frage, da die Schließrichtung der Formhälften senkrecht zur Stempelrichtung steht (s.a. Bild 3–107, Mitte). Bei durchgesetzten Teilen sind sogar zwei- oder mehrfach geteilte Werkzeuge nötig, die mindestens drei unabhängige Werkzeugbewegungen ermöglichen (Bild 3–107, rechts). Hier wird der maschinelle Aufwand sehr groß. Die Stößel sind bei den Maschinen für das Innenhochdruckumformen in der Regel hydraulisch betrieben.

Das Druckmedium für die Umformung ist häufig Wasser, welches über ein Hydraulikaggregat mit Druckübersetzer in das Bauteil gepumpt wird. Je nach Geometrie und Werkstoff ist eine Schmierung des Werkstückes vor der Umformung erforderlich.

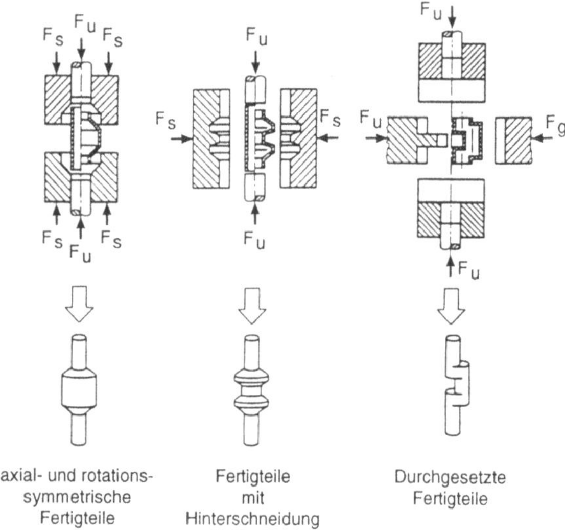

Bild 3–107. Werkzeugbauarten (nach *Dohmann*).

3.6.1.5 Sonderanwendungen

Wegen der radialen Aufweitung der Werkstücke bietet sich das Innenhochdruckumformen für eine gleichzeitige Fügeoperation während des Umformprozesses an. Diese Verfahrenskombination aus Umformen und Fügen hat bei der Herstellung von Nockenwellen Anwendung gefunden. Dabei geht man von einem langen Rohr aus, auf das die einzelnen, gelochten Nocken aufgeschoben werden. In den Werkzeugformhälften wird das Rohr anschließend mit Innendruck beaufschlagt, so daß sich die Rohraußenwand an die Nockenbohrungen fest anlegt und ein Schrumpfsitz entsteht, Bild 3–108. Die Vorteile bei dieser Bauweise sind die geringe Masse und die großen zulässigen Toleranzen für die Bohrung der Nocken. Das Material der Nocken kann hier unabhängig vom Werkstoff des Rohres gewählt werden.

In eine ähnliche Richtung geht die Herstellung von Verbundbauteilen. Dabei werden zwei Rohre unterschiedlichen Werkstoffs ineinandergeschoben und gleichzeitig innenhochdruckumgeformt. Nach der Umformung sind beide Ausgangsteile formschlüssig miteinander verbunden, Bild 3–109. Diese Verbundbauweise kann vorteilhaft dort genutzt werden, wo durch das Bauteil aggressive oder korrosive Medien geleitet werden sollen. Hier kann innen ein dünnes, chemisch resistentes Rohrmaterial gewählt werden, wogegen außen ein preiswerter und mechanisch stabiler Werkstoff zum Einsatz kommt.

3.6.2 Superplastisches Umformen

Bei den konventionellen Umformverfahren sind der Formgebung der Bauteile Schranken gesetzt, die vor allem auf das begrenzte Formänderungs-

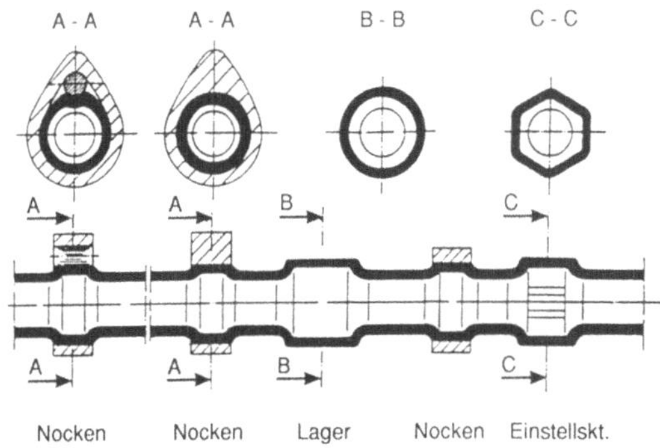

Bild 3–108. Gefügte Nockenwelle (nach Gesenkschmiede Schneider, Aalen).

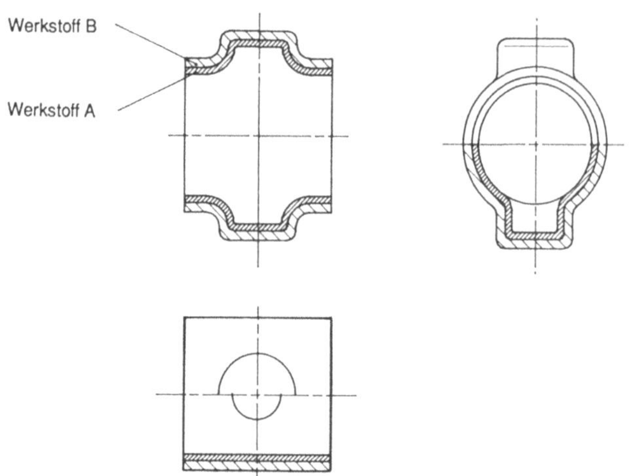

Bild 3–109. Werkstück in Verbundbauweise (nach Gesenkschmiede Schneider, Aalen).

vermögen des Werkstoffs und auf die unzulässige Belastung der Umformwerkzeuge zurückzuführen sind. Diese Restriktionen können durch das superplastische Umformen weitgehend aufgehoben werden, so daß in einer Umformstufe auch geometrisch komplexe Werkstücke herstellbar sind [140].

3.6.2.1 Verfahrensprinzip und Voraussetzungen für die Superplastizität

Unter Superplastizität versteht man das Verhalten des Werkstoffs, bei dem die Fließspannung nahezu unabhängig von der vorangegangenen Umformung ist, aber direkt von der Umformgeschwindigkeit abhängt, d. h., die Bedingung

$$\frac{dk_f}{d\varphi} \gg 0 \tag{3–31}$$

muß zu jedem Zeitpunkt erfüllt sein. Für eine Zugprobe bedeutet dies, daß nicht wie üblich am Ende der Gleichmaßdehnung eine Einschnürung auftritt, die den kleinsten Querschnitt sehr schnell weiter reduziert, sondern daß die Einschnürung ihren Querschnitt beibehält und sich in der Länge ausbreitet. Dieses Verhalten ist auf folgenden Zusammenhang zurückzuführen: Bei einem konventionellem Werkstoff steigt die Zugspannung im eingeschnürten Bereich immer weiter an und kann durch den degressiven Anstieg der Fließspannung aufgrund der Verfestigung aufgefangen

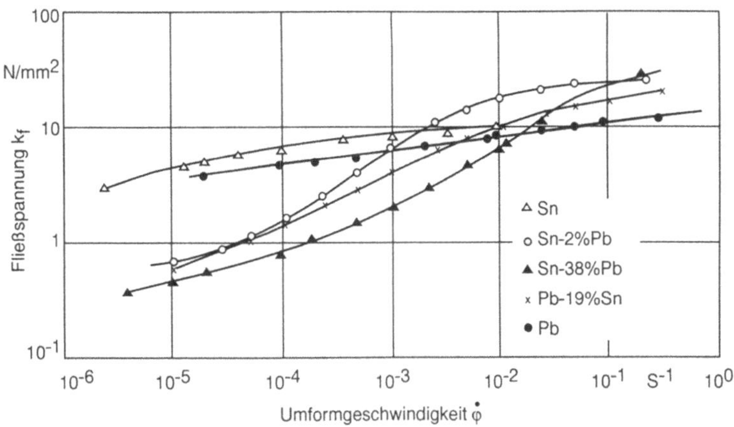

Bild 3–110. Fließspannung in Abhängigkeit von der Umformgeschwindigkeit (nach *Rosenhain* u. a.).

werden. Beim superplastischen Werkstoff dagegen führt die Einschnürung zu einer Erhöhung der Umformgeschwindigkeit und damit zu einer sehr starken Verfestigung in diesem Bereich. Die Umformzone weicht daher aus dem Einschnürungsbereich aus, so daß nach und nach die gesamte Probe gleichmäßig gedehnt wird [180; 181].

Im Bild 3–110 ist die Abhängigkeit der Fließspannung von der Umformgeschwindigkeit in Form eines Diagrammes für verschiedene Zinn-Blei-Legierungen dargestellt. Die Kurven wurden in Zugversuchen bei 20 °C ermittelt.

Zur Beschreibung des superplastischen Werkstoffverhaltens wurde ein mathematisches Modell für die Fließspannung aufgestellt [144].

$$k_f = C\,\dot{\varphi}^m, \tag{3–32}$$

woraus für den Geschwindigkeitsexponenten m folgt:

$$m = \frac{\delta\,(\log k_f)}{\delta\,(\log \dot{\varphi})}\,. \tag{3–33}$$

Die Größe des Geschwindigkeitsexponenten m stellt ein Maß für das superplastische Verhalten des Werkstoffs dar. Um Superplastizität zu erhalten, müssen drei Bedingungen erfüllt werden:

1. eine geringe Korngröße von bis unter 1 μm, welche auch während der Umformung erhalten bleiben muß,

2. kleine Umformgeschwindigkeiten im Bereich,

$$\dot{\varphi} = 10^{-5} \text{ bis } 10^{-2} \text{ s}^{-1},$$

3. eine Umformtemperatur größer als die halbe Schmelztemperatur.

Aufgrund der genannten Anforderung an die Feinkörnigkeit des Werkstoffs, welche auch während der Umformung erhalten bleibt, wird die Anzahl der in Frage kommenden Metalle erheblich eingeschränkt. Zunächst wurden nur eutektische bzw. eutektoide Legierungen für die Superplastizität verwendet. Später gelang auch bei einphasigen Werkstoffen, wie Nickel, eine superplastische Umformung [57; 93]. Den großen Einfluß der Korngröße auf den m-Wert zeigt Bild 3–111 am Beispiel einer eutektischen Zinn-Blei-Legierung mit unterschiedlichen Wärmebehandlungen [2].

Die bisher untersuchten Werkstoffe mit superplastischem Verhalten sind in Tabelle 3–6 aufgeführt [172]. Um die sehr geringe Korngröße im Gefüge zu erhalten, sind einige Werkstoffe pulvermetallurgisch hergestellt und anschließend stranggepreßt, geschmiedet oder gewalzt sowie wärmebehandelt worden.

3.6.2.2 Anwendung der Superplastizität

Die industrielle Verbreitung der Superplastizität ist noch nicht sehr weit fortgeschritten. Dies liegt sicherlich in den hohen Herstellkosten der Bau-

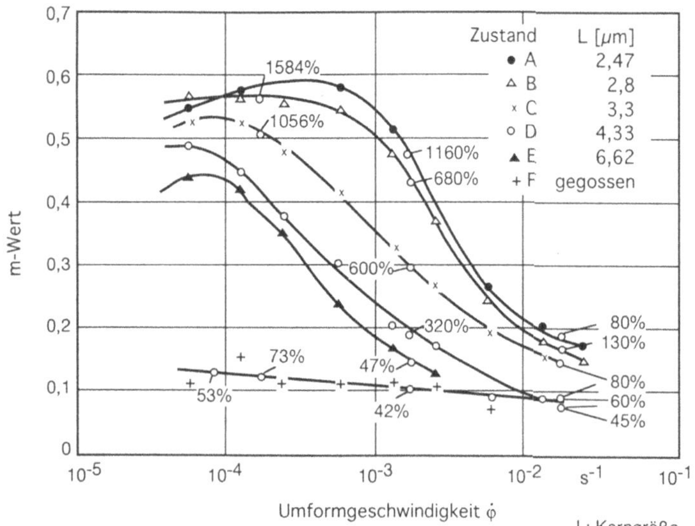

Bild 3–111. m-Wert in Abhängigkeit von der Korngröße (nach *Avery* u.a.).

Tabelle 3–6. Superplastische Legierungen (nach *Padmanabhan*).

Legierungssystem	Chem. Zusammensetzung Gew.-%	Korngröße L (metallogr. mittlere freie Weglänge m)	Umformtemperatur T_U		Umform-geschwindigkeit $\dot{\varphi}$ [s^{-1}]	Maximaler m-Wert	Fließ-spannung k_f[N/mm^2]
			°C	K			
Zinn-Blei	62% Sn; 38% Pb	2,5	20	293	3×10^{-4}	0,6	10,0
Zink-Aluminium	78% Zn; 22% Al	1,8	250	523	1×10^{-4}	0,5	8,5
Magnesium-Aluminium	67% Mg; 33% Al	2,2	400	673	3×10^{-2}	0,9	28,0
Aluminium-Kupfer	67% Al; 33% Cu	5	523	793	4×10^{-4}	0,9	4,0
Stahl, niedrig legiert	0,42% C; 1,87% Mn; 0,24% Si; 0,02% P; 0,02% S	1,4	727	1000	3×10^{-5}	0,7	21,0
Titan-Aluminium-Vanadium	Ti; 6% Al; 4% V	7	953	1223	$1{,}5 \times 10^{-4}$	0,8	3,5
Titan-Aluminium-Zinn	Ti; 5% Al; 2,5% Sn	20	1013	1283	6×10^{-4}	0,7	4,0
Nickelbasislegierung IN-100	Ni; 15% Co; 9,5% Cr Al; 5% Ti; 3% Mo	?	1023	1296	?	0,5	?

teile begründet, da zum einen der Werkstoff relativ teuer ist und zum anderen sehr lange Stückzeiten in Kauf genommen werden müssen, um die erforderlichen niedrigen Umformgeschwindigkeiten zu gewährleisten. Zudem neigen die einsetzbaren Werkstoffe in der späteren Anwendung aufgrund der geringen Fließspannung bei kleinen Umformgeschwindigkeiten zum Kriechen.

Die Anwendung lohnt sich in der Regel dann, wenn bei hochwertigem und teurem Werkstoff Zerspanabfall vermieden werden soll, aber eine konventionelle Umformung nicht durchgeführt werden kann. Ein Beispiel hierfür ist das superplastische Umformen von Gasturbinenteilen aus Titan- und Nickelbasislegierungen [204]. Hier spricht man auch vom Isothermschmieden.

In der Blechumformung verspricht die Superplastizität vor allem Vorteile bei besonders hohen Ziehverhältnissen im Tiefziehprozeß oder bei der Umformung mit flüssigen oder gasförmigen Wirkmedien, wenn hohe Umformgrade benötigt werden [214]. Insbesondere in der Luft- und Raumfahrtindustrie, wo die Gewichtseinsparung erste Priorität besitzt, hat die superplastische Blechumformung Anwendung gefunden [60; 62]. Die größte Verbreitung haben in diesem Industriezweig Bleche aus Aluminium und Aluminiumlegierungen [95; 226]. In Bild 3–112 ist ein Tiefziehteil aus Aluminium für die Luftfahrt dargestellt, welches superplastisch umgeformt wurde. Das zweite Beispiel zeigt die Umformung eines Hohlkörpers mittels Druckluft und Vakuum in einem Gesenk, Bild 3–113 [226].

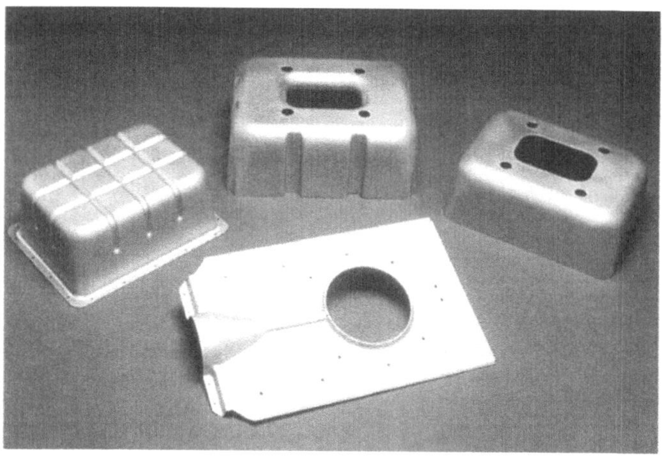

Bild 3–112. Superplastisch umgeformte Bauteile (nach *Alcan*).

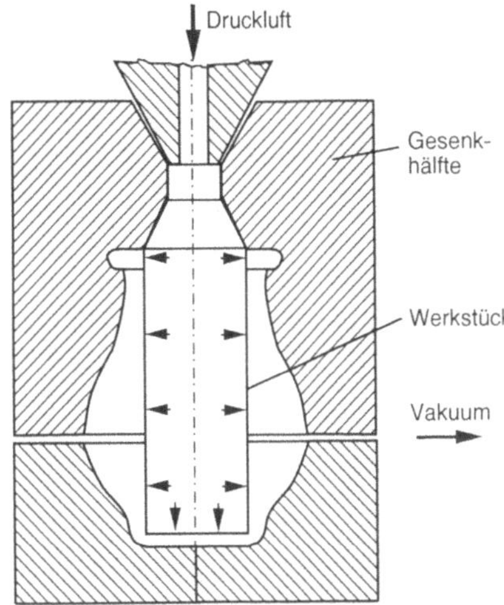

Bild 3–113.
Vakuumformen eines Hohlkörpers (nach *Thomson* u. a.).

3.6.3 Formgebung mit Laserstrahlung

Im Gegensatz zur Großserienfertigung von Blechteilen, bei der die Formgebung vielfach mit Hilfe aufwendiger Formwerkzeuge (z. B. Tiefziehen) erfolgt, stellt der mit dieser Werkzeugherstellung verbundene hohe Kosten- und Zeitaufwand den gravierenden Nachteil bei der Prototypen- und Kleinserienproduktion dar. So erfahren z. B. einzelne Karosseriekomponenten im Rahmen der Entwicklung eines neuen Fahrzeugtyps nach dem ersten Entwurf zahlreiche Modifikationen, bis die endgültige Form festliegt. Dies verursacht hohe Kosten für die Werkzeugfertigung und die Änderungsarbeiten. Dementsprechend groß ist in diesem Anwendungsbereich der Bedarf an flexiblen Blechumformverfahren, die die gewünschte Bauteilgeometrie kostengünstig und schnell, d. h. ohne bzw. nur mit wenigen formgebundenen Werkzeugen, realisieren.

Die Formgebung mittels Laserstrahlung als ein neues, noch in der Entwicklung befindliches Verfahren erweitert das Spektrum der heute industriell eingesetzten, flexiblen Umformtechniken (s. Abschn. 3.1). Wesentliches Merkmal dieser neuen Umformtechnik ist der Verzicht auf formgebende Werkzeuge bei der Bearbeitung. Die Blechumformung erfolgt hier vielmehr ausschließlich durch die berührungslose Induzierung thermisch bedingter Eigenspannungen mit Hilfe des Laserstrahls. Anhand der bisher vorliegenden Ergebnisse ist zu erwarten, daß die Laserstrahlumformung nach Abschluß der Entwicklungsarbeiten eine interessante Alternative oder Ergänzung zu den konventionellen Verfahren der flexiblen Blechumformung darstellt. Neben der Fertigung von Prototypen und Kleinstserien ist weiteres Anwendungspotential in der Durchführung von Richtarbeiten an Blechteilen zu sehen.

3.6.3.1 Verfahrensprinzip

Bild 3–114 zeigt schematisch das Verfahrensprinzip der Laserstrahlumformung metallischer Halbzeuge. Das Blech, das zuvor mit einem NC-gesteuerten Handhabungssystem positioniert wurde, bewegt sich mit konstanter Vorschubgeschwindigkeit unterhalb des ortsfesten Laserstrahls entlang einer definierten Biegelinie (Bild 3–114, links). Die an der Werkstückoberfläche absorbierte Energie des Laserstrahls wird in thermische Energie umgesetzt und bewirkt aufgrund der hohen Intensität des Laserstrahls eine rasche Erwärmung der Randschicht.

Der Temperaturausgleich im Werkstück geschieht durch Wärmeleitung, so daß unterhalb des Laserbrennfleckes ein Temperaturfeld entsteht, das bei einer zweidimensionalen Betrachtungsweise zu einer Wärmeeinflußzone E_1 zusammengefaßt werden kann (vgl. Bild 3–114, rechts). In dieser Zone kommt es in Abhängigkeit von der Temperatur zu einer unterschiedlich stark ausgeprägten thermischen Ausdehnung und Reduzierung der Streckgrenze des Materials. Da diese Wärmedehnung aber vom kälteren Werkstoff der unmittelbar benachbarten Umgebung behindert wird, entstehen in der

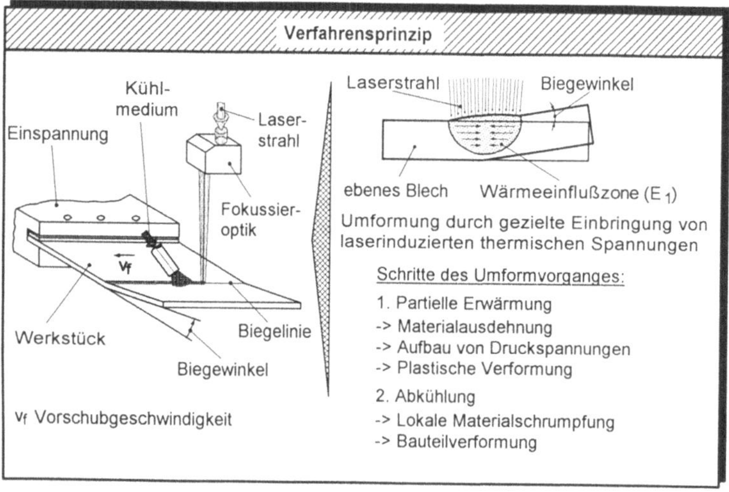

Bild 3–114. Laserstrahlumformung; Verfahrensprinzip (schematisch).

erwärmten Zone Wärmedruckspannungen. Diese sind in ihrer Höhe durch die der jeweiligen Temperatur entsprechende Warmstreckgrenze des Werkstoffs begrenzt. Geht die Wärmedruckspannung über diesen Betrag hinaus, so entstehen Stauchungen, d.h. plastische Verformungen unter Druck. Eine Schädigung des Materials ist bei der Erwärmung nicht vorhanden, weil mit ansteigender Temperatur die Verformbarkeit des Materials zunimmt.

Nach Beendigung der Erwärmungsphase kommt es zu einer Schrumpfung des plastizierten Bereiches infolge des Temperaturgefälles in Blechdicken- und -breitenrichtung bzw. durch eine zusätzliche Kühlung. Der Grad der Schrumpfung, der hier in Form eines Biegewinkels angegeben werden kann, wird von der Größe der Wärmeeinflußzone, der Höhe des Temperaturgefälles von der Wärmeeinflußzone zum benachbarten Grundwerkstoff, der Streckgrenze und dem Wärmeausdehnungskoeffizienten des Werkstoffs sowie dessen Elastizitätsmodul, aber auch von der Steifigkeit des Bauteils entscheidend beeinflußt [58; 68; 112; 115].

Der Einsatz des Laserstrahls bietet vor allem aufgrund der guten Fokussierbarkeit und der exakten Steuerbarkeit der Strahlintensität Vorteile gegenüber anderen Wärmequellen. Mit Hilfe des Lasers lassen sich partiell scharf abgegrenzte Bereiche definiert erwärmen, um den beschriebenen Umformmechanismus einzuleiten. Als Strahlquellen können grundsätzlich sowohl Gas- (CO_2) als auch Festkörperlaser (Nd:YAG) eingesetzt werden. Beide Quellentypen stellen die für die Umformung größerer Blechdicken ($s > 1$ mm) benötigten Strahlleistungen im Kilowattbereich zur Verfügung. Unterschiede bestehen vor allem in der Wellenlänge der Laserstrahlung und den daraus resultierenden Absorptionseigenschaften. Während beim CO_2-Laser zur besseren Energieeinkopplung absorptionsfördernde Coatingschichten (z.B. Graphit) auf die Werkstückoberfläche aufgetragen werden müssen, kann bei der Bearbeitung mit dem Nd:YAG-Laser aufgrund der 10fach kürzeren Wellenlänge (1,06 µm) hierauf verzichtet werden. Ferner erfolgt die Strahlführung beim Festkörperlaser mit Hilfe von Lichtleitfasern, wodurch die Flexibiltät des Verfahrens erhöht wird. Demgegenüber ist die maximale Ausgangsleistung heutiger Nd:YAG-Laser auf ca. 3 kW begrenzt, CO_2-Laser sind hier deutlich leistungsfähiger (bis zu 25 kW) und bei gleicher Ausgangsleistung wesentlich kostengünstiger.

3.6.3.2 Technologische Grundlagen

Zu den wesentlichen Stell- und Einflußgrößen des Laserstrahlumformprozesses zählen bauteilbezogene Größen wie Werkstoffart und Blechdicke sowie verfahrensspezifische Größen wie Lasertyp, Leistung, Strahlabmessung im Brennfleck und Vorschubgeschwindigkeit. Grundlegende Zusammenhänge zwischen dem Umformgrad und den Prozeßparametern

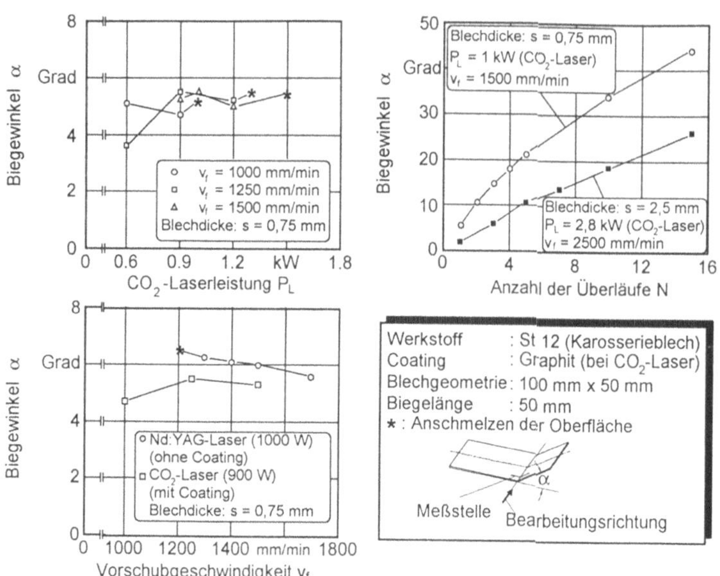

Bild 3–115. Abhängigkeit des Biegewinkels von wesentlichen Prozeßstell- und -einflußgrößen.

sind im Bild 3–115 für eine einfache Umformaufgabe dargestellt. Bei einer Blechdicke von 0,75 mm und konstanter Vorschubgeschwindigkeit sind mit zunehmender Laserleistung nur geringe Änderungen des Biegewinkels zu verzeichnen. Er beträgt im Durchschnitt 5° pro Überlauf. Durch mehrfaches Überfahren der gleichen Biegelinie sind größere Biegewinkel erzielbar, wobei zwischen der Anzahl der Überläufe und dem Biegewinkel ein degressiver Zusammenhang besteht. Ursache hierfür ist eine Abnahme der absorbierten Wärmemenge bedingt durch die mit steigendem Biegewinkel ungünstigeren Einstrahlbedingungen des Laserstrahls und die bei mehrfacher Strahlbeaufschlagung eintretende Schädigung der Graphitschicht. Weitere Prozeßvorteile sind durch die Bearbeitung mit Nd:YAG-Laser zu erreichen. Gegenüber dem CO_2-Laser ist eine Steigerung des Biegewinkels um ca. 20% möglich. Der Vergleich unterschiedlicher Werkstoffe zeigt, daß der in einem Überlauf realisierbare Biegewinkel linear mit zunehmendem Verhältnis vom thermischen Ausdehnungskoeffizienten zur volumenbezogenen Wärmekapazität ansteigt. Dementsprechend ergeben sich in der Reihenfolge Stahl, Titan, Edelstahl, Kupfer, Messing und Aluminiumlegierung zunehmende Biegewinkel [65; 66; 115].

Als Folge der örtlichen Wärmeeinwirkung treten beim Laserstrahlumformen in den wärmebeeinflußten Bereichen Gefügeveränderungen auf, die im Hinblick auf den jeweiligen Anwendungsfall und die geforderten Gebrauchseigenschaften des Bauteils zu berücksichtigen sind. Art und Ausdehnung der Gefügebeeinflußung hängen vom Werkstoff, der max. Prozeßtemperatur und den jeweiligen Abkühlbedingungen ab. Untersuchungen an Karosserieblechen (St-12) ergaben z.B. eine deutliche Kornfeinung verbunden mit einem geringen Härteanstieg (ca. 10%) in der Umformzone. Wesentlich ausgeprägtere Härtesteigerungen treten dagegen bei Stählen mit Kohlenstoffgehalten > 0,2% auf, sofern beim Umformvorgang die zur Martensitbildung notwendige Austenitisierungstemperatur überschritten wird. Des weiteren können sich durch die wiederholte Wärmeeinbringung bei der Umformung Ausscheidungen auf den Korngrenzen bilden, die z.B. bei Al-Mg-Legierungen die Korrosionsbeständigkeit des Werkstoffs herabsetzen [112; 115].

3.6.3.3 Anwendungsfelder

Die hohe Flexibilität des Lasers eröffnet ein vielseitiges Einsatzpotential für das Laserstrahlumformen. Zukünfige Anwendungsschwerpunkte werden in den Bereichen des Automobil- und Anlagenbaus und der Luft- und Raumfahrt sowie im allgemeinen Maschinenbau und in der Mikroelektronik erwartet. Neben der Herstellung von Prototypen und Kleinserien zählen auch thermische Richtarbeiten und die Umformung hochfester oder spröder Werkstoffe (Titan, Gußeisen) zu den möglichen Einsatzgebieten. Vorteile können sich zudem aus der Kombination mit anderen Laserverfahren wie dem Schneiden und Schweißen ergeben, so daß Möglichkeiten zur Komplettbearbeitung von Blechteilen gegeben sind. Für den breiten industriellen Einsatz des Verfahrens sind jedoch insbesondere im Hinblick auf die Herstellung komplexer Bauteile noch weitere Entwicklungsarbeiten erforderlich [66; 115].

Den derzeitigen Entwicklungsstand dokumentieren eine Reihe von Musterbauteilen, die heute durch Laserstrahlumformen herstellbar sind, Bild 3–116. Das Spektrum umfaßt sowohl einfache Geometrien wie z.B. Winkel und Bögen mit Wandstärken bis zu 8 mm als auch komplexere Formelemente wie z.B. konvex gekrümmte Kugelkalotten, die aus ebenen Blechhalbzeugen geformt werden. Darüber hinaus können ebenso offene und geschlossene Profilhalbzeuge (Rohr, Quadrat-, Rechteck- und U-Profil) mit dem Laserstrahl gebogen werden. Bei Rohren sind zusätzlich partielle Aufweitungen und Reduzierungen des Nenndurchmessers realisierbar.

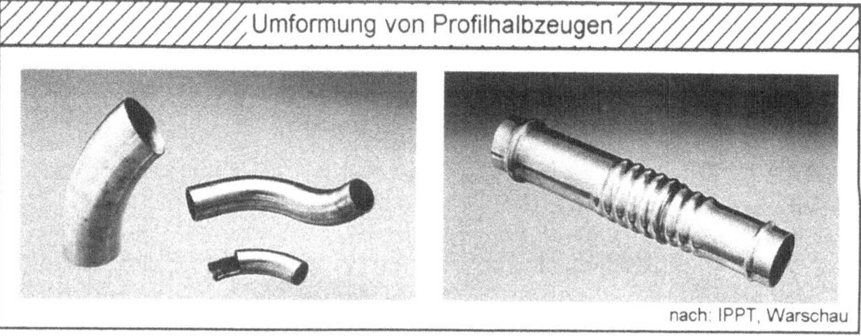

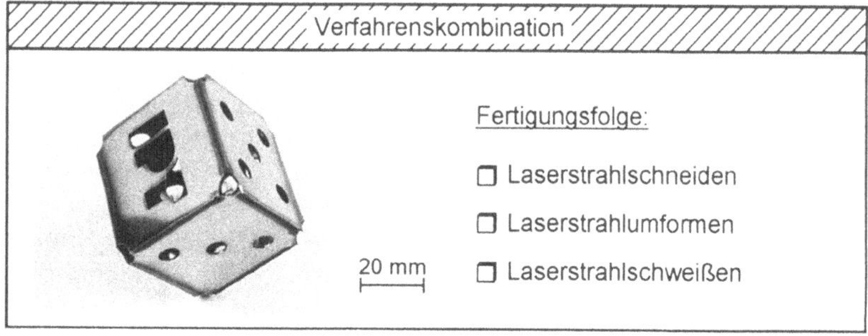

Bild 3–116. Laserstrahlumformen; Musterbauteile.

3.6.4 Schnelle magnetische Umformung

Das Magnetumformen ist ein elektrodynamisches Hochgeschwindigkeits-Fertigungsverfahren, bei dem das Werkstück durch die Krafteinwirkung gepulster Magnetfelder von sehr hoher Intensität umgeformt wird. Es besteht hierbei meist kein mechanischer Kontakt zu einem Werkzeug [33; 159].

3.6.4.1 Verfahrensprinzip und Voraussetzungen für das magnetische Umformen

Die schnelle magnetische Umformung beruht auf dem physikalischen Prinzip, daß ein zeitlich veränderliches Magnetfeld in benachbarten Metallen Ströme aufgrund von Selbstinduktion erzeugt. Auf diese Ströme übt das Magnetfeld Kräfte aus, die von der magnetischen Flußdichte B und den induzierten Strömen abhängen [140].

Für die Erzeugung geeigneter Magnetfelder zur magnetischen Umformung werden Stoßkondensatoren als Energiespeicher langsam aufgeladen und dann innerhalb von mehreren 10 µs über eine der Werkstückgeometrie angepaßte Spule entladen, Bild 3–117.

Der Betrag der induzierten Ströme hängt insbesondere von der elektrischen Leitfähigkeit des Werkstückstoffs ab. Bei gut leitenden Materialien, wie z.B. Kupfer und Aluminium, wirken auf die Werkstückoberfläche magnetische Drücke von bis zu 5000 bar. Diese Drücke müssen so hoch sein, daß die Fließspannung im Werkstück überschritten wird. Sind

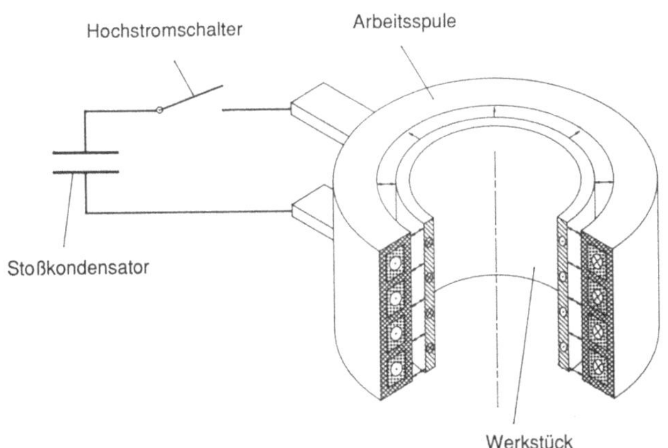

Bild 3–117. Funktionsprinzip der magnetischen Umformung (nach Puls Plasmatechnik).

die Ströme und damit die Umformdrücke aufgrund schlechter Leitfähigkeit zu gering, so ist es möglich, durch Umgeben des Werkstückes mit einem Treiber aus Aluminium oder Kupfer die Stromstärken zu erhöhen. Die magnetischen Kräfte wirken dann nicht auf das eigentliche Werkstück, sondern auf den Treiber [32].

3.6.4.2 Anwendung der magnetischen Umformung

Häufig wird das magnetische Umformen zum formschlüssigen Fügen zweier Bauteile verwendet [248]. Dabei umschließt das eine Bauteil meist das andere. Anhand der Form und Bewegungsrichtung unterscheidet man drei Verfahrensvarianten:

- die Kompression,
- die Expansion,
- die Flachumformung.

Die am häufigsten angewandte Variante ist die Kompression [249]. Hierbei wird als Arbeitsspule eine Zylinderspule benutzt, die die beiden Werkstücke umfaßt. Die Kräfte auf das äußere Werkstück sind nach innen gerichtet und drücken es auf das formgebende, innere Werkstück.

Bei der magnetischen Umformung entstehen gleichmäßige und flächige Kräfte auf dem Umfang. Daher ist die magnetische Umformung besonders für das Aufschrumpfen von Rohren oder Ringen auf spröde Materialien, wie Keramik, prädestiniert, Bild 3–118.

Bei der Expansion werden Rohre oder Ringe aufgeweitet oder in eine umschließende Form hineingedrückt. Die radial nach außen wirkenden Kräfte werden von einer im Werkstück liegenden Zylinderspule erzeugt, Bild 3–119.

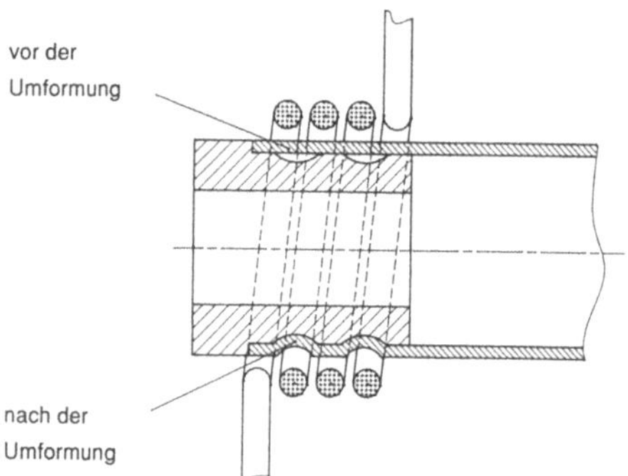

Bild 3–118.
Kompression rohrförmiger Bauteile (nach Puls Plasmatechnik).

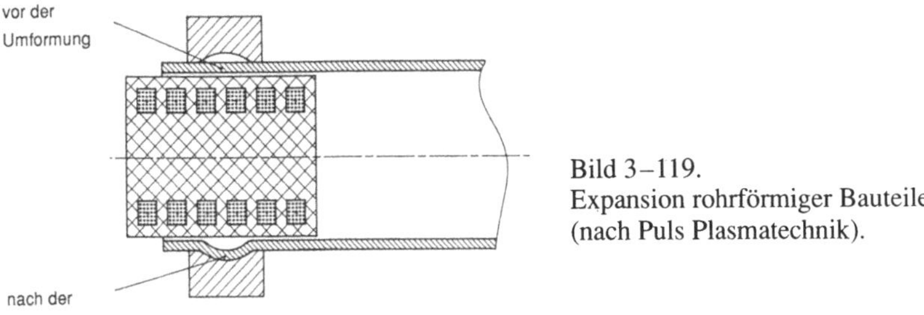

Bild 3–119.
Expansion rohrförmiger Bauteile (nach Puls Plasmatechnik).

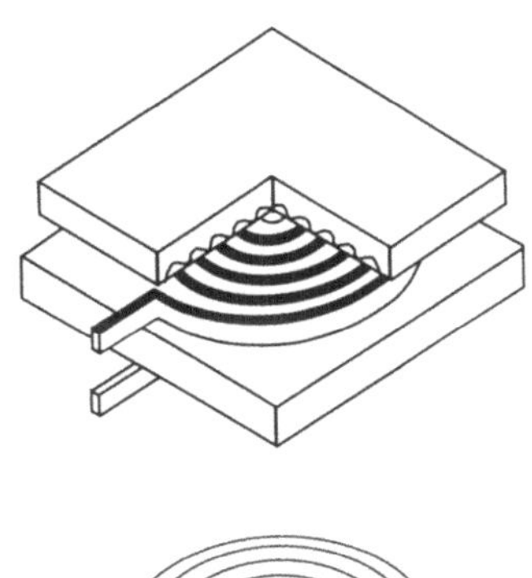

Bild 3–120.
Flachumformung (nach Puls Plasmatechnik).

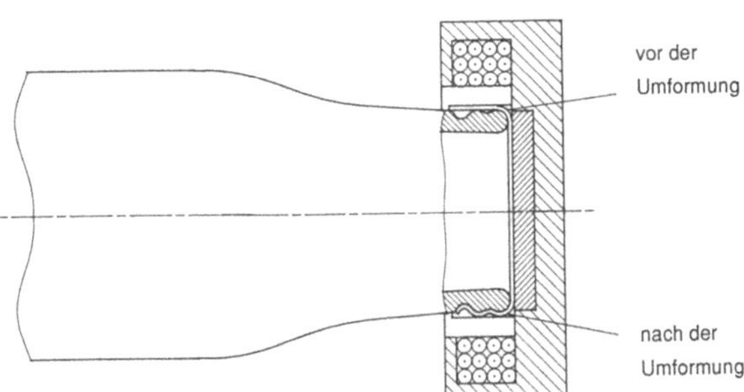

Bild 3–121. Magnetisches Verschließen von Milchflaschen (nach *Steingröver*).

Im Bild 3–120 ist das Flachumformen ebener Bleche dargestellt. Das Magnetfeld wird in der Nähe des Bleches erzeugt und drückt das Blech in die Vertiefung einer Matrize (s.a. Abschn. 3.1, Tiefziehen). Die Flachspule hat häufig die Form einer archimedischen Spirale und ist parallel zum Werkstück ausgerichtet.

Großserienanwendung findet die schnelle magnetische Umformung beim Verschließen von Aluminiumdeckeln für Milchflaschen, Bild 3–121. Wegen der geringen Blechdicke sind auch mit kleinen Energiemengen vollkommen dichte Fügeverbindungen mit einer Mengenleistung von mehreren Tausend Stück pro Stunde möglich.

4 Verfahren der Blechtrennung

Neben den reinen Umformverfahren sind in der Blechbearbeitung die Verfahren des Trennens von besonderer Bedeutung, da die Fertigung eines Blechteils fast immer mit Trennvorgängen verbunden ist. Die Notwendigkeit zum Trennen ergibt sich sowohl bei der Herstellung des Rohlings als auch bei der Fertigung der endgültigen Werkstückkontur. Die Bearbeitung erfolgt mechanisch durch Schneidverfahren oder thermisch durch Brenn- oder Laserschneiden.

4.1 Schneiden

Nach DIN 8588 [269] gehören die Schneidverfahren zur Gruppe „Zerteilen“, wobei zwischen Scherschneiden, Messerschneiden, Beißschneiden, Spalten, Reißen und Brechen unterschieden wird, Bild 4–1.

Während die Verfahren Messerschneiden, Beißschneiden, Spalten, Reißen und Brechen in der metallverarbeitenden Industrie eine untergeordnete Rolle spielen, findet das Scherschneiden breite Anwendung. Typische Einsatzgebiete liegen in der Automobilindustrie (Karosseriebleche, Hebel, Beschläge), Elektroindustrie (Stator- und Rotorbleche, Transformatoren-

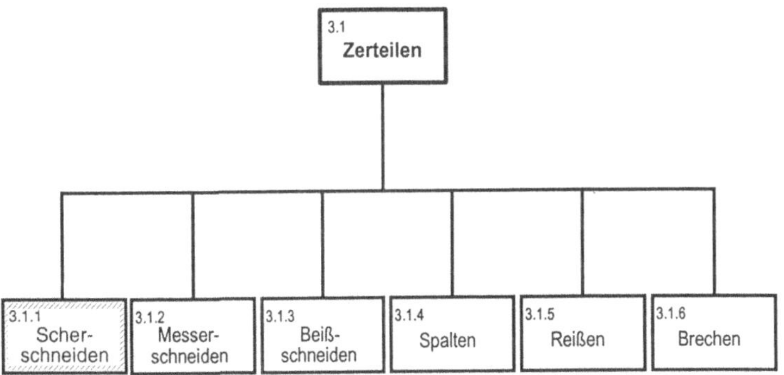

Bild 4–1. Zerteilverfahren (nach DIN 8588).

kerne), Feinmechanik (Teile für Film- und Fotokameras, Nähmaschinen, Uhrwerke), Haushaltgeräteindustrie (Bestecke, Geschirr, Spülen).

Das Scherschneiden wird häufig auch mit Umformoperationen verbunden, so daß man hierbei von Folgeverbundprozessen spricht.

4.1.1 Grundlagen des Schneidens

Zum Schneiden wird ein Werkzeug benötigt, das aus den Hauptbestandteilen Schneidstempel und Schneidplatte besteht, Bild 4–2.

Der Durchbruch der Schneidplatte ist größer als der Querschnitt des Schneidstempels, so daß sich zwischen Schneidplattenkante und Schneidstempelkante ein Schneidspalt ergibt.

4.1.1.1 Verfahrensprinzip

Die wichtigsten Stufen des Schneidvorgangs sollen beim Ausschneiden einer Scheibe aus einem Blechstreifen erläutert werden. Der Durchmesser der auszuschneidenden Scheibe sei groß gegenüber der Blechdicke ($d \gg s$).

Die Schneidkräfte werden von der Stirnfläche des Stempels und von der Schneidplatte auf das Werkstück übertragen. Infolgedessen biegt sich das Blech zwischen Stempel und Schneidplatte durch (Bild 4–2a).

Bei Steigerung der auf den Stempel wirkenden Kraft dringt dieser in das Blech ein, wobei der Werkstückstoff plastisch verformt wird (Bild 4–2b).

Durch Fließen des Werkstoffs in Schneidrichtung und senkrecht dazu entstehen an der Stempeleindringseite des Stanzgitters und am auszuschneidenden Schnitteil auf der Schneidplattenseite Kanteneinzüge (Bild 4–2b).

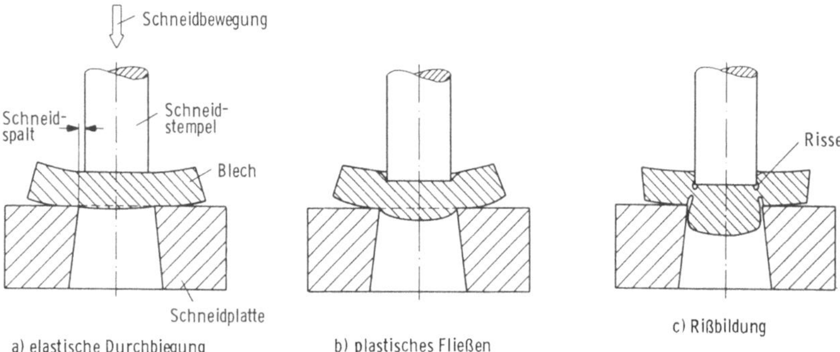

Bild 4–2. Phasen beim Scherschneiden.

Mit zunehmendem Schneidweg geht der Kanteneinzug in eine glatte Scherfläche (Glattschnittzone) über, deren Größe im wesentlichen vom Umformvermögen des Werkstückstoffs bestimmt wird. Wenn das Fließvermögen des Werkstückstoffs in der Scherzone erschöpft ist, entstehen in der Regel von der Schneidplatte ausgehende Risse (Bild 4–2c), die zur Werkstofftrennung durch Bruch und der damit verbundenen typischen Bruchfläche führen.

Je nach Werkstoffeigenschaften und Größe des Schneidspaltes laufen diese Risse entweder von der Schneidplattenschneidkante zur Schneidkante des Stempels und bewirken eine schlagartige Trennung mit abrißförmiger Bruchfläche, Bild 4–3c, oder laufen ausgehend von Schneidplatte und Schneidstempel aneinander vorbei und hinterlassen einen schmalen Steg, der verquetscht und geschert wird. Dabei entstehen mehrere Bruchflächen, die von schmalen Glattschnittzonen unterbrochen sind (Bild 4–3b). Diese Erscheinung, die auch Zipfelbildung genannt wird, tritt vor allem bei kleinem Schneidspalt und weichen Werkstoffen auf. Bei großen Schneidspalten und spröden Werkstoffen ist die Neigung zur Zipfelbildung gering.

Das typische Aussehen geschnittener Flächen an Schnitteil und Stanzgitter zeigt Bild 4–4.

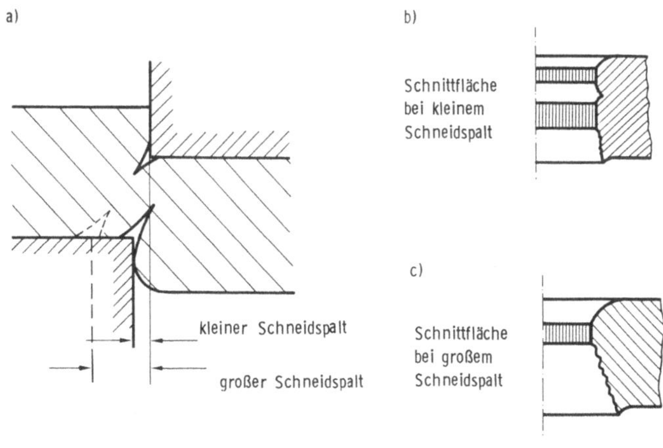

Bild 4–3. Einfluß des Schneidspaltes auf die Rißbildung und Schnittflächenausbildung (schematisch) (nach *Jahnke/Retzke/Weber*).

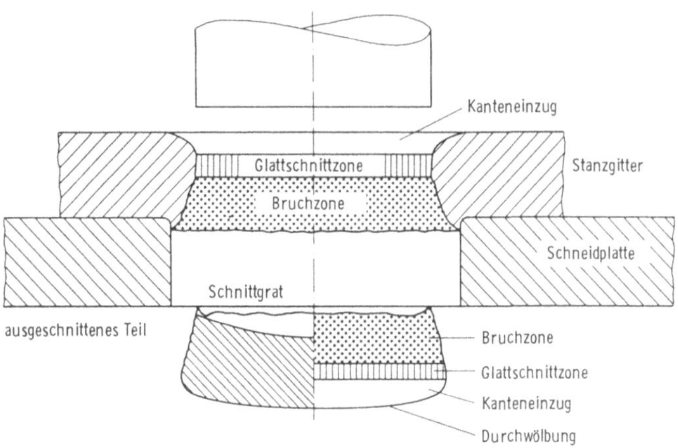

Bild 4–4. Schnittflächenausbildung beim Scherschneiden.

4.1.1.2 Schneidspalt

Während die Fertigungsgenauigkeit durch kleinere Schneidspalte verbessert wird [189], nimmt die Verformung des Werkstückstoffs in der Scherzone zu, was mit einer größeren Kaltverfestigung und höheren Schneidkräften verbunden ist. Die Auslegung des Schneidspaltes stellt ein Optimierproblem dar, da durch seine Vergrößerung der Kraftbedarf um bis zu 15% und der Arbeitsbedarf um ca. 40% gesenkt werden kann [141]. Es stellt sich daher die Forderung nach minimaler Schneidkraft bei ausreichender Fertigungsgenauigkeit. Für den üblicherweise auf die Blechdicke s bezogenen Schneidspalt u_s gibt es Anhaltswerte und Überschlagsrechnungen.

Bei offener Schnittlinie (s. Abschn. 4.1.2.1) wird ein Schneidspalt von

$$u_s = 3 \text{ bis } 4\%$$

der Blechdicke s gewählt. Bei geschlossener Schnittlinie gilt nach [165; 208] für Feinbleche bis 3 mm Blechdicke

$$u_s = c\, s \sqrt{\tau_B}\,. \qquad (4-1).$$

Der Faktor c wird mit c = 0,005 zur Erzielung einer guten Schnittflächenqualität und mit c = 0,035 für geringe Schnittkraft angenommen. Für Hartmetallwerkzeuge beträgt c zwischen 0,015 und 0,018. Für die Scherfestigkeit τ_B gilt die Näherung $\tau_B = 0{,}8\ R_m$.

Der empirisch ermittelte Korrekturkoeffizient c berücksichtigt die Schnittlinienform, die Werkstückstoffqualität und die Blechdicke. Gewöhnlich werden Schneidspalte von $u_S = 5$ bis 10% der Blechdicke gewählt.

Einen Überblick über gebräuchliche Schneidspaltgrößen bei unterschiedlichen Werkstoffen und die dabei zu erwartenden Schnittflächengüten gibt Bild 4–5.

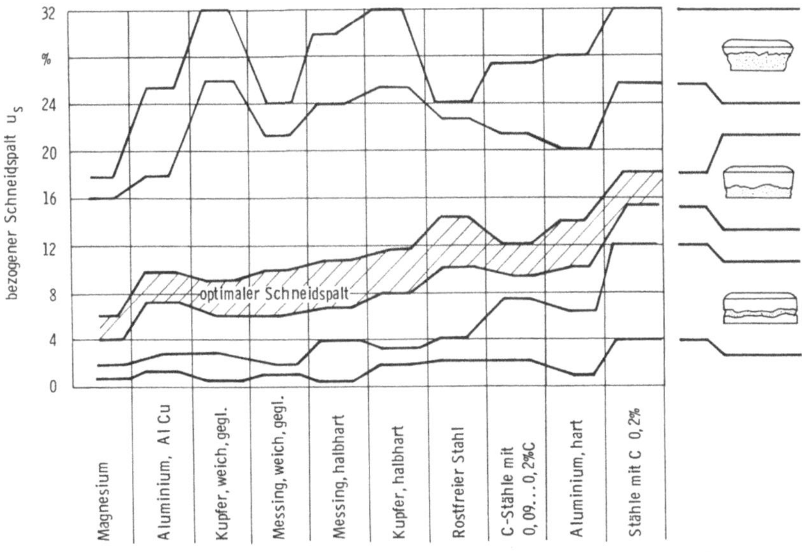

Bild 4–5. Schnittflächengüte in Abhängigkeit vom bezogenen Schneidspalt (nach *Jahnke/Retzke/Weber*).

4.1.1.3 Schneidkraft und Schneidarbeit

Die während des Trennvorgangs auftretenden Kräfte stellen eine wesentliche Kenngröße für die Auslegung der Maschine und des Werkzeuges dar.

Einfluß auf die Schneidkraft haben folgende Faktoren:

- Scherfestigkeit τ_B des Blechwerkstoffs,
- Blechdicke s,
- Länge der Schnittlinie l_S,
- Schneidspalt u_S,
- Geometrie der Schnittlinie,

- Verschleißzustand der Werkzeuge,
- Oberflächengüte der Werkzeuge,
- Schmierung.

Eine Berücksichtigung aller Faktoren bei der Ermittlung der Schneidkraft führt zu umfangreichen Berechnungen [125], die sich für die Praxis als zu aufwendig erwiesen haben [141]. Vielmehr wird die für das Schneiden erforderliche maximale Schneidkraft $F_{S\,max}$ mit ausreichender Genauigkeit nach Gl. (4–2) bestimmt:

$$F_{S\,max} = s\, l_S\, k_S\,. \qquad (4\text{–}2).$$

In Gl. (4–2) bedeuten s die Blechdicke, l_S die Länge der Schnittlinie und k_S den Schneidwiderstand.

Letzterer ist definiert als Quotient aus maximaler Schneidkraft und Schnittfläche A_S:

$$k_S = \frac{F_{S\,max}}{A_S}\,. \qquad (4\text{–}3).$$

Die Werte von k_S wurden für unterschiedliche Bedingungen empirisch ermittelt und können Tafeln entnommen werden [257].

Der Schneidwiderstand kann jedoch auch überschlägig aus der Zugfestigkeit R_m berechnet werden [101; 141; 189; 208; 223]:

$$k_S = 0{,}8\, R_m\,. \qquad (4\text{–}4).$$

Zwischen Stempel und Blechstreifen sowie dem Ausschnitt und der Schneidplatte wirken radiale Druckspannungen. Sie bewirken Reibkräfte, die beim Rückzug des Stempels überwunden werden müssen. Die Rückzugskräfte können Werte von 1 bis 40% der Schneidkraft annehmen [101; 141; 208], je nach den Reibungsbedingungen (Schmierung, Oberflächengüte der Stempelmantelfläche) und den Radialspannungen (Abmessungen, Werkstoffe, Werkzeuggestalt).

Im Bild 4–6 ist die Schneidkraft in eine horizontale (F_h) und eine vertikale (F_v) Komponente zerlegt worden.

Die vom Stempel und der Matrize ausgehenden Vertikalkräfte bewirken Druckspannungen, die während des Schneidvorgangs in einem schmalen Bereich der Stempelstirnfläche bzw. Schneidplattendruckfläche auftreten. Da der Werkstoff an diesen Stellen gleitet [25; 141; 208; 227], resultieren daraus Reibkräfte, die vom Reibungskoeffizienten und den Vertikalkräften F_v sowie F'_v abhängen. Bedingt durch den Abstand l der Vertikalkräfte entsteht ein Moment, das mit den Biegespannungen im Blech (Durchwölbung) und den Horizontalkräften F_h im Gleichgewicht steht.

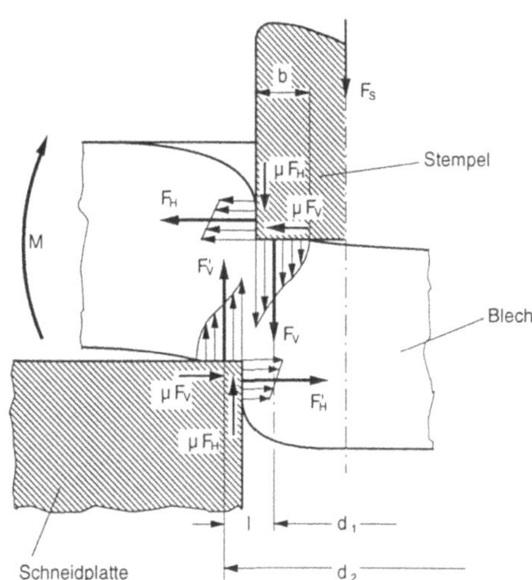

Bild 4–6.
Schneidkraftkomponenten beim Scherschneiden (nach *Lange*).

Der Schneidkraft-Weg-Verlauf ist im Bild 4–7 dargestellt. Zu Beginn des Schneidvorgangs wird das Blech elastisch verformt. Bei Überschreiten der Fließgrenze steigt die Schneidkraft degressiv an und erreicht bei ca. 30 bis 50% des Schneidweges das Maximum; danach nimmt sie bis zum Schneidende wieder ab. Mit Ausbreitung der Risse fällt die Schneidkraft steil ab. Für den Fall einer Zipfelbildung treten im Schneidkraft-Weg-Verlauf nach dem Schneidkraftmaximum ein oder mehrere Wendepunkte auf [141]. Der Forderung nach geringerer Schneidkraft kann man durch eine entsprechende Gestaltung der Schneidelemente gerecht werden. Wird bei offener Schnittlinie, Bild 4–8, die Schneide des Schermessers unter dem Öffnungswinkel s geneigt, so verkleinert sich die Schneidkraft, da nicht die gesamte Schnittfläche gleichzeitig getrennt wird. Nachteilig ist, daß der Schneidweg größer wird und die abgeschnittenen Streifen (Abschnitte) sich verformen.

Beim Lochen kann die Schneidkraft dadurch gemindert werden, daß man die Stirnfläche der Stempel neigt. Dabei verformen sich die Lochabfälle. Gleichzeitig wird verhindert, daß die Lochabfälle mit dem hochgehenden Stempel mitgerissen werden. Durch derartige Maßnahmen läßt sich die Schneidkraft erheblich senken. Eine Abschrägung in Höhe der doppelten Blechdicke kann die maximale Schneidkraft verringern auf 30% des Wertes der sich ergibt, wenn von Schneidbeginn an die ganze Schnittlinie in Eingriff steht. Die durch abgeschrägte Schneidelemente bewirkte Schneidkraftverringerung ist mit einem größeren Schneidweg verbunden.

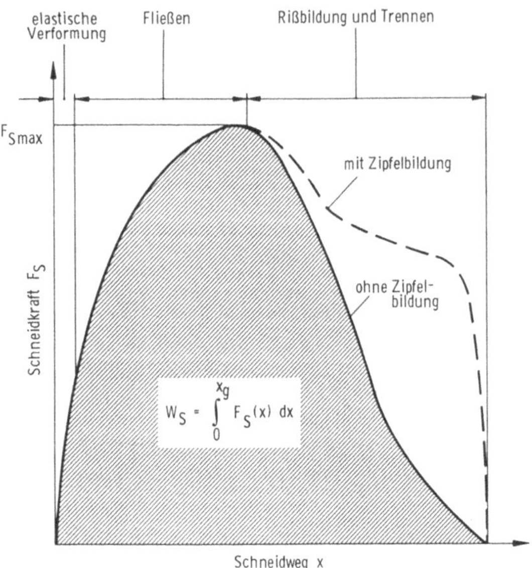

Bild 4–7. Qualitativer Verlauf der Schneidkraft über dem Schneidweg.

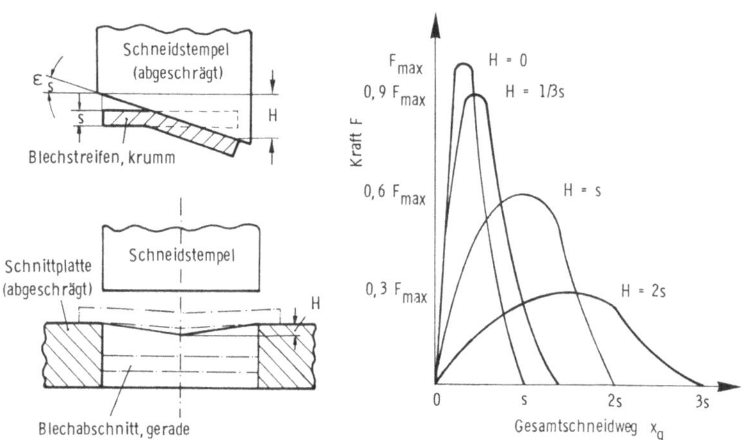

Bild 4–8. Schneidkraftminderung durch Werkzeugmodifikationen.

Die aufzubringende Schneidarbeit W_S wird hingegen unwesentlich beeinflußt. Sie entspricht dem Integral

$$W_S = \int_0^{x_g} F_S(x)\,dx\,, \tag{4–5}$$

wobei x der Schneidweg und F_S die momentane Schneidkraft sind. Bei diesen Schneidelementen entspricht der Schneidweg in etwa der Blechdicke s. Werden Einflußgrößen wie Werkstoffeigenschaften, tatsächlicher Schneidweg, Schneidspaltgröße, Reibleistung in einem Korrekturwert c zusammengefaßt, so läßt sich Gl. (4–5) abschätzen zu

$$W_S = c\, x_g\, F_{Smax}\,. \tag{4–6}$$

Aus der Schneidarbeit, die im Schneidkraft-Schneidweg-Diagramm (Bild 4–7) durch die Fläche unter der Kurve dargestellt wird, ergibt sich für den Korrekturwert c die Größenordnung

$$c \approx 0{,}3 \ldots 0{,}5\,.$$

4.1.1.4 Zulässige Schnitteilgeometrie

Wirtschaftliche Standzeiten der Schneidwerkzeuge lassen sich nur dann erreichen, wenn bei der Gestaltung der Schnitteilgeometrie bestimmte Regeln beachtet werden.

Da die Belastung der Schneidelemente, besonders die des Schneidstempels, stark ansteigt, wenn sich das Verhältnis von Werkstückquerschnitt zu Schnittlinienlänge verkleinert, sind Schnitteile mit langen schmalen Schlitzen oder Stegen ebenso zu vermeiden wie spitzwinklige Anschnitte. Spitzen und Ecken sind zu verrunden, wobei ein Rundungsradius das Mindestmaß der halben Blechdicke (r = 0,5 s) nicht unterschreiten sollte. Beim Lochen von Stahl gelten Lochdurchmesser vom 1,2fachen Wert der Blechdicke als untere Grenze, um noch eine ausreichende Knicksteifigkeit des Stempels zu gewährleisten. Trotz der Forderung nach geringen Abfallmengen und damit geringen Stegbreiten zwischen einzelnen Schneidoperationen und somit möglichst schmalen Randstegen des Stanzgitters dürfen gewisse Mindestgrößen nicht unterschritten werden. Die Stege sind in der Regel so groß zu wählen, daß der zu schneidende Werkstoff von der vorangegangenen Schneidoperation nicht beeinflußt wird. Wird das geschnittene Teil noch einer weiteren Umformung unterzogen, so darf im Bereich der späteren Umformung keine Lochung vorgenommen werden, da sonst unzulässige Spannungskonzentrationen und damit Risse entstehen. Nach [189] beträgt der Mindestabstand a zwischen Umformzone und Schnittlinie:

$$a \geq \frac{d_{St}}{2} + 2s\,. \qquad (4-7)$$

Richtwerte zur Schnittaufteilung und zur Auslegung von Steg- und Randbreiten sind entsprechenden Handbüchern zu entnehmen [281].

4.1.1.5 Werkzeugverschleiß

Da die Maß- und Formgenauigkeit des Werkstückes durch die Qualität des Werkzeuges bestimmt wird, muß die Werkzeuggenauigkeit i. a. mindestens 2 ISO-Qualitäten besser sein als die Werkstückgenauigkeit. Durch die Belastungen während des Schneidens unterliegen die Schneidwerkzeuge einem Verschleiß, der sich negativ auf Schnitteilqualität und Schneidkraftbedarf auswirkt [227]. Ist das Ausmaß des unter Betriebsbedingungen auftretenden Verschleißes bekannt, lassen sich zur Einhaltung einer Toleranz bestimmte Stückzahlen bis zum Austausch bzw. zur Nacharbeit des Werkzeuges vorschreiben. Der Verschleiß am Werkzeug zeigt einen zunächst progressiven Verlauf, der in einen Bereich des linearen Verschleißanstieges übergeht. Dieses Verschleißverhalten ermöglicht es, die Produktionswerkzeuge nach einer bestimmten Verschleißgröße auszutauschen bzw. nachzuarbeiten, sofern die Maßänderung durch Verschleiß bekannt ist.

Aus dem Verhalten an den Schneidkanten während des Schneidvorgangs lassen sich Ursachen für die Verschleiß- und damit Gratentstehung erkennen. So werden beim Schneiden infolge der Gleitbewegung zwischen Werkstück und Werkzeug stetig Werkstoffteilchen an der Schneidkante des Werkzeuges abgetragen. Dieser Kantenverschleiß ist im Bild 4–9 schematisch wiedergegeben.

Der Stirnflächenverschleiß einschließlich Kolkverschleiß tritt vorwiegend bei dünnen Blechen ($s < 2$ mm) auf. Der Mantelflächenverschleiß entsteht durch Reibung parallel zur Schneidrichtung beim Eindringen und Rückzug des Stempels. Er überwiegt bei dickeren Blechen ($s \geq 2$ mm). Mit zunehmendem Verschleiß vergrößert sich in der Regel auch die Grathöhe am Schnitteil. Die Entstehung des Verschleißes und Grates ist nicht immer eindeutig vorherbestimmbar.

Als Einflußgrößen auf den Werkzeugverschleiß kommen praktisch alle am Schneidvorgang beteiligten Komponenten wie Werkzeug (Werkstoff, Härte, Oberfläche, Führung, Schneidspalt), Verfahrensvarianten (offener oder geschlossener Schnitt), Werkstück (Legierung, Festigkeit, Härte, Abmessungen, Form) und Maschine (Bauart, Steifigkeit) in Betracht.

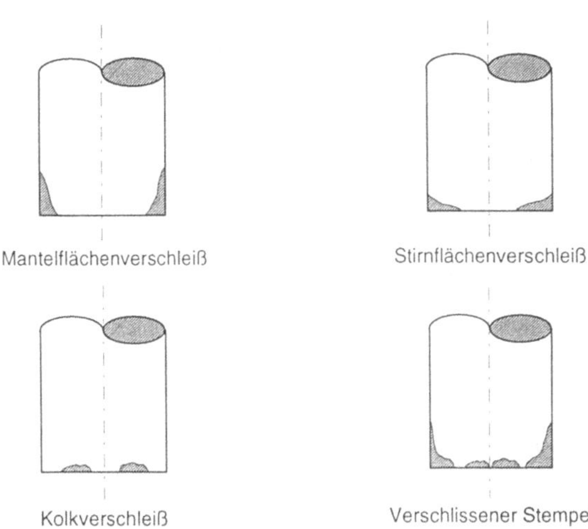

Bild 4–9. Verschleißformen an Schneidstempeln (schematisch).

Je nach Werkzeug-Werkstückstoff-Paarung können charakteristische Verschleißprofile entstehen [25]. Um den Werkzeugverschleiß möglichst gering zu halten, werden Öle zur Schmierung der Werkzeuge eingesetzt. Ihre Aufgabe ist es, zwischen Werkstückstoff und Werkzeug eine Trennschicht zu bilden. Die Zusammensetzung und Eigenschaften dieser Öle sind auf die Blechdicke und die Werkstoffqualität des zu verarbeitenden Materials abgestimmt.

4.1.1.6 Werkzeugbaustoffe

Als Werkzeugbaustoffe für die Aktivelemente von Schneidwerkzeugen werden Kaltarbeitsstähle, Hartmetalle und pulvermetallurgisch hergestellte Schnellarbeitsstähle verwendet, Tabelle 4–1. Bei der Auswahl sind die auftretenden Beanspruchungen, der Verschleißwiderstand und auch die Wirtschaftlichkeit zu berücksichtigen [141; 164; 217].

Zur Gruppe der Kaltarbeitsstähle zählen die Stähle mit einem Chromgehalt von 12 % sowie die Schnellarbeitsstähle. Diese Werkstoffe enthalten einen Volumenanteil von 10 bis 25 % ausgeschiedener, harter Karbide, die in eine gehärtete und je nach Legierungsgehalt auch warmfeste Grundmasse eingelagert sind. Sie zählen zu den besonders verschleißfesten Werkzeugstählen.

Hartmetalle haben gegenüber den Kaltarbeitsstählen einen höheren Verschleißwiderstand, jedoch sind sie aufgrund ihrer geringen Zähigkeit nur

Tabelle 4–1. Werkzeugbaustoffe für Schneidwerkzeuge (nach *Lange*).

Werkzeugbaustoff	ca. Gebrauchshärte HRC, HV
1. Kaltarbeitsstähle	
X 155 CrVMo 12 1 X 165 CrMoV 12 X 210 CrW 12 X 210 Cr 12 X 210 CrCoW 12 S 6-5-2	62 bis 65 HRC
90 MnV 8 105 WCr 6	60 bis 64 HRC
45 WCrV 7 60 WCrV 7 X 45 NiCrMo 4 X 50 CrMoW 9 11 X 63 CrMoV 5 1	56 bis 63 HRC
2. Hartmetalle	
GT 15	1450 HV
GT 20	1300 HV
GT 30	1200 HV
GT 40	1050 HV
THR-F	1500 HV
3. Hartstofflegierungen	
Ferro-Titanit-C-Special	68-71 HRC
Ferro-Titanit-WFN	68-71 HRC
S 6.5.3 (ASP 23)	61-65 HRC
CPM 10V	61-64 HRC
CPM Rex M4	61-65 HRC

für das Schneiden von Blechen unter 1 mm geeignet [55]. Unter Verwendung von Hartmetallen mit einer höheren Zähigkeit sind Blechwerkstoffe mit Zugfestigkeiten bis $R_m = 1000$ N/mm^2 schneidbar [4].

Pulvermetallurgisch hergestellte Stähle haben ein sehr feinkörniges Gefüge, in dem die Legierungsbestandteile gleichmäßig verteilt sind. Die höhere Zähigkeit beruht auf dem gleichmäßigen Gefüge, während der bessere Widerstand gegen Abrasion von der gleichmäßigen Karbidverteilung herrührt [141]. Aufgrund der kleinen Karbide steigt die Schneidhaltigkeit der Werkzeuge an, damit auch die Standmenge. Die erreichbare Endhärte der Werkzeuge liegt nach dem Anlassen und in Abhängigkeit von dem Grad der Austenitisierung zwischen 58 und 66 HRC [46; 75].

4.1.2 Verfahrensmerkmale und -varianten

4.1.2.1 Schnittliniengeometrie

Beim Scherschneiden unterscheidet man grundsätzlich zwischen dem offenen und dem geschlossenen Schnitt. Liegt die gesamte Schnittlinie innerhalb und schneidet sie nicht die Ränder des Blechstreifens, so handelt es sich um einen geschlossenen, andernfalls um einen offenen Schnitt, Bild 4–10.

Geschlossener Schnitt

Der geschlossene Schnitt dient entweder zum Ausschneiden eines gewünschten Schnitteils aus dem Blech oder zum Erzeugen einer Innenform am Schnitteil, dem Lochen. Beim Ausschneiden ist der nach dem Schnitt verbliebene Blechstreifen Abfall, der Ausschnitt (Fertigteil) wird durch den Schneidplattendurchbruch abgeführt (fertig fallendes Teil) oder von einem im Schneidplattendurchbruch angebrachten Stempel ausgeworfen. Ist das zwischen Stempel und Schneidplatte befindliche Blech das Fertigteil (evtl. Zwischenstufe), so spricht man vom Lochen, Bild 4–11. Beide Verfahren können an einem Teil gleichzeitig oder nacheinander angewandt werden.

Offener Schnitt

Typische Schneidverfahren mit offener Schnittlinie sind alle Abschervorgänge wie sie zum Ablängen von Flach- und Profilmaterial Einsatz fin-

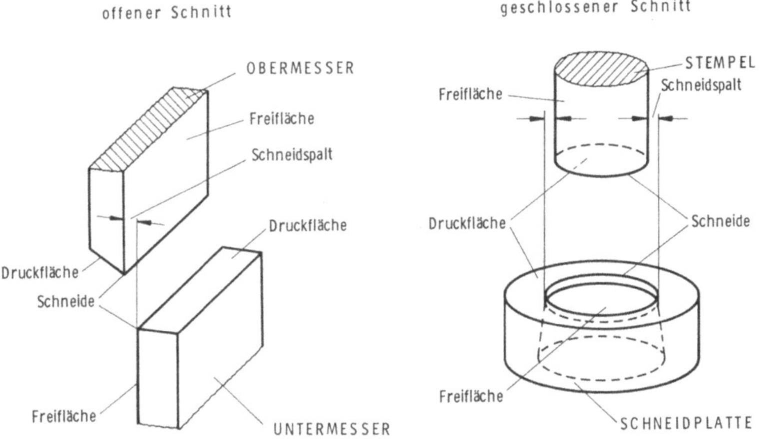

Bild 4–10. Offener und geschlossener Schnitt beim Scherschneiden (nach DIN 8588).

den. Weiterhin zählen die Verfahren Ausklinken, Einschneiden und Nibbeln (Knabberschneiden) dazu, bei denen die Schnittlinie nicht in sich geschlossen ist. Diese Verfahren können an einem Werkstück einzeln oder auch in Kombination vorkommen; in vielen Fällen werden die Schneidvorgänge auch durch Umformvorgänge ergänzt.

Bild 4–12 gibt einen Überblick über die verschiedenen Arten des offenen Schneidens. Das Abschneiden stellt ein vollständiges Trennen des Fertig-

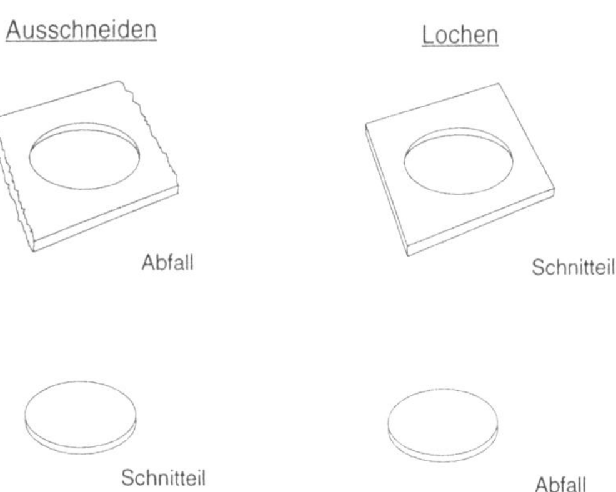

Bild 4–11. Abgrenzung von Ausschneiden und Lochen.

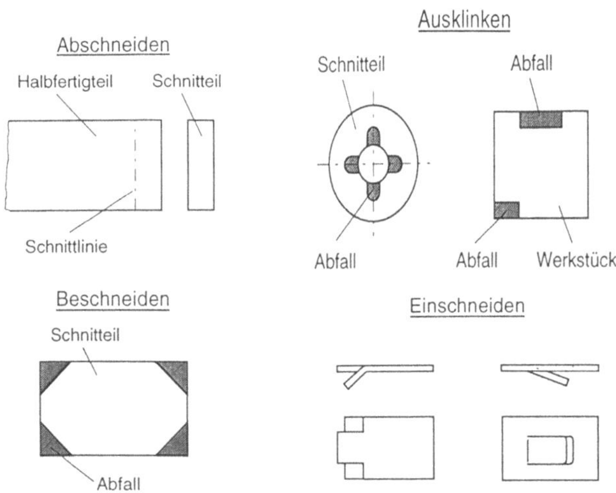

Bild 4–12. Varianten des offenen Schnittes (nach DIN 8588).

oder Halbfertigteils vom Blech dar. Werden Flächenteile an einer äußeren oder inneren Umgrenzung ausgeschnitten, so kommt das Ausklinken zum Einsatz. Das Beschneiden ist Trennen von Flächenteilen oder Bearbeitungszugaben durch offenen oder geschlossenen Schnitt. Das Einschneiden schließlich dient dem teilweisen Trennen des Werkstoffs, um ihn anschließend durch Biegen umformen zu können.

4.1.2.2 Werkzeugführung

Konstruktive Gestaltung und Arbeitsweise des Werkzeuges haben entscheidenden Einfluß auf das Arbeitsergebnis. Bei der Konstruktion eines Werkzeuges und der Auswahl seiner Arbeitsweise muß daher den gegebenen Umständen (vorhandene Maschinen, Bearbeitungsaufgabe, Stückzahlen, Toleranzen) Rechnung getragen werden.

Freischnitt

Das Freischneidwerkzeug stellt die einfachste und billigste Möglichkeit zum Herstellen einfacher Schnitte mit massivem Stempel dar. Die schneidenden Werkzeugelemente sind nicht gegeneinander geführt, Bild 4–13. Deshalb hängt die Genauigkeit von der Präzision der Maschinenführung ab.

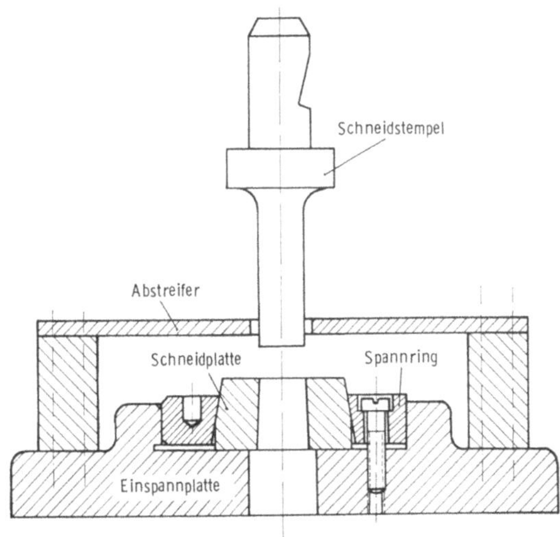

Bild 4–13. Freischnitt.

Freischneidwerkzeuge sind wegen ihrer einfachen Bauart die billigsten Schneidwerkzeuge. Sie werden deshalb besonders bei kleinen Stückzahlen eingesetzt. Sie haben den Nachteil, daß es beim Einrichten in der Presse schwierig ist, den Spalt zwischen Schneidplatte und Schneidstempel allseitig gleich einzustellen. Durch ungenaues Einrichten kann besonders dann größerer Verschleiß entstehen, wenn der Schneidspalt nur wenige 1/100 mm beträgt wie beim Schneiden von Blechen unter 1 mm. Die Auffederung von C-Gestell-Pressen kann nach [156] durch Einsatz einer flexiblen Kupplung zwischen Einspannzapfen und Stempel verringert werden, so daß der negative Einfluß des Stempelversatzes unterbunden wird, Bild 4–14.

Plattenführungsschnitt

Bei einem Plattenführungsschnitt ist der Schneidstempel durch eine dicht über dem Blechstreifen angeordnete Platte geführt, Bild 4–15. Der Stempel paßt spielfrei in die Führungsbohrung. Die Lage der Führungsplatte zur Schneidplatte ist durch Paßstifte gesichert. Zwischen Führungsplatte und Schneidplatte liegen die Bauteile zur Aufnahme und Führung des Werkstoffstreifens.

Durch die Führungsplatte werden Werkzeuglagefehler, die beim Einbau des Werkzeuges in die Presse entstehen, sowie Verschiebelagefehler, die beim Auffedern der Presse oder bei ungenauen bzw. verschlissenen Stößelführungen entstehen können, vermindert.

Weiterhin wird durch die Führungsplatte, die gleichzeitig als Abstreifer dient, die Knickgefahr bei schlanken Stempeln herabgesetzt.

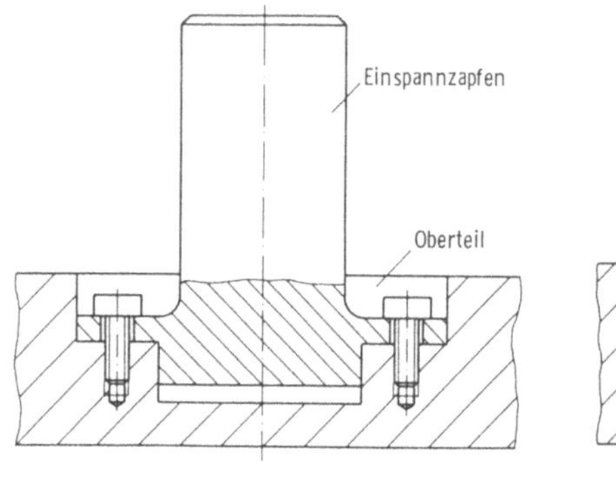

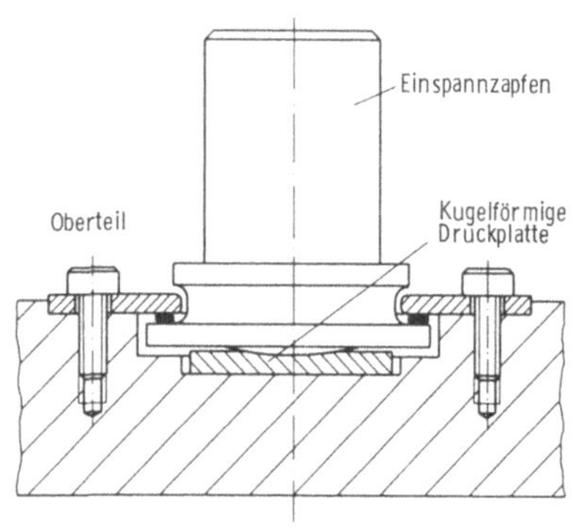

Schema einer starren Kupplung

Schema einer flexiblen Kupplung

Bild 4–14. Vergleich starre und flexible Kupplung.

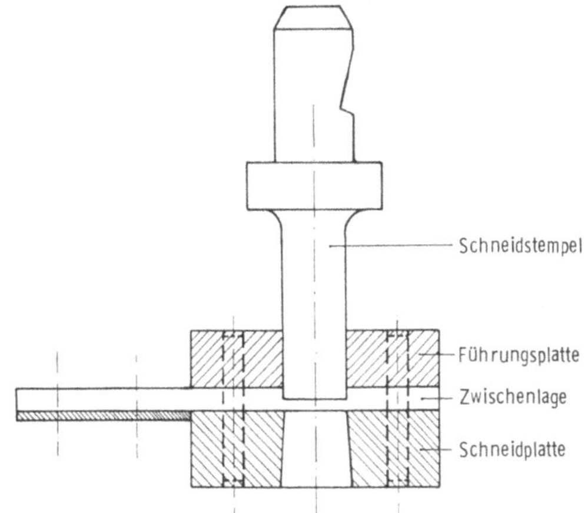

Bild 4–15. Plattenführungsschnitt (nach *Mikkers*).

Die Wirkung einer Führungsplatte ist um so größer, je näher sie an den zu bearbeitenden Blechstreifen herangebracht werden kann, da so die Auskraglänge der Stempel und die damit verbundenen Fehlermöglichkeiten klein gehalten werden. Es ist jedoch zu bedenken, daß bei zu engem Werkstoffkanal ein nicht vollständig ebener Blechstreifen eventuell gar nicht mehr durch das Werkzeug hindurchgezogen werden kann. Außerdem kann die Führungsbohrung durch auf der Stempelmantelfläche haftende Werkstoffpartikel (Aufbauschneiden) beschädigt werden, wenn der Abstand der Führungsplatte zum Blechstreifen kleiner ist als der Stempelhub.

Mit Plattenführungsschnitten können sehr genaue Teile erzeugt werden. Allerdings kann eine Führungsplatte nur für einen Anwendungsfall benutzt werden. Bei Änderung der Stempelform ist meist eine Änderung der Platte nötig. Der Plattenführungsschnitt ist also nicht flexibel und daher teuer. Aus diesem Grunde wird er nur bei größeren Stückzahlen oder bei der Fertigung sehr genauer Teile eingesetzt.

Säulenführungsschnitt

Beim Säulenführungsschnitt sind die Funktionen Führen und Schneiden voneinander getrennt, Bild 4–16. Das Werkzeugoberteil mit dem Schneidstempel und dem Abstreifer ist je nach Belastung über zwei, vier oder mehr Säulen mit dem Werkzeugunterteil verbunden. Die Säulen können dabei in Buchsen (hohe Steifigkeit) oder in Kugelkäfigen (geringe Reibung) geführt werden.

Da die relative Lage der Schneidplatte und des -stempels zueinander bereits beim Zusammenbau des Werkzeuges fixiert wird, ist der Einbau eines

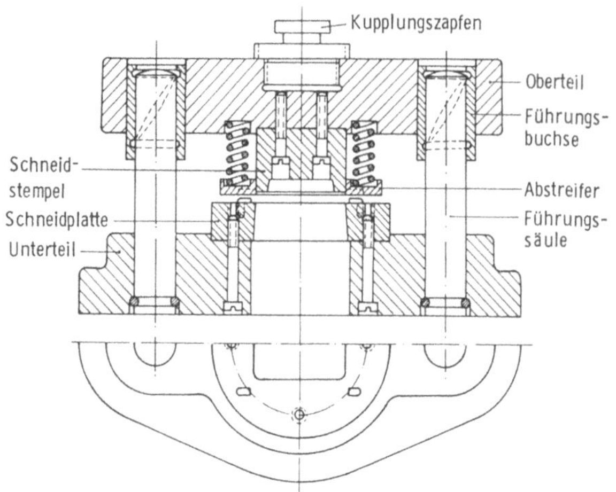

Bild 4–16. Säulenführungsschnitt (nach AWF).

Säulenführungswerkzeuges in eine Presse einfach und schnell durchzuführen und daher billig. Werkzeuglagefehler sind bis auf ein Minimum reduziert. Auch Verschiebelagefehler, die durch ungenaue Stößelführungen oder Auffedern des Pressengestells entstehen, können ähnlich wie bei Plattenführungsschnitten vermindert werden. Vollständig zu vermeiden sind sie jedoch aufgrund der begrenzten Steifigkeit der Säulenführungen und aufgrund der meist hohen Kräfte nicht.

Bei hohen Genauigkeitsanforderungen werden in Säulengestelle zusätzlich Führungsplatten eingebaut, die beim Niedergang des Pressenstößels durch Verriegelungsbolzen auf der Schneidplatte fixiert werden.

Aufgrund der aufwendigen Konstruktion sind Säulenführungswerkzeuge sehr teuer. Es ergeben sich jedoch folgende Vorteile:

- Das Werkzeug kann komplett voreingestellt werden. Durch schnellen Werkzeugtausch werden Stillstandzeiten der Maschine klein gehalten.
- Dem hohen Kostenaufwand kann durch die Verwendung von Werkzeugsystemen begegnet werden, die zum größten Teil aus standardisierten oder genormten Einzelteilen (Ober- und Unterteil, Säulen, Kugelführung) bestehen. Nur die aktiven Elemente wie Schneidstempel oder Schneidplatte sind werkstückabhängig zu fertigen.
- Durch zusätzliche Führungsplatten läßt sich die Genauigkeit von Plattenführungsschnitten erreichen.

Wegen dieser Vorteile setzen sich die Säulenführungsschnitte immer mehr durch und haben mittlerweile einen großen Anwendungsbereich.

4.1.2.3 Verfahrensablauf

In den seltensten Fällen ist an einem Teil nur eine Schneidoperation durchzuführen. Sind mehrere Schneidvorgänge an einem Teil erforderlich, so können diese entweder gleichzeitig im Gesamtschnitt oder nacheinander im Folgeschnitt ausgeführt werden.

Gesamtschnitt

Das Schnitteil wird in einem einzigen Hub fertiggestellt. Je komplexer das Teil ist, um so aufwendiger und damit teurer wird das Werkzeug, Bild 4–17.

Bei komplizierten Formen läßt sich dieses Verfahren oft gar nicht anwenden, weil ein entsprechendes Werkzeug nicht zu fertigen ist.

Der besondere Vorteil dieser Arbeitsweise liegt in der hohen Genauigkeit der geschnittenen Teile. Sie hängt im wesentlichen nur von der Präzision des

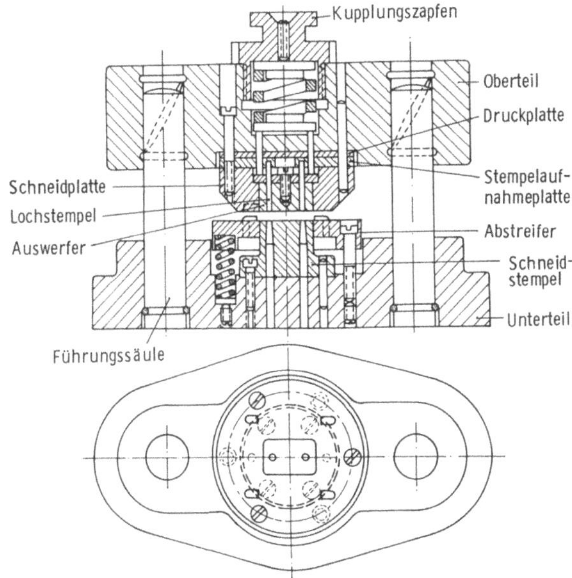

Bild 4–17. Gesamtschnitt mit Säulenführung (nach AWF).

Werkzeuges ab und ist frei von Einflüssen des Streifenvorschubs. Der Gesamtschnitt kommt bevorzugt dort zum Einsatz, wo nicht allzu komplizierte Teile mit der Forderung nach geringen Lage- und Maßfehlern zu fertigen sind.

Folgeschnitt

Hierbei wird das Schnitteil in einem Werkzeug durch mehrere hintereinander angeordnete Stempel erzeugt (Bild 4–18). Nach jedem Stößelhub der Maschine wird der Werkstoffstreifen um eine Station verschoben, so daß alle Stempel gleichzeitig arbeiten und jeder Pressenhub ein Teil liefert. Es können nach diesem Verfahren komplizierte Werkstücke gefertigt und das Material optimal ausgenutzt werden, da unterschiedliche Teile aus einem Blechstreifen herstellbar sind, Bild 4–19.

Die einzelnen Stempel können auch bei komplizierten Teilen einfach aufgebaut sein, so daß der Folgeschnitt zunehmend Verwendung findet, zumal auch Umformoperationen integrierbar sind (Folgeverbundwerkzeuge).

Ein Nachteil des Folgeschnittes liegt darin, daß die Genauigkeit der Fertigteile nicht nur vom Werkzeug, sondern zusätzlich von der Vorschubbegrenzung abhängt. Vorschubfehler wirken sich unmittelbar als Lagefehler aus und müssen daher möglichst klein gehalten werden.

Die Vorschubbegrenzung beim Folgeschnitt kann erfolgen durch:

- Einhänge- oder Anschlagstifte,
- Such- oder Fangstifte,
- Seitenschneider,
- Vorschubsteuerung oder -regelung durch Walzenvorschübe.

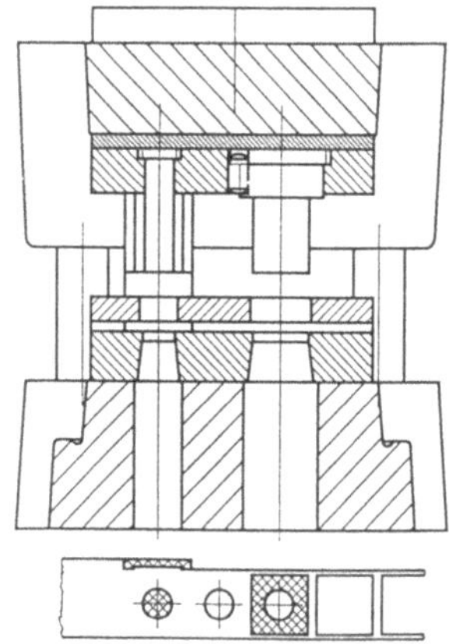

Bild 4–18. Folgeschneidwerkzeug (nach *Lange*).

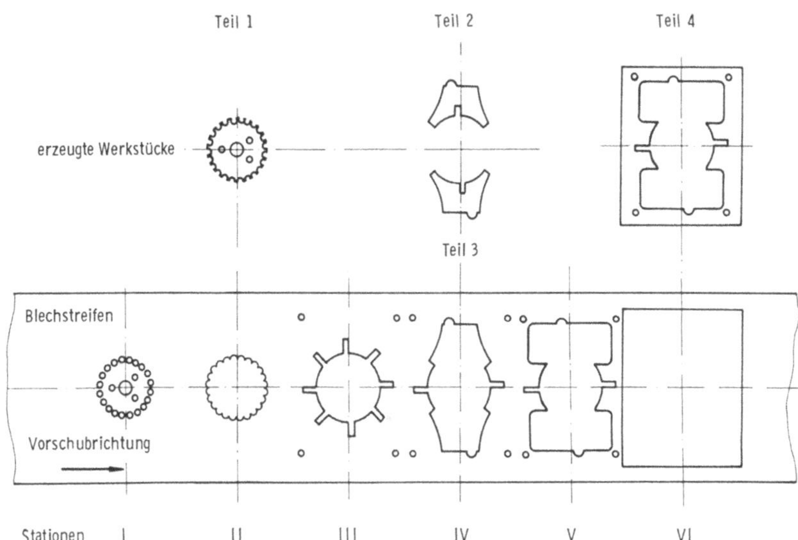

Bild 4–19. Beispiel für einen Folgeschnitt.

Der Einhängestift wird vorwiegend beim Vorschub von Hand und bei verhältnismäßig kleinen Stückzahlen und dünnen Blechen angewendet, weil der Streifen nur auf Rückzug reguliert werden kann.

Der Anschlagstift ist für dickere Bleche geeignet, sofern diese ausreichend starr sind, Bild 4–20.

Bei automatischem Vorschub dient der Such- oder Fangstift (Bild 4–20) als Vorschubbegrenzung. Er gleicht geringe Vorschubfehler aus und bringt den Blechstreifen zwangsläufig in die richtige Lage. Er muß daher kegelig ausgeführt sein. Sein zylindrischer Querschnitt muß die Vorlochränder erreicht haben, bevor der Stempel mit dem Schneiden beginnt. Er ist also erheblich länger als dieser.

Sind im Schnitteil bereits Löcher vorhanden, so können sie als Suchlöcher herangezogen werden. Im anderen Falle nimmt man im Abfallnetz des Blechstreifens besondere Lochungen vor.

Der Seitenschneider (Bild 4–20) bietet die genaueste Vorschubbegrenzung. Er ist ein zusätzlicher Schneidstempel im Schneidwerkzeug und schneidet bei jedem Arbeitshub des Pressenstößels einen Abschnitt in der Länge des Vorschubes vom Blechstreifen ab. Anschließend wird der Streifen vorgeschoben, bis der vom Seitenschneider erzeugte Absatz fest am

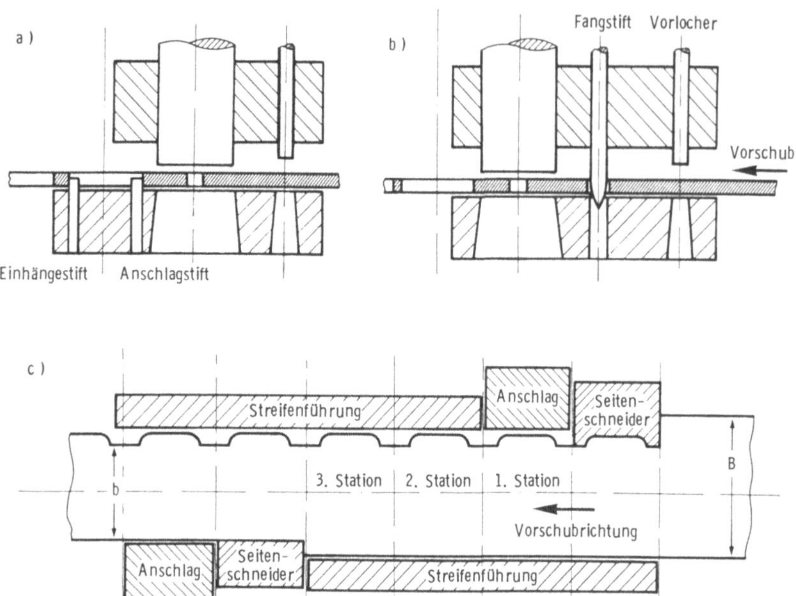

Bild 4–20. Vorschubbegrenzungen.

Anschlag anliegt. Wenn das Ende des Streifens erreicht ist, würde bei Verwendung nur eines Seitenschneiders die Vorschubbegrenzung ausfallen und der Streifenrest in einer der Werkzeuglänge entsprechenden Größe verlorengehen. Daher werden zwei Seitenschneider diagonal angeordnet, einer vor der ersten, der zweite hinter der letzten Folgestation.

Ist der Seitenschneider lange im Einsatz, so führt die zunehmende Kantenverrundung zu einem Grat, welcher den Anschlag eher erreicht als die senkrecht zur Vorschubrichtung stehende Blechkante. Der Vorschub wird fehlerbehaftet und es besteht die Gefahr, daß der Blechstreifen aufgrund der stehenbleibenden Grate im Werkstoffkanal klemmt.

Diesen Nachteil vermeidet der im Bild 4–20c dargestellte Formseitenschneider. Auch bei Gratbildung trifft immer eine maßhaltig geschnittene Kante auf den Anschlag. Innerhalb des Werkstoffkanals kann der Grat in die freien Zwischenräume eingebogen und so ein Klemmen des Blechstreifens vermieden werden.

Die im Laufe der Zeit sehr stark gestiegenen Arbeitsgeschwindigkeiten moderner Pressen – Hubzahlen bis 2000 min^{-1} und mehr – machen in Verbindung mit Vorschubgeschwindigkeiten von bis zu 60 m/min den Einsatz von Seitenschneidern wegen der auftretenden Massenkräfte unmöglich. Für solche Anwendungsfälle haben sich Walzenvorschubsysteme mit elektrischen Schrittmotoren und hydraulischen Drehmomentverstärkern oder mit lagegeregelten Antrieben bewährt, die neben den erforderlichen dynamischen Eigenschaften auch eine Positioniergenauigkeit von wenigen 1/100 mm gewährleisten [141].

Der Blechstreifen ist zwischen zwei oder mehr Walzen mit griffigem Belag eingespannt, welche durch Drehung um einen definierten Betrag dem Streifen die Vorschubbewegung erteilen.

Schneiden mit Gummikissen

Zur Herstellung von verhältnismäßig großen Einzelteilen aus dünnem Blech wird in der Kleinserienfertigung das Schneiden mit Gummikissen angewendet. Die maximalen Blechdicken betragen bei Aluminium bis 2,0 mm, bei AlCuMg bis 1,2 mm und bei weichem Stahl bis 1,0 mm.

Das zu schneidende Blech wird auf die Schneidplatte gelegt, Bild 4–21, und durch den beim Stößelniedergang entstehenden Druck des Gummikissens an den Schneidplattenkanten abgeschert. Da sich das Blech zunächst um die Kanten herumbiegt, ist die Schnittfläche nicht sehr sauber.

Aus Bild 4–21 ist zu entnehmen, daß bei diesem Verfahren nur eine Schneidplatte, jedoch kein Stempel gefertigt werden muß. Damit ergibt sich ein preiswerteres Werkzeug.

In der Großserien- und Massenfertigung wird das Verfahren zur Herstellung von Werkstücken aus sehr dünnen Blechen oder Folien (0,005 bis 0,01 mm) angewendet [189]. Hierbei befestigt man oft mehrere Schneidplatten auf dem Pressentisch, so daß mit einem Hub eine entsprechende Anzahl von Werkstücken gefertigt wird.

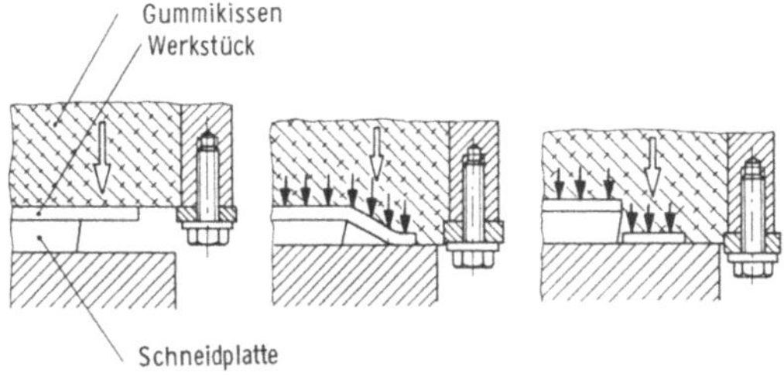

Bild 4–21. Schneiden mit Gummikissen (nach *Früngel*).

Knabberschneiden

Knabberschneiden (Nibbeln) ist ein Verfahren zum Ausschneiden von beliebigen Formen aus Blechtafeln. Es wird nur in der Einzel- oder Kleinserienfertigung angewendet. Beispiele sind die Herstellung von Schablonen für Kopier-Dreh- und -Fräsmaschinen oder von Blechteilen für Prototypen. Nibbeln ist ein Lochverfahren mit offener Schnittlinie, Bild 4–22.

Ein Werkstück wird ausgeschnitten, indem auf der Kontur eine Lochung so auf die andere folgt, daß nur der vordere Teil des Schneidstempels zum Eingriff kommt. Der Vorschub von Lochung zu Lochung ist also kleiner als der Stempeldurchmesser. Die Ausbildung der Schnittfläche ist von dem Vorschub pro Lochung sowie Form und Größe des Schneidstempels abhängig. Da mit dem Nibbeln in der Regel gekrümmte Konturen auszuschneiden sind, werden runde Stempel verwendet, die Richtungsänderungen während des Vorschubs zulassen.

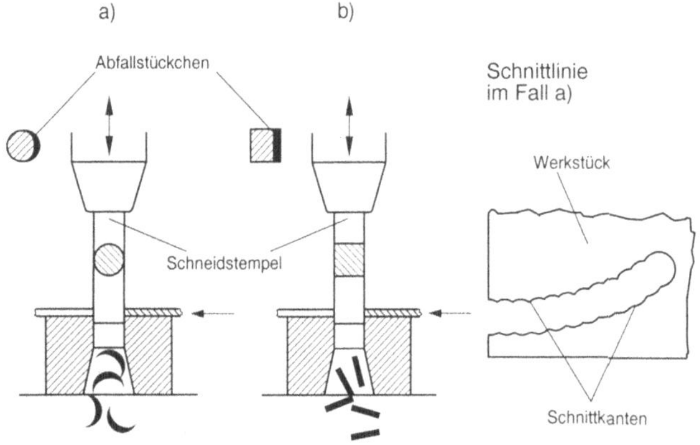

Bild 4–22. Prinzip des Knabberschneidens.

Moderne Nibbelmaschinen sind mit einem Werkzeugwechselsystem ausgerüstet, das sowohl über verschiedene Stempelgeometrien verfügt als auch spanende Fertigungsverfahren wie z.B. Gewindeschneiden durchführen kann. Eine Einsatzerweiterung zur Fertigung schmaler Schlitze in durch Nibbeln hergestellte Blechteile bringt die zusätzliche Ausstattung der Nibbelmaschine mit einem Laser. Sowohl die zu nibbelnde als auch die vom Laser zu schneidende Kontur wird durch das Verfahren eines numerisch gesteuerten Tisches erzeugt, auf dem das Blech aufgespannt ist.

4.1.3 Fertigungsgenauigkeiten

Die Ausbildung der Schneidelemente ist von entscheidender Bedeutung für die erzielbaren Genauigkeiten. So muß bereits bei der Auslegung der Toleranzbereiche des Werkzeuges berücksichtigt werden, ob Ausschneiden oder Lochen erfolgen soll.

Das in der Schneidplatte befindliche Teil federt nach dem Ausstoßen aus dem Schneidplattendurchbruch auf, so daß für Ausschnitte das Plattenmaß an der unteren Grenze des Toleranzbereiches liegen sollte.

Lochungen fallen wegen der geringen Rückfederung des Werkstoffs und des Stempelverschleißes kleiner als die Stempelmaße aus. Das Stempelmaß entspricht der oberen Toleranzgrenze des Werkstückes.

Die erreichbaren Genauigkeiten betragen je nach Blechdicke, Abmaßen und Schnittlinienform nach [141] für das Ausschneiden 0,08 bis 1 mm und für das Lochen 0,05 bis 0,25 mm.

Bild 4–23 zeigt die Formfehler am geschnittenen Teil.

Neben den Maßfehlern und Abweichungen von der Ebenheit (Durchwölbungen) fallen die Einzughöhe h_E, die Grathöhe h_G und die Einrißtiefe t_R ins Gewicht. Die Einzughöhe ist der Verformungszone, die Einrißtiefe der Bruchzone zuzuordnen.

Bild 4–24 verdeutlicht den Zusammenhang von bezogener Einzughöhe und bezogenem Schneidspalt. Mit größerem Schneidspalt nimmt die Einzughöhe zu und kann je nach Streckgrenzenverhältnis des Werkstoffs durchaus 20% der Blechdicke betragen. Werkstoffe mit kleinem Streckgrenzenverhältnis R_p/R_m neigen zu größerer Einzughöhe als solche mit großem Streckgrenzenverhältnis.

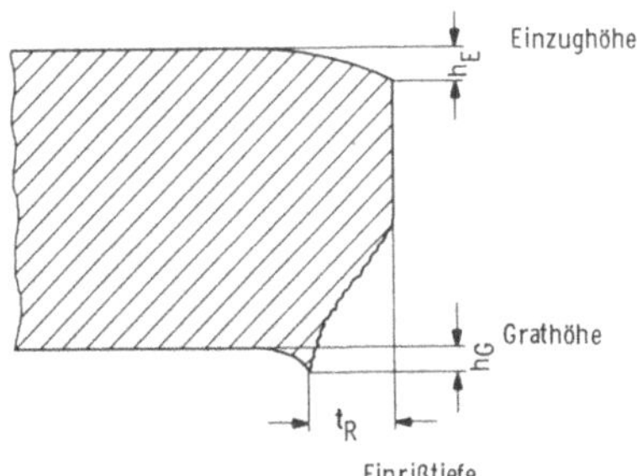

Bild 4–23.
Formfehler an geschnittenen Teilen.

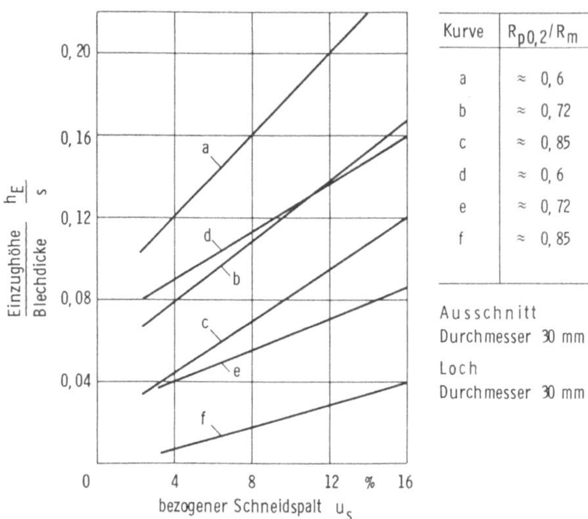

Bild 4–24. Einfluß des bezogenen Schneidspaltes auf die Einzughöhe (nach *Guidi*).

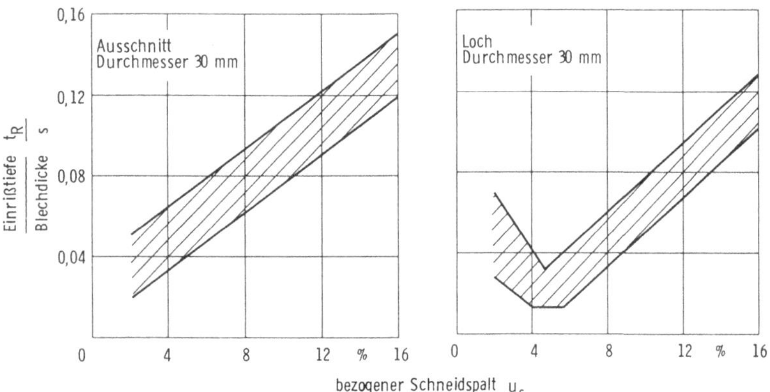

Bild 4–25. Einfluß des bezogenen Schneidspaltes auf die Einrißtiefe (nach *Guidi*).

Ein großer Schneidspalt beeinflußt die Einrißtiefe beim Lochen ebenso negativ wie beim Ausschneiden. Während sie beim Lochen einen becherförmigen Verlauf in Abhängigkeit vom bezogenen Schneidspalt zeigt, steigt die Einrißtiefe beim Ausschneiden mit größer werdendem Schneidspalt linear an, Bild 4–25.

Der Schnittgrat ist eine unerwünschte Begleiterscheinung an Schnitteilen und muß in der Regel durch Nacharbeit beseitigt werden, da er sowohl eine obere Auflage des Teils behindert als auch in der Handhabung eine Verletzungsgefahr darstellt. Die Höhe des Schnittgrates h_G ist sowohl ein Maß für die Fertigungsqualität eines Schnitteils als auch eine Kenngröße für den Verschleißzustand des Schnittwerkzeuges.

Die Grathöhe nimmt mit steigender Schnittzahl zu und wird außer vom Werkzeugverschleiß auch durch den Werkstückstoff bestimmt, Bild 4–26.

Da an duktilen Werkstoffen die Dehnungen bis zum Auftreten eines Risses größer sind als an spröden Werkstoffen, weisen Schnitteile aus siliziumarmem Elektroblech größere Grathöhen auf als solche aus siliziumreichem, sprödem Stahlwerkstoff. Die größere Härte des Werkzeuges aus Kalt-

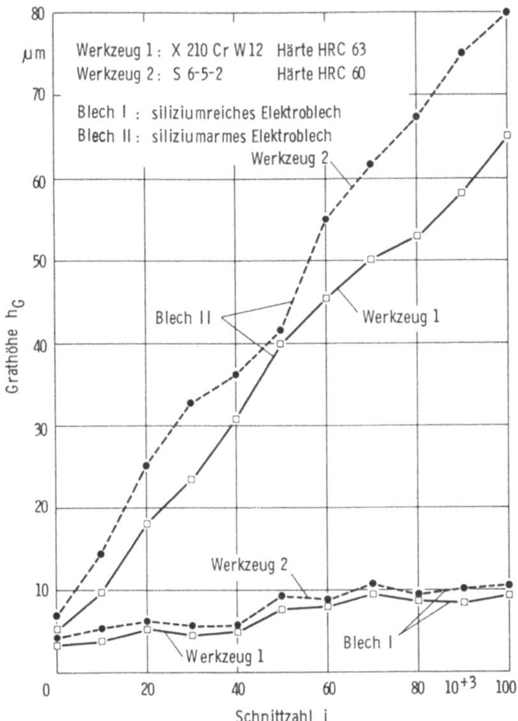

Bild 4–26. Zusammenhang zwischen Grathöhe und Schnittzahl bei verschiedenen Werkzeug- und Werkstückwerkstoffen.

arbeitsstahl macht sich gegenüber einem Schnellarbeitsstahl durch geringere Grathöhen positiv bemerkbar, was auf geringeren Werkzeugverschleiß zurückzuführen ist.

4.2 Feinschneiden

Feinschneiden ist ein Verfahren des Trennens und gehört als Scherschneidverfahren nach DIN 8588 zur Gruppe Zerteilen [269]. Mit diesem an eine besondere Werkzeug- und Maschinenbauart gebundenen Verfahren können Schnitteile erzeugt werden, deren Schnittfläche über der gesamten Blechdicke vollkommen glatt ist. Die in einem Arbeitsgang geschnittenen Teile weisen eine hohe Maß- und Formgenauigkeit auf und sind nach dem Entgraten einbaufertig. Schnitteile werden vorzugsweise durch Feinschneiden hergestellt, wenn hohe Oberflächenqualitäten bei kleinen Maßtoleranzen gefordert werden, wo eine optisch gute Oberfläche erwünscht ist, wo die Grenzen der Normalstanztechnik überschritten werden [279] und wenn sich Möglichkeiten ergeben, Feinschneidoperationen mit Umformoperationen zu kombinieren.

Waren es ursprünglich kleine, feine Stanzteile für die Uhren-, Rechenmaschinen- und Kameraindustrie (daher auch der Name „Feinschneiden“), so erweiterte sich die Produktpalette im Laufe der Jahre auf Funktions- und Sicherheitsteile vor allem aus dem Automobilbau, der Haushaltsgeräte- und Elektroindustrie sowie dem Textil- und Landmaschinenbau [9; 11; 63; 64; 196]. Eine breite Anwendung des Feinschneidens findet sich auch in der Kombination mit Umformoperationen, so daß Werkstücke mit einer höheren Funktionsintegration hergestellt werden können [18]. Bild 4–27 zeigt eine Auswahl an typischen Feinschnitteilen.

4.2.1 Grundlagen des Feinschneidens

Beim Normalschneiden besteht die Schnittfläche zu ca. einem Drittel aus Glattschnittzone und zwei Drittel aus Bruchzone. Dagegen wird beim Feinschneiden, wenn erforderlich, die Glattschnittzone über die gesamte Blechdicke ausgedehnt, Bild 4–28.

4.2.1.1 Verfahrensprinzip

Der Feinschneidvorgang unterscheidet sich vom konventionellen Schneiden durch folgende Merkmale [76; 77; 124; 264; 279], Bild 4–29:

- Preßplatte (Führungsplatte) mit Ringzacke,
- Gegenhalter,

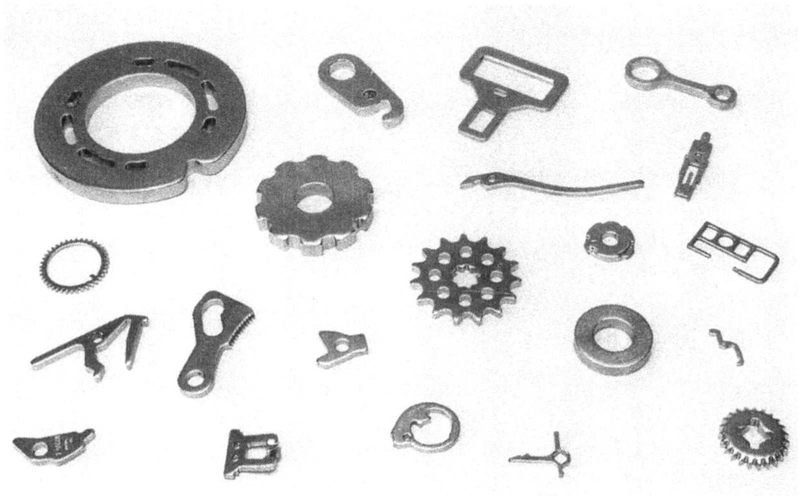

Bild 4–27. Feinschnitteile (nach Redel und Feintool).

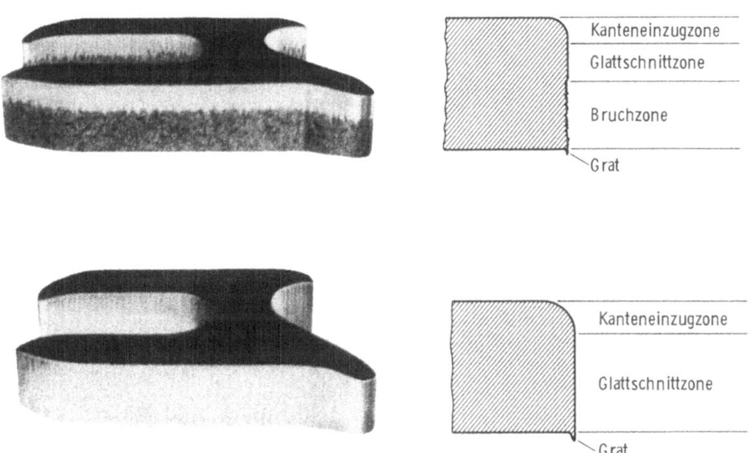

Bild 4–28. Schnittflächenvergleich normalgeschnitten – feingeschnitten.

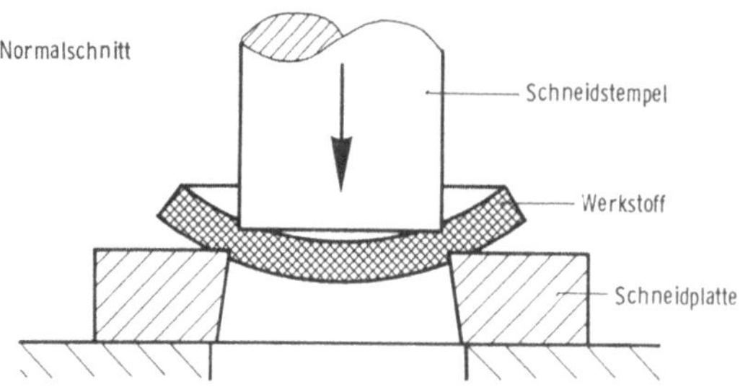

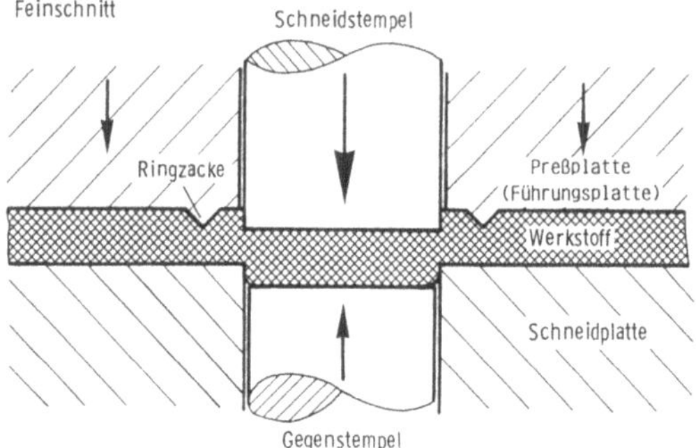

Bild 4–29. Gegenüberstellung Normalschneiden – Feinschneiden (nach Feintool).

- sehr kleiner Schneidspalt,
- drei Kräfte,
- Schneidkraft-Weg-Verlauf.

Nach dem Einlegen des Blechstreifens schließt sich das Werkzeug und spannt das Werkstück zwischen der mit einer Ringzacke versehenen Preßplatte und der Schneidplatte ein, Bild 4–30. Die Preßplatte hat außerdem die Aufgabe, den Schneidstempel zu führen.

Die keilförmig ausgebildete Ringzacke wird außerhalb der Schnittlinie in den Werkstoff eingedrückt. Innerhalb der Schnittlinie wird der Werkstoff durch definierte Druckbeaufschlagung des Gegenhalters zwischen Schneidstempel und Gegenhalter eingespannt.

Zur Einleitung des eigentlichen Schneidvorgangs muß die auf den Schneidstempel wirkende Stempelkraft erhöht werden, so daß dieser bei Überschreiten der Fließspannung in den Werkstoff eindringt. Die auf die Preßplatte aufgebrachte Ringzackenkraft und die auf den Gegenhalter wirkende Gegenkraft bleiben während des Schneidens nahezu konstant, so

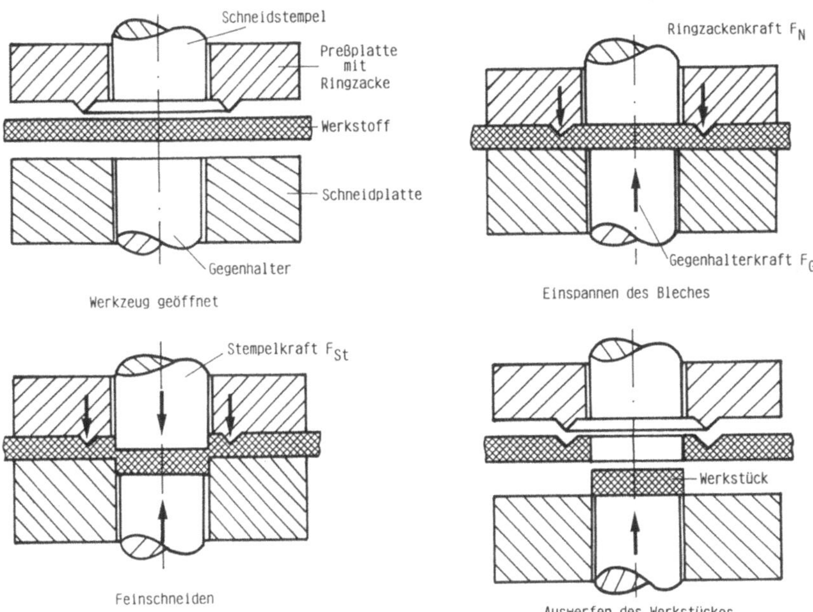

Bild 4–30. Verfahrensablauf Feinschneiden.

daß das auszuschneidende Teil unter Druck eingespannt ist. Nachdem der Schneidstempel das Blech ganz durchdrungen hat, wird das Werkzeug geöffnet. Die Preßplatte streift das Stanzgitter ab, Innenformen werden ausgestoßen und das Werkstück wird vom Gegenhalter ausgeworfen.

Der eindringende Schneidstempel erzeugt in der Schneidzone plastisches Fließen des Werkstoffs. Solange dieses Fließen aufrecht erhalten werden kann, entsteht eine glatte Schnittfläche. Mit zunehmendem Schneidweg tritt jedoch in der Schneidzone Kaltverfestigung des Werkstoffs auf. Zur Rißbildung und der damit verbundenen unerwünschten Bruchzone kommt es, wenn das Umformvermögen des Werkstoffs erschöpft ist. Dieser Punkt darf beim Feinschneiden erst dann erreicht werden, wenn der Schneidstempel das Blech in seiner gesamten Dicke durchdrungen hat. Das Umformvermögen ist in erster Linie vom Werkstoff abhängig, wird aber auch vom Dehnungs- und Spannungszustand beeinflußt. Letzterer läßt sich in einen deviatorischen und einen hydrostatischen Anteil zerlegen. Während die Deviatorspannungen für das plastische Fließen maßgeblich sind, hat der hydrostatische Anteil auf das Fließen selbst nur unwesentlichen Einfluß, bestimmt aber das Umformvermögen des Werkstoffs in entscheidendem Maße, Bild 4–31.

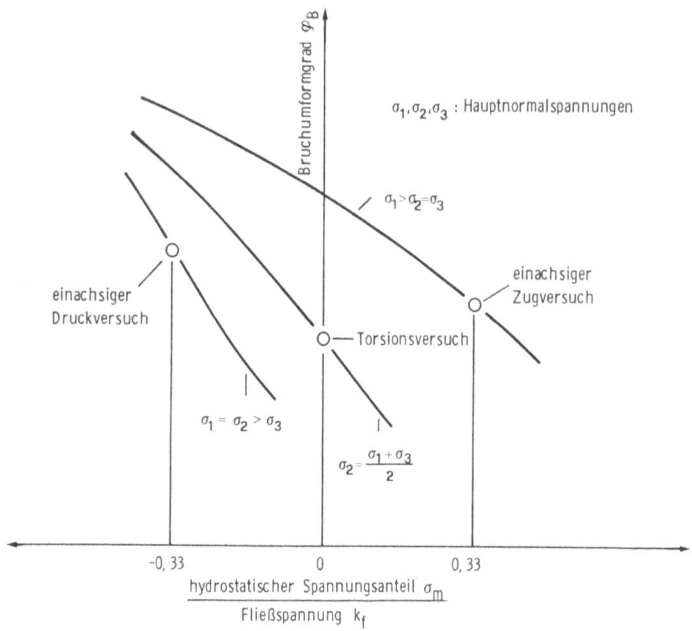

Bild 4–31. Einfluß des Spannungszustandes auf das Umformvermögen.

Das Umformvermögen, das durch den Bruchumformgrad φ_B gekennzeichnet ist, ist um so größer, je mehr der hydrostatische Spannungsanteil σ_m im Druckbereich liegt [213].

Während des plastischen Fließens stauen sich mit fortschreitender Umformung gleitende Versetzungen an Hindernissen auf. In der Umgebung eines Versetzungsstaus bildet sich ein Spannungsfeld aus, das bei Überschreiten eines kritischen Wertes zum Aufreißen des Kristallgitters in Form eines Mikrorisses führt. Während die Rißentstehung infolge plastischen Fließens durch Schubspannungen eingeleitet wird, sind für die Ausbreitung des Risses vor allem Zugspannungen verantwortlich. Eine Ausbreitung des Risses kann daher durch ausreichend hohe Druckspannungen eingeschränkt oder ganz verhindert werden [21]. Dieser Effekt wird beim Feinschneiden dadurch ausgenutzt, daß durch Preßplatte, Gegenhalter und Schneidstempel während des Schneidvorgangs hohe Druckspannungen erzeugt werden, Bild 4–32.

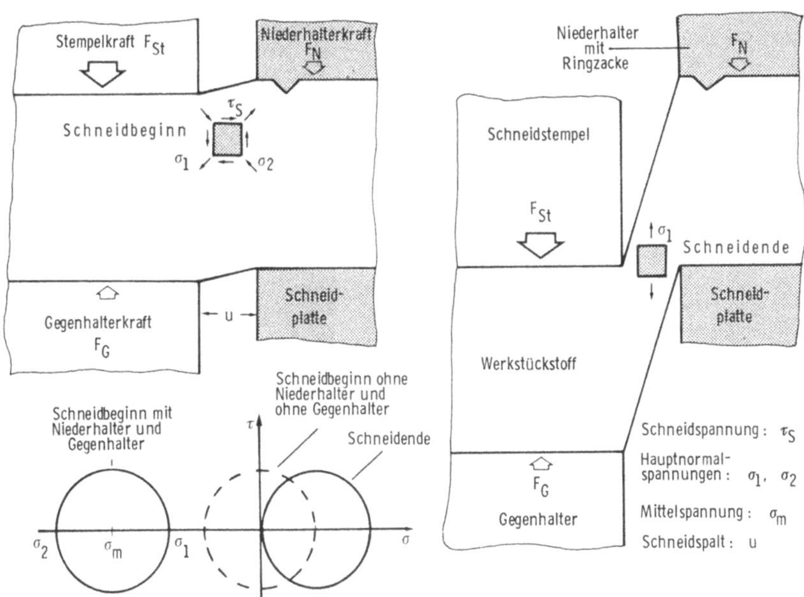

Bild 4–32. Spannungen in der Schneidzone beim Feinschneiden.

4.2.1.2 Verfahrenskenngrößen und -parameter

Die Qualität eines Feinschnitteils wird unter anderem durch die Forderung nach einer vollkommen glatten Schnittfläche bestimmt. Da in der Praxis nicht immer das ideale Erscheinungsbild des 100-prozentigen Glattschnittes erforderlich ist, beurteilt man die Schnittfläche durch Angaben über den vorhandenen Glattschnittanteil sowie über die Art der Bruchflächen, die als Abriß oder Einriß auftreten können. Als Maß für den Glattschnittanteil h_s/s wird die auf die Blechdicke bezogene minimale Breite der Glattschnittzone angegeben [190; 274]. Die Güte der Glattschnittfläche kann beispielsweise durch den arithmetischen Mittenrauhwert R_a beurteilt werden, der in der Mitte der Schnittfläche senkrecht zur Schnittrichtung zu messen ist. Neben der Maßgenauigkeit (Länge, Durchmesser) werden zur Qualitätsbestimmung des Schnittteils die Formabweichungen

- Größe des Kanteneinzuges,
- Winkelabweichung der Schnittfläche und
- Durchbiegung des Schnitteils

herangezogen [77; 279], Bild 4–33.

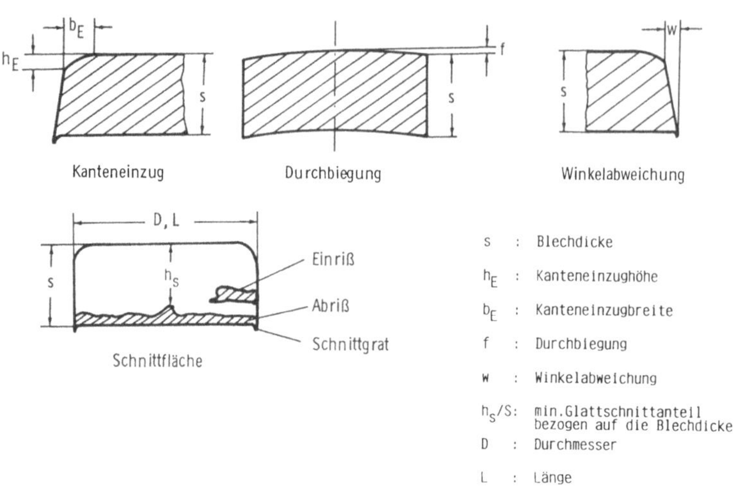

Bild 4–33. Qualitätsmerkmale eines Feinschnitteiles.

Aus der Kombination vorgegebener Systemgrößen (Maschine, Werkstück, Werkzeug, Schmierung) mit den variablen Stellgrößen Ringzackenkraft, Gegenkraft, Schneidgeschwindigkeit und Schmierstoffmenge stellt sich der eigentliche Feinschneidprozeß ein, Bild 4–34. Er ist in erster Linie durch die maximal benötigte Schneidkraft gekennzeichnet.

Das Ergebnis des Feinschneidprozesses ist sowohl unter technologischen als auch wirtschaftlichen Gesichtspunkten zu sehen. Im Vordergrund der technologischen Betrachtung steht die Qualität des Werkstückes. Die Wirtschaftlichkeit wird vor allem durch den Verschleiß am Werkzeug beeinflußt. Hier kann sowohl die gefertigte Stückzahl zwischen zwei Nachschleifvorgängen an den Aktivelementen als auch die gesamte Standmenge ausschlaggebend sein.

4.2.1.3 Zulässige Schnitteilgestaltung

Das Feinschneiden von großflächigen dünnen Teilen ist einfacher als das Feinschneiden von schmalen Stegen oder Ringen bei großer Blechdicke. Ebenso lassen sich stumpfwinklige Ecken mit großen Radien besser feinschneiden als spitzwinklige mit kleinen Radien.

Aufgrund von Erfahrungen wird ein Feinschneid-Schwierigkeitsgrad definiert, der die Schwierigkeitsstufen S1 (leicht), S2 (mittel) und S3 (schwierig) unterscheidet, Bild 4–35. Er wird im wesentlichen durch die Schnitt-

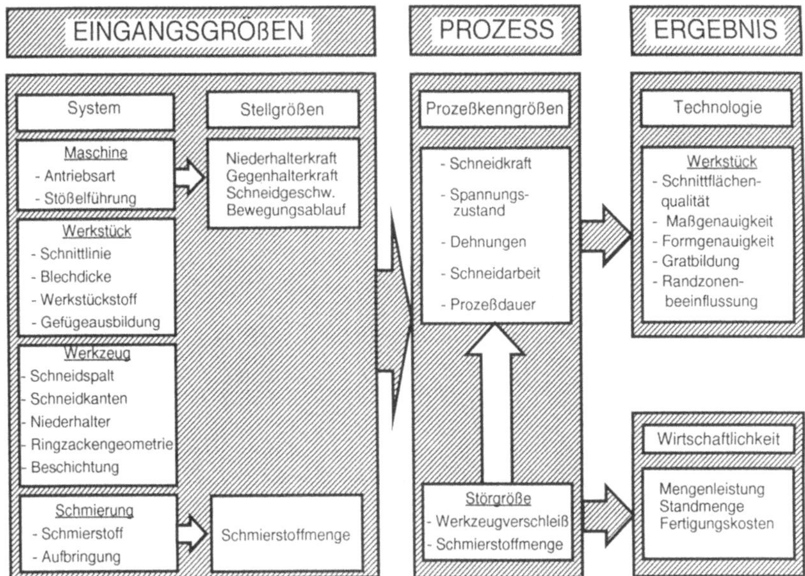

Bild 4–34. Zusammenhänge von Eingangsgrößen, Prozeßgrößen und Arbeitsergebnis beim Feinschneiden.

liniengeometrie und die Blechdicke bestimmt. Die Schnittliniengeometrie wird dazu in einfache geometrische Grundformen wie Eckenradien, Lochdurchmesser, Schlitz- und Stegbreiten zerlegt. Aus dem Verhältnis einer die Schnittlinie beschreibenden geometrischen Größe zur Blechdicke ergibt sich der Feinschneid-Schwierigkeitsgrad, der mit steigender Blechdicke zunimmt. Der höchste Einzelschwierigkeitsgrad ergibt den Gesamtschwierigkeitsgrad des flachen Feinschnitteils.

Die im Bild 4–35 dargestellten Schwierigkeitsgrade gelten unter der Voraussetzung, daß die Schneidelemente des Werkzeuges eine 0,2-%-Stauchgrenze von $R_{c\,0,2} = 3000\ N/mm^2$ besitzen und die Zugfestigkeit des zu verarbeitenden Werkstoffs nicht über $R_m = 500\ N/mm^2$ liegt.

Um ein Wegfließen des Werkstoffs von der Schneidkante zu verhindern, müssen, wie am Werkstück selber, auch die Steg- und Randbreiten des Stanzgitters ein gewisses Mindestmaß haben. Sie müssen mindestens so groß sein, daß sich die Ringzacke voll eindrücken kann und der Blechstreifen nicht unzulässig verformt wird. Ansonsten sind diese Abmessungen gering zu halten, um den Werkstoffverbrauch auf eine minimale Menge zu reduzieren.

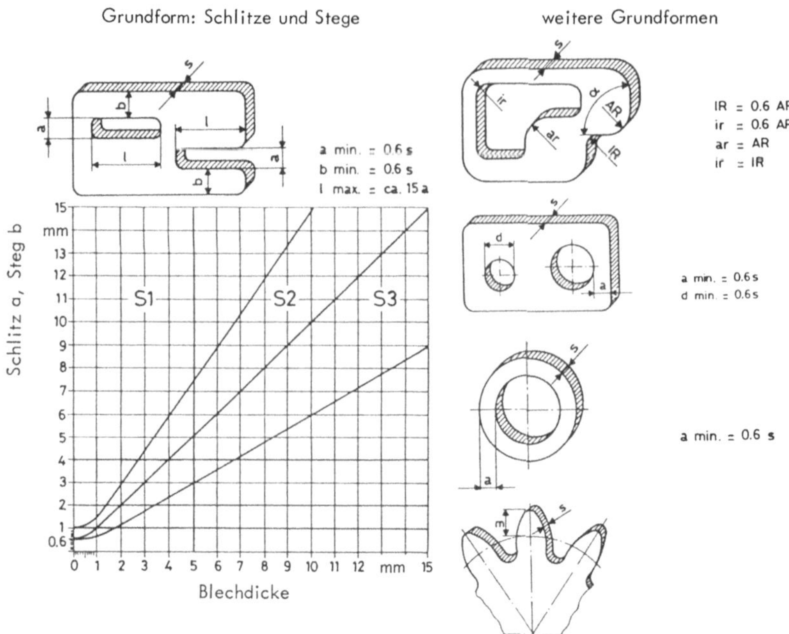

Feinschneidschwierigkeitsgrad

S 1 leicht, S 2 mittel, S 3 schwierig

Voraussetzungen: Werkstoff $\tau_s \leq 420\ N/mm^2$, Werkzeugbaustoff Schnellarbeitsstahl

Bild 4–35. Bestimmung des Feinschneid-Schwierigkeitsgrades (nach Feintool).

Als Anhaltswert gilt, daß Rand- und Stegbreiten ca. 60% der Blechdicke betragen. Je nach Werkstoffqualität und Schnittliniengeometrie kann der Wert unterschritten oder muß überschritten werden.

4.2.1.4 Schneidspalt

Ein kleiner Schneidspalt ist Voraussetzung für erfolgreiches Feinschneiden, da reine Scherung begünstigt und negativ wirkende Biegezugspannungen in der Schneidzone vermieden werden. Der Schneidspalt beträgt gewöhnlich wenige 1/100 mm und nimmt mit steigender Blechdicke zu [76; 77; 279]. Wie beim konventionellen Schneiden wird die Größe des Schneidspaltes auch beim Feinschneiden auf die Blechdicke bezogen und beträgt im allgemeinen

$$u_S = 0{,}5\,\%.$$

Untersuchungen haben gezeigt, daß diese Größe je nach Schnittliniengeometrie, Blechdicke und Werkstoffqualität variieren kann [103; 117; 120; 150; 184]. Bei kleinem Verhältnis von Werkstückbreite zu Blechdicke verschiebt sich z.B. die Größe des Schneidspaltes zu höheren Werten. Auch können partielle Veränderungen des Schneidspaltes entlang der Schnittlinie vorgenommen werden.

Generell gilt jedoch, daß der glattgeschnittene Anteil einer Schnittfläche mit kleiner werdendem Schneidspalt zunimmt und dieser zum Feinschneiden nicht größer als 1 % der Blechdicke sein sollte.

4.2.1.5 Schneidkantengeometrie

Zum Feinschneiden einer glatten Außenkontur wird die Schneidplattenschneidkante verrundet, der Schneidstempel ist scharfkantig; zum Feinschneiden glatter Lochwandungen wird der Schneidstempel verrundet, die Schneidplatte ist scharfkantig. Ein Verrunden der Schneidkanten sowohl an Schneidplatte als auch am Schneidstempel wird nicht durchgeführt, um Biegungen möglichst zu vermeiden und reines Scheren zu begünstigen. Bild 4–36 zeigt die Schneidelemente am Beispiel einer feinzuschneidenden Scheibe.

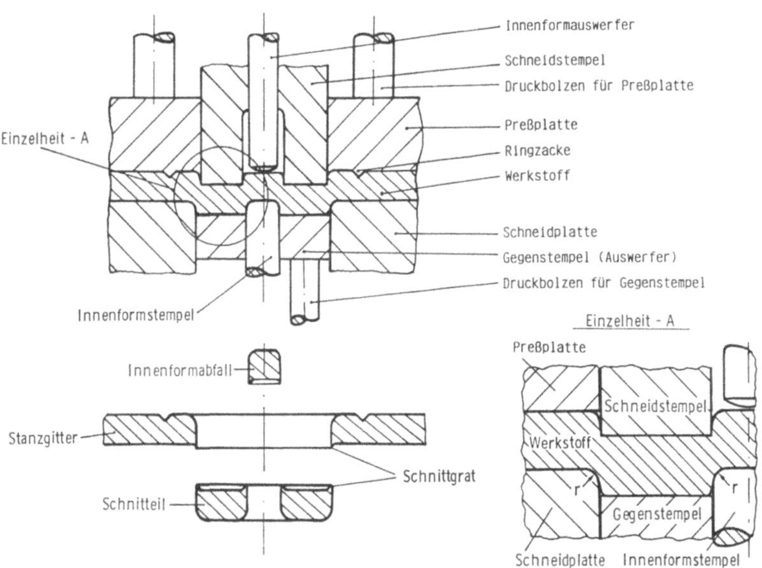

Bild 4–36. Feinschneiden einer Scheibe (Prinzipdarstellung).

Die Größe des Schneidkantenradius beträgt ca. 5 bis 10% der Blechdicke und wird u.a. von der Werkstoffqualität und Schnittliniengeometrie bestimmt. Höhere Werkstoffestigkeiten erfordern größere Schneidkantenradien [117]. Die Schneidkantenverrundung soll gerade so groß sein, daß das Feinschnitteil glatte Schnittflächen aufweist; die Verrundung darf nicht zu groß sein, da sonst die Maß- und Formgenauigkeit des Teils negativ beeinflußt werden können.

4.2.1.6 Ringzacken

Die Ringzacke befindet sich normalerweise auf der Preßplatte oder auf Preßplatte und Schneidplatte und verläuft in einem bestimmten Abstand von der Schnittlinie.

Wenn auch Untersuchungen zeigten, daß unter gewissen Bedingungen vollkommen glatte Schnittflächen ohne Ringzacke erzeugt werden können [109; 117; 120; 191], hat sich in der industriellen Fertigung wegen der besseren Maß- und Formgenauigkeit die Preßplatte mit Ringzacke durchgesetzt, da damit die Maß- und Formgenauigkeit verbessert werden. Die keilförmige Ringzacke folgt in einem bestimmten Abstand der Schnittlinie, wobei Ringzackenabstand und Ringzackenhöhe mit steigender Blechdicke zunehmen, Bild 4–37.

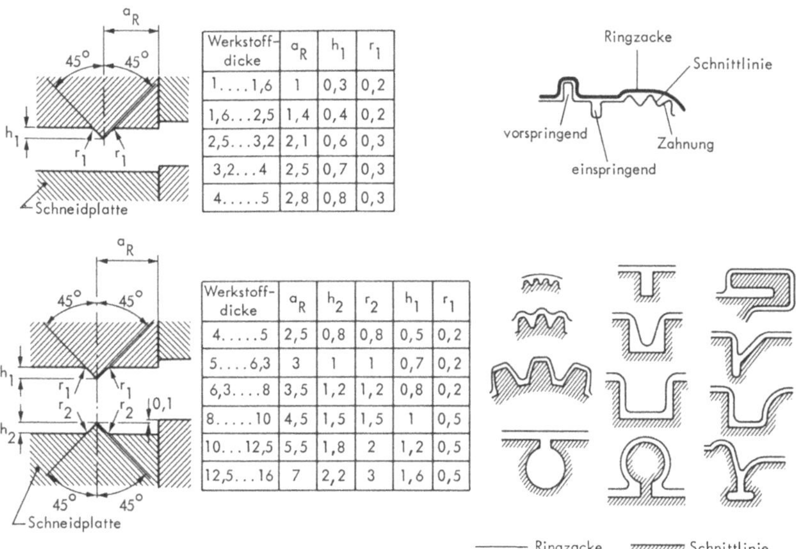

Werkstoffdicke	a_R	h_1	r_1
1....1,6	1	0,3	0,2
1,6...2,5	1,4	0,4	0,2
2,5...3,2	2,1	0,6	0,3
3,2...4	2,5	0,7	0,3
4.....5	2,8	0,8	0,3

Werkstoffdicke	a_R	h_2	r_2	h_1	r_1
4.....5	2,5	0,8	0,8	0,5	0,2
5....6,3	3	1	1	0,7	0,2
6,3....8	3,5	1,2	1,2	0,8	0,2
8.....10	4,5	1,5	1,5	1	0,5
10...12,5	5,5	1,8	2	1,2	0,5
12,5...16	7	2,2	3	1,6	0,5

Bild 4–37. Ringzackengeometrie und -verlauf (nach Feintool).

Bei Blechdicken über s = 5 mm gilt die Verwendung einer zweiten Ringzacke, die auf der Schneidplatte angebracht ist, als unumgänglich [77; 279]. Eine parallel zur Schnittlinie verlaufende Ringzackenführung wäre optimal, doch ist dies aus fertigungstechnischen Gründen nicht immer durchführbar. Bei einspringenden Partien mit kleinem Verhältnis von Schlitzbreite zu Blechdicke wird die Ringzacke am Schlitz vorbeigeführt; das gleiche gilt für Verzahnungen. Für das Feinschneiden eines Loches ist die Verwendung einer Ringzacke außerhalb der Schnittlinie nicht üblich, da die Ringzackenkerbe im Werkstück verbleiben würde. Innerhalb einer Lochkontur ist eine Ringzacke nur notwendig, wenn die Abmessungen der Innenform in allen Richtungen der Blechebene ein Vielfaches der Blechdicke betragen [124].

4.2.1.7 Ringzackenkraft

Die Ringzackenkraft ist nötig, um die Ringzacke(n) in den Blechstreifen einzudrücken und den Werkstoff außerhalb der Schnittlinie zwischen Preßplatte und Schneidplatte einzuspannen. Sie muß in jedem Fall so groß sein, daß die Ringzacke in das Blech voll eindringen kann, da sich das Blech sonst möglicherweise durchbiegt. Es kann auch eine Ringzackenteilentlastung vorgenommen werden.

Als Richtwert gilt, daß die notwendige Ringzackenkraft zwischen 30 und 100% der Schneidkraft betragen soll. Darüber hinaus gibt es die Formel [77; 279]:

$$F_R = 4\, l_R\, h_R\, R_m\,. \qquad (4\text{–}8)$$

Darin bedeutet:

- l_R Länge der Ringzacke,
- h_R Gesamthöhe der Ringzacke,
- R_m Zugfestigkeit des Werkstoffs.

Die so berechnete Ringzackenkraft stellt jedoch nur einen Näherungswert dar. Bei der konstruktiven Auslegung von Feinschneidwerkzeugen und -pressen greifen die Hersteller heute auf betriebsintern erstellte Nomogramme zurück, in denen die notwendige Ringzackenkraft in Abhängigkeit von Ringzackengeometrie, Blechdicke, Werkstoffestigkeit und Gefügezustand erfaßt ist. Die endgültige Feinabstimmung geschieht bei der Werkzeugeinrichtung, durch die der Glattschnittanteil beeinflußt wird. Dabei kann der Glattschnittanteil mit zunehmender Ringzackenkraft ansteigen, bis der Maximalwert von 100% erreicht wird, oder er strebt gegen einen Wert unter 100%, der auch durch weiteres Steigern der Ringzackenkraft nicht überschritten werden kann. Um auch in solchen Fällen 100-prozentigen Glattschnittanteil zu erreichen, müssen dann konstruktive Änderungen am Werkzeug vorgenommen werden.

4.2.1.8 Gegenkraft

Durch die Gegenkraft wird während des Schneidvorgangs auf das entstehende Feinschnitteil ein konstanter Druck ausgeübt; dabei ist die Wirkung der Gegenkraft auf die Schnittflächenqualität an ausgeschnittenen Teilen anders als an Löchern.

Man schreibt der Gegenkraft für die Schnittflächenqualität an ausgeschnittenen Teilen nur eine untergeordnete Rolle zu; beim Feinschneiden von Löchern führen dagegen höhere Gegenkräfte zu größeren Glattschnittanteilen [120; 122; 150].

Da die Hauptwirkung der Gegenkraft darin liegt, die Durchwölbung des Schnitteils zu verhindern, hängt ihre Größe vor allem von der Blechdicke und der Schnitteilgröße ab. Ihr Wert wird mit 10 bis 20% der Schneidkraft angegeben [279] und läßt sich näherungsweise nach der Formel

$$F_G = A_q \, q_G \qquad (4-9)$$

berechnen. Darin stellt A_q die Fläche des Schnitteils und q_G eine spezifische Gegenkraft dar, deren Wert zwischen $q_G = 20$ N/mm^2 bei kleinflächigen, dünnen Teilen und $q_G = 70$ N/mm^2 bei großflächigen, dicken Teilen liegen kann.

4.2.1.9 Schneidkraftbedarf

In Zusammenhang mit der Betrachtung von Einflüssen auf den Kraftbedarf werden beim Schneiden die Größen

- Schneidkraft F_S,
- Schneidwiderstand k_S und
- Scherfestigkeitsfaktor C_1

unterschieden.

Die für den Feinschneidvorgang notwendige Belastung des Schneidstempels, die Stempelkraft F_{St}, setzt sich zusammen aus der zum eigentlichen Trennen des Werkstoffs notwendigen Schneidkraft F_S und der zum Einspannen des Werkstoffs benötigten Gegenkraft F_G, Bild 4–38. Die Schneidkraft F_S ergibt sich somit aus der Differenz von aufzubringender Stempelkraft F_{St} und anliegender Gegenkraft F_G zu

$$F_S = F_{St} - F_G \, . \qquad (4-10)$$

Der Schneidwiderstand stellt die auf die gesamte Schnittfläche bezogene maximale Schneidkraft dar. Neben der zur Umformung und Werkstofftrennung benötigten Kraft beinhaltet der Schneidwiderstand auch die

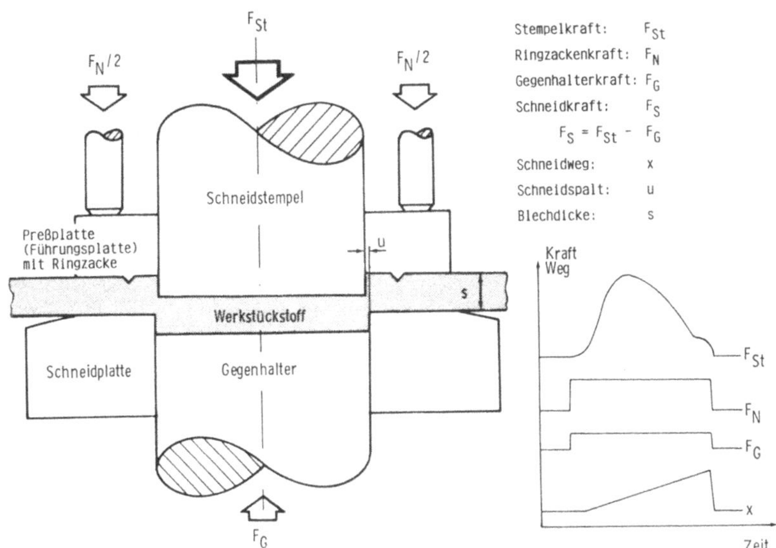

Bild 4–38. Kräfte beim Feinschneiden.

Reibkräfte zwischen Werkzeug und Werkstück. Die Scherfestigkeit ist vom Blechwerkstoff abhängig.

Der Schneidwiderstand k_S ergibt sich aus dem Verhältnis von maximaler Schneidkraft zur Scherfläche

$$k_S = \frac{F_{Smax}}{A_S} = \frac{F_{Smax}}{l_S s}, \qquad (4\text{–}11)$$

der Scherfestigkeitsfaktor C_l stellt das Verhältnis von Schneidwiderstand k_S zu Zugfestigkeit R_m dar:

$$C_l = \frac{k_S}{R_m}. \qquad (4\text{–}12)$$

Nach der Richtlinie VDI 3345 [279] wird die Schneidkraft wie beim Normalschneiden nach der Formel

$$F_S = l_g s \tau_S = C_l l_g s R_m \qquad (4\text{–}13)$$

bestimmt. Darin bedeuten:

- l_g Summe der Schnittlinien,
- s Werkstoffdicke,
- τ_S Scherfestigkeit,

- C_l Faktor aufgrund des Streckgrenzenverhältnisses,
- R_m Zugfestigkeit des Blechwerkstoffs.

Der Faktor C_l wird nach [77] mit $0{,}6 < C_l < 0{,}9$ angegeben. Der Faktor C_l nimmt mit steigendem Streckgrenzenverhältnis R_P/R_m zu.

Neben der Schnittlinienlänge, der Blechdicke und den Werkstoffeigenschaften können außerdem die geometrische Form des Werkstückes, die Größe des Schneidspaltes, die Gestalt der Schneidkanten an Schneidstempel und Schneidplatte, der Oberflächenzustand oder eine Beschichtung der Schneidelemente Einfluß auf die Schneidkraft haben. Da man alle diese Einflüsse bisher nicht sicher bestimmen kann, empfiehlt es sich aus Sicherheitsgründen, den Faktor $C_l = 0{,}9$ zur Berechnung der Schneidkraft anzusetzen [77]. Zur Ermittlung von Spannungen und Dehnungen sowohl im Werkzeug als auch im Werkstück sind Simulationen mit der FE-Methode durchgeführt worden [122; 191].

4.2.1.10 Reibung und Schmierung

Aus der Reibung, die in der Wirkfuge zwischen Schneidstempel und Werkstückstoff bzw. zwischen Schneidplatte und Werkstückstoff vorherrscht, resultiert im wesentlichen der Verschleiß der Werkzeuge. Da sich Werkzeugverschleiß in schlechter Werkstückqualität äußert und durchaus auch zum Werkzeugbruch führen kann, muß durch den Einsatz geeigneter Schmierstoffe gewährleistet werden, daß Oxidations-, Abrasions- und Adhäsionsverschleiß auf ein Minimum reduziert werden.

Neben den wesentlichen Schmierstoffkennwerten

- Schmierfähigkeit,
- Druck- und Temperaturbeständigkeit,
- Benetzbarkeit und
- Sprühfähigkeit

müssen bei der Auswahl des Schmiermittels seine Umweltfreundlichkeit und Hautverträglichkeit berücksichtigt werden.

Aufgrund der geforderten Eigenschaften und der Forderung nach einer möglichst einfachen Schmiermittelbeseitigung nach dem Feinschneiden, werden fast ausschließlich Öle eingesetzt. Wegen der hohen Druck- und Temperaturbelastung enthalten die Öle „Extreme Pressure Additives“. In der Vergangenheit wurden hierzu Chlor-, Schwefel- und Phosphorverbindungen eingesetzt. Diese Verbindungen sind jedoch hinsichtlich der Umweltbelastung und der Hautverträglichkeit nicht unbedenklich und sind daher durch Esterverbindungen ersetzt worden.

Die Additive bilden auf den Oberflächen der Reibpartner einen schützenden Film und verhindern partielle Aufschweißungen. Dabei haben nicht nur die Schmiermitteleigenschaften Einfluß auf das Arbeitsergebnis sondern auch die Schmierstoffmenge. Es muß einerseits genügend Schmierstoff zur Verfügung stehen, damit der Schmierfilm während des Schneidvorgangs nicht abreißt; andererseits darf die Schmierölschicht nicht zu dick sein, da sich sonst im Bereich innerhalb der Ringzacke ein Druckkissen aufbauen kann, das zur Durchbiegung des Schnitteils führt und ein vollständiges Eindringen der Ringzacke verhindert.

Dieser Fehler ist vermeidbar, indem an geeigneter Stelle die Ringzacke unterbrochen und das Schmieröl genau dosiert aufgebracht wird. Da die Bleche in der Regel mit Öl besprüht werden, ist darauf zu achten, daß ein ölnebelarmes Schmiermittel verwendet wird [255].

4.2.2 Werkzeuge

Der konstruktive Aufbau, die Bearbeitungsart und die Art des Werkzeugbaustoffs bestimmen die Werkstückqualität und die Werkzeugkosten, die wiederum im Zusammenhang mit dem Werkzeugverschleiß und der Losgröße bzw. Stückzahl die Kosten in entscheidendem Maße beeinflussen.

4.2.2.1 Werkzeugarten

Wie beim konventionellen Schneiden unterscheidet man auch beim Feinschneiden die Werkzeuge hinsichtlich ihrer Arbeitsweise. Es gibt:

- Gesamtschnittwerkzeuge,
- Folgeschnittwerkzeuge,
- Folgeverbundwerkzeuge.

Im Gesamtschnittwerkzeug werden Werkstücke in einem einzigen Hub feingeschnitten, wobei Außen- und Innenkonturen gleichzeitig entstehen. Der Schnittgrat von Innen- und Außenform liegt dabei auf der gleichen Seite (Bild 4–36). Werkstücke, die im Gesamtschnitt gefertigt werden, zeichnen sich durch hohe Maß- und Formgenauigkeit und große Planheit aus, wenn das Werkzeug eine entsprechende Genauigkeit aufweist.

In Folgeschnittwerkzeugen erfolgt die Fertigung in mehreren aufeinanderfolgenden Schneidstufen, wobei zu Beginn immer ein Vorlochen des Blechstreifens notwendig ist, um in den anschließenden Operationen den Blechstreifen im Werkzeug genau positionieren zu können. Die Schnittgrate von Innen- und Außenform liegen jeweils gegenüber, Bild 4–39. Da

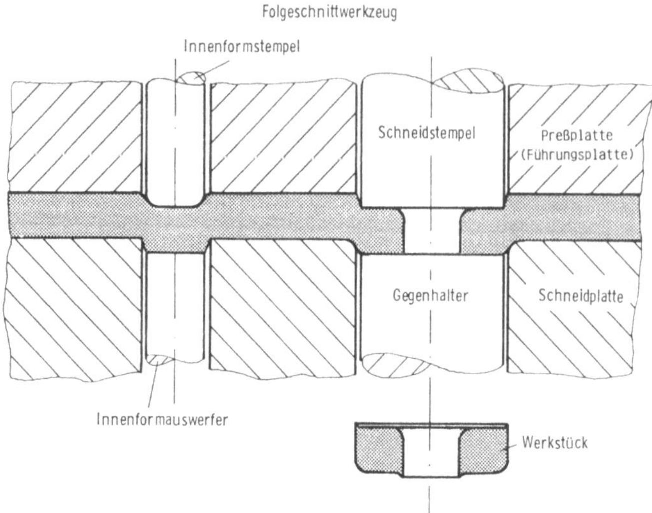

Bild 4–39. Feinschneiden einer Scheibe im Folgeschnitt.

das Vorlochen und Ausschneiden nacheinander erfolgt und trotz Positionierstiften gewisse Vorschubtoleranzen auftreten, können Feinschnitteile, die im Folgeschnitt hergestellt wurden, nicht so eng toleriert werden wie im Gesamtschnitt.

Entsprechendes gilt für Folgeverbundwerkzeuge, bei denen sowohl Schneidvorgänge als auch Umformvorgänge wie Biegen, Prägen oder Stauchen in Stufen erfolgen. Neben der genauen Fertigung der Werkzeugelemente kommt der Werkzeugführung besondere Bedeutung zu. Um eine genaue Stellung des Schneidstempels zur Schneidplatte auch während des Schneid- bzw. Umformvorgangs zu gewährleisten, werden zusätzlich zu den Säulenführungen sogenannte Verriegelungsbolzen und Abstützleisten angebracht.

Die Verriegelungsbolzen tauchen in die Schneidplatte ein und nehmen Querkräfte auf, die bei ungleichmäßiger Schnittkontur entstehen. Abstützleisten verhindern ein Kippen des Werkzeuges, was besonders bei Bandanfang und Bandende auftreten kann.

Bei großen Stückzahlen lohnen sich komplizierte Mehrfach-Folgeverbundwerkzeuge, deren Aktivelemente mit besonderer Sorgfalt gefertigt werden, um den Verschleiß auf ein Minimum zu reduzieren und so eine hohe Werkzeugstandzeit zu erzielen.

Bei Kleinserien wählt man lieber ein etwas einfacheres Werkzeug und nimmt gegebenenfalls zusätzliche Arbeitsgänge in Kauf [118].

4.2.2.2 Werkzeugsysteme

Beim Feinschneiden unterscheidet man die Werkzeugsysteme „Beweglicher Stempel" und „Fester Stempel". Sie sind in den Bildern 4–40 und 4–41 dargestellt.

Für die betrachteten Fälle geht man davon aus, daß das Werkzeug in eine hydraulische Presse eingesetzt wird, deren Obertisch feststeht und deren Untertisch durch den Hauptzylinder bewegt wird.

Die Werkzeugelemente sind in einem Säulenführungsgestell eingebaut, das die Lage von Oberwerkzeug zu Unterwerkzeug bestimmt.

Beim System „Beweglicher Stempel" (Bild 4–40) ist die Schneidplatte im Obergestell angebracht. Der Gegenstempel (Auswerfer) ist in der Schneidplatte geführt und führt wiederum den Innenformstempel. Gegenkraft bzw. Auswerferkraft werden über Druckbolzen eingeleitet.

Im Werkzeuguntergestell ist die Preßplatte mit Ringzacke angebracht, die die Funktion des Niederhalters übernimmt. Sie führt den Schneidstempel und bestimmt die Lagegenauigkeit von Schneidstempel und Schneidplatte.

Der Schneidstempel ist über den Stempelkopf mit dem Schneidkraftzylinder fest verbunden, so daß sowohl Schneidkräfte als auch Rückzugkräfte übertragen werden können.

Während die zum Eindringen der Ringzacke benötigte Kraft direkt von der Maschine über das Werkzeuguntergestell auf die Preßplatte übertragen wird, muß die auf die Innenform wirkende Gegenkraft über Druckbolzen aufgebracht werden. Diese sind in Durchgangslöchern des Stempelkopfes geführt und übertragen mittels einer Brücke die Kraft auf den Innenformgegenhalter.

Aufgrund dieser Bauteilschwächung eignet sich das System „Beweglicher Stempel" lediglich für kleine, dünne Feinschnitteile, bei denen die erforderliche Schneidkraft gering ist. Dieses System hat allerdings den Vorteil, daß der scharfkantige Schneidstempel bei Verschleiß relativ einfach gewechselt werden kann, wobei Schneidplatte und Preßplatte im Werkzeug verbleiben können.

Das System „Fester Stempel" (Bild 4–41) eignet sich besonders für große und dicke Teile. Die vom Schneidstempel und der Schneidplatte aufzunehmende Schneidkraft wirkt auf große Flächen der Werkzeugelemente.

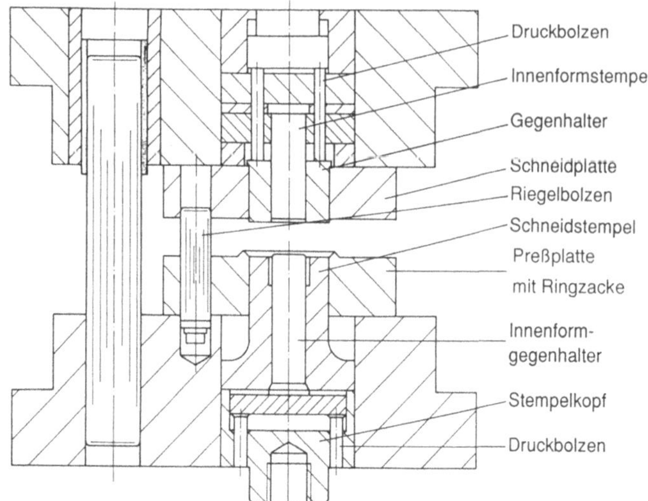

Bild 4–40. Feinschneidwerkzeug; System „Beweglicher Stempel".

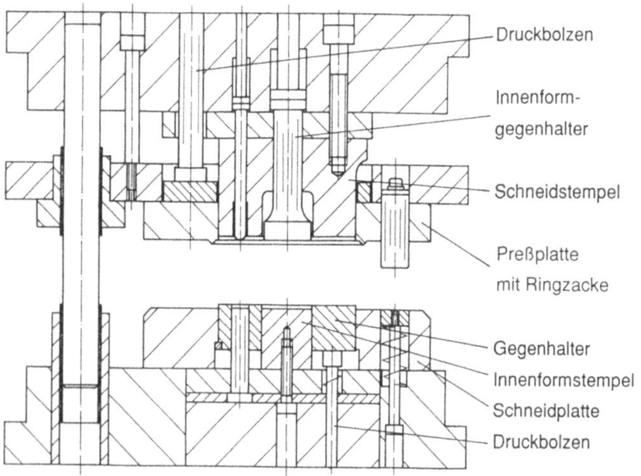

Bild 4–41. Feinschneidwerkzeug; System „Fester Stempel".

Der Schneidstempel ist im Oberwerkzeug fest angebracht, die Schneidplatte stützt sich auf dem Untergestell ab. Ringzackenkraft und Gegenkraft, deren Werte geringer als die Schneidkraft sind, werden durch Druckbolzen übertragen.

4.2.2.3 Werkzeugbaustoffe

Von dem aus mehreren Einzelteilen bestehenden Feinschneidwerkzeug werden die Aktivelemente, das sind beim reinen Schneiden der Schneidstempel und die Schneidplatte sowie die Innenformstempel, am stärksten belastet. Da sie nicht nur auf Bruch und Biegung sondern auch auf Zug belastet werden und weiterhin großem Verschleiß unterworfen sind, bedarf es einer sorgfältigen Auswahl des Werkzeugbaustoffs. Dieses ist oft mit Problemen verbunden, da sich die Grundeigenschaften der Werkstoffe wie:

- Festigkeit,
- Härte,
- Zähigkeit,
- Verschleißfestigkeit

gegenseitig beeinflussen. Während eine hohe Härte große Formbeständigkeit und Verschleißfestigkeit bedeutet, kann die damit verbundene geringere Zähigkeit von Nachteil sein. Dieses ist besonders dann der Fall, wenn dickere Teile mit unsymmetrischer Schnittliniengeometrie feingeschnitten werden. Umgekehrt hat eine erhöhte Zähigkeit eine geringere Härte, Formbeständigkeit und Verschleißfestigkeit zur Folge.

Für dieses Beanspruchungsprofil hat sich der Einsatz der in Tabelle 4–2 aufgeführten Stähle bewährt.

Für die Aktivelemente Schneidplatte und Schneidstempel werden fast nur noch Schnellarbeitsstähle eingesetzt. Diese können sowohl schmelzmetallurgisch als auch pulvermetallurgisch (S-PM) hergestellt sein. Da der Schneidstempel im Gegensatz zur Schneidplatte nicht nur auf Druck und Biegung, sondern auch auf Zug beansprucht wird, wird er nicht so hoch gehärtet wie die Schneidplatte. Die Härte des Schneidstempels wird zusätzlich auf die Blechdicke des zu schneidenden Werkstoffs abgestimmt [77].

Um negative Einflüsse von unregelmäßigem Gefüge und Verunreinigungen möglichst gering zu halten, wird bei der Werkzeugherstellung häufig an Stelle des geschmiedeten Gußblocks für die Aktivelemente ein Halbzeug verwendet, das nach dem Elektro-Schlacke-Umschmelz-Verfahren (ESU-Verfahren) oder pulvermetallurgisch hergestellt wurde.

Ein nach dem ESU-Verfahren umgeschmolzener Block zeichnet sich gegenüber dem konventionell vergossenen Block durch besseren Reinheits-

Tabelle 4–2. Werkzeugbaustoffe.

Werkzeug-element	Belastungs-art	Werkstoff-bezeichnung	Werkstoff-Nr.	Härte HRC
Schneidplatte	Druck Biegung Verschleiß	S-PM S 6-5-2	- 1.3343	62-64 62-64
Schneid-stempel	Zug, Druck Biegung Verschleiß	S-PM S 6-5-2	- 1.3343	60-62 60-62
Preßplatte (Führungs-platte)	Druck Biegung	X 155 Cr V Mo 12 1	1.2379	57-59
Auswerfer	Druck Biegung	X 155 Cr V Mo 12 1	1.2379	57-59
Druckbolzen	Druck	115 Cr V 13 105 W Cr 6 100 Cr 6	1.2210 1.2419 1.3505	57-59 56-58 59-61

(S-PM: pulvermetallurgisch hergestellter Schnellarbeitsstahl)

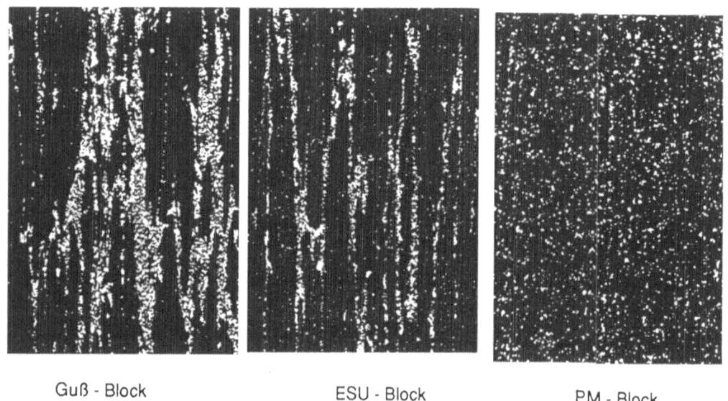

Bild 4–42. Gefüge unterschiedlich hergestellter Werkzeugstähle (nach Feintool).

grad, geringere Seigerungen, gleichmäßigere Karbidkorngröße über dem Blockquerschnitt und durch eine geringere Karbidentmischung zwischen Rand und Kern aus.

Die pulvermetallurgische Herstellung in der HIP-Technik von vorwiegend Schnellarbeitsstählen führt zu einem sehr homogenen, dichten Stahl, dessen Qualitätsverbesserung gegenüber den anderen Herstellverfahren in der Karbidkornverteilung und Karbidkorngröße liegt. Bild 4–42 zeigt die Gefüge unterschiedlich hergestellter Werkzeugstähle.

Neben den Werkzeugwerkstoffen aus Stahl werden besonders bei geringen Blechdicken und hohen Stückzahlen auch Hartmetalle der Gruppe G für den Schneidstempel und die Schneidplatte verwendet.

Um bei dickeren Teilen, die einen zäheren Werkzeugwerkstoff aufgrund der Biege- und Zugbeanspruchung benötigen, ausreichend hohe Standmengen und damit eine entsprechende Wirtschaftlichkeit erzielen zu können, werden Schneidelemente aus relativ zähem Werkstoff durch Nitrieren oder Borieren oberflächengehärtet oder mit Hartstoffschichten wie Titannitrid TiN oder Titancarbonitrid TiCN im PVD-Verfahren überzogen.

Verminderter abrasiver und adhäsiver Verschleiß, geringere thermische Belastungen der Werkzeuge und Rauhtiefen am Schnitteil von unter $R_a = 0{,}5\ \mu m$ sind die hervorstechenden Merkmale von Hartstoffbeschichtungen. Ferner sind komplexere Schnitteilgeometrien, die mit unbeschichteten Feinschneidwerkzeugen nicht herstellbar waren, erst mit beschichteten Werkzeugen ermöglicht worden.

4.2.3 Werkstoffe

Zum Feinschneiden eignen sich alle die metallischen Werkstoffe, die sich auch sonst gut kaltumformen lassen. Industriell von Bedeutung sind in erster Linie die breit gefächerte Palette der Stähle, die ca. 90% der Feinschnitteile ausmachen, sowie die NE-Metalle Aluminium und Kupfer mit ihren Legierungen.

4.2.3.1 Stähle

Stähle nehmen in der Feinschneidtechnik den größten Anteil der verarbeiteten Werkstoffe ein; sie werden als Streifenmaterial oder vom Coil in Feinschneidanlagen verarbeitet. Die Verwendung von Streifenmaterial hat den Vorteil des geringeren Verzuges des Feinschnitteils, während beim Arbeiten vom Coil eine höhere Stückleistung möglich wird.

Die diversen Stähle stehen heute als Warmband, Kaltband und Flachstahl zur Verfügung [13; 119; 221].

Die Wahl des Vormaterials wird durch die geforderten Eigenschaften und letztlich durch wirtschaftliche Aspekte bestimmt.

Die Qualitätsmerkmale des Vormaterials werden vor allem durch

- mechanische und metallographische Werkstoffeigenschaften,
- Oberflächengüte sowie
- Maß- und Formtoleranzen

bestimmt. Für jedes Werkstück, das feingeschnitten oder feingeschnitten und umgeformt wird, ist ein optimales Vormaterial hinsichtlich Qualität, Preis und Verarbeitungskosten auszusuchen.

Während unbehandeltes Warmband beim Feinschneiden eine untergeordnete Rolle spielt, da der anhaftende harte Zunder während des Schneidens abplatzt, den Schneidspalt zusetzt und stark verschleißend auf das Werkzeug wirkt, zeichnen sich gebeizte Warmbänder durch Eigenschaften aus, die heute im Wettbewerb mit Kaltbändern stehen, was besonders für weichgeglühte und egalisierte Warmbänder gilt.

Der Vorteil der Kaltbänder liegt in der noch breiteren Vielfalt an Eigenschaften, die auf die einzelnen Verarbeitungsschritte abgestimmt werden können.

Flachstähle spielen heute in Westeuropa, USA und Japan als Vormaterial keine nennenswerte Rolle mehr. Sie sind bei der Bearbeitung durch Feinschneiden durch behandeltes Warmband abgelöst worden.

Die Vielfalt der Flachprodukte mit ihren speziellen Eigenschaften macht es möglich, daß heute Stähle feingeschnitten werden, deren Qualitäten vom weichen Tiefziehstahl bis zum hochfesten, mikrolegierten Feinkornstahl reichen. Tabelle 4–3 zeigt eine Aufstellung der gebräuchlichsten Stähle in

Tabelle 4–3. Feinschneidbare Stähle (nach Brockhaus).

Kurzzeichen	Werkstoff Nr.	Zugfestigkeit in N/mm²		Feinschneidfähigkeit
		FS-Güte	EW-Güte	
St 2	1.0330	390	330	1
St 3	1.0333	370	320	1
RSt 37-2	1.0114	420	380	1
RSt 42-2	1.0134	440	400	1
St 52-2	1.0533	480	420	2
St 70-2	1.0632	530	490	2
Ck 10	1.1121	400	390	1
Ck 15	1.1141	420	400	1
Ck 35	1.1181	490	460	2
Ck 45	1.1191	510	480	2
Ck 75	1.1248	600	570	2
Ck 101	1.1274	650	600	3
QStE 380 N	1.0539	570	-	2
QStE 420 N	1.0590	610	-	2
QStE 500 N	1.0596	690	-	2
16 MnCr 5	1.7131	510	480	2
42 CrMo 4	1.7225	580	530	2
50 CrV4	1.8159	600	550	3
100 Cr 6	1.3505	650	590	3
X 7 Cr 13	1.4000	440	420	1
X 20 Cr 13	1.4021	640	600	2
X 40 Cr 13	1.4034	690	650	3
X 5 CrNi 18 10	1.4301	640	600	2

(Feinschneidfähigkeit: 1 = gut; 2 = mittel; 3 = schwierig,
FS-Güte: Feinschneid-Güte, EW-Güte: Extrem-Weich-Güte)

der Feinschneidtechnik. Hier ist eine Unterscheidung in Feinschneidgüten (FS) mit einer Zementit-Einformung von mindestens 95% und extrem weiche Güten (EW) mit einem Streckgrenzenverhältnis von maximal 60% für unlegierte C-Stähle bzw. maximal 70% für niedriglegierte Stähle vorgenommen worden [250]. Bei den EW-Güten liegen besonders ausgewählte Vormaterialien mit verbessertem Reinheitsgrad vor.

Für das Feinschneiden werden vom Werkstoff Eigenschaften verlangt, die eine hohe Umformung ermöglichen. Die Beurteilung des Werkstoffs erfolgt durch folgende Kenngrößen:

- Zugfestigkeit,
- Streckgrenze,
- Bruchdehnung,
- Brucheinschnürung,
- Härte,
- Karbideinformgrad, -korngröße und -verteilung und
- Ferritkorngröße.

Wie bei allen Kaltumformvorgängen lassen sich weiche, kohlenstoff- und legierungsarme Stähle gut feinschneiden. Die Festigkeitswerte dieser Werkstoffe sind niedrig, Bruchdehnung und Brucheinschnürung sind relativ groß. Die Stähle, deren Kohlenstoffgehalt bis ca. 0,1% C reicht, weisen als Hauptgefügebestandteil Ferrit auf, der gut umformbar ist. Mit zunehmendem Kohlenstoff- und Legierungsgehalt steigt die Festigkeit des Werkstoffs, der im Gefüge zusätzlich vorhandene Perlitanteil nimmt zu und verschlechtert die Feinschneideigenschaft ebenso wie die vorhandenen Karbide.

Werkstoffe mit höherem Kohlenstoff- und Legierungsgehalt müssen daher vor dem Umformen und Feinschneiden weichgeglüht werden, da sich lamellarer Zementit und Karbide schlecht feinschneiden lassen. Diese Gefügebestandteile sind zu spröde und führen zu Einrissen an der Schnittfläche, Bild 4–43 [6; 13; 14; 77; 215; 279].

Werkstücke aus weichgeglühtem Stahl müssen in der Regel nach dem Feinschneiden einer Wärmebehandlung unterzogen werden, wenn das Bauteil bestimmten Festigkeitsanforderungen genügen soll. Entsprechendes gilt für harte Randzonen, die durch Nitrieren, Zementieren oder Carbonitrieren oberflächengehärtet werden.

Im Gegensatz zu den schwer feinschneidbaren höherfesten Kohlenstoff- und Vergütungsstählen, deren Festigkeit mit zunehmendem Kohlenstoff- bzw. Legierungsgehalt steigt, lassen sich die hochfesten mikrolegierten Feinkornbaustähle gut feinschneiden [12; 119; 221]. Diese Stähle erhalten die

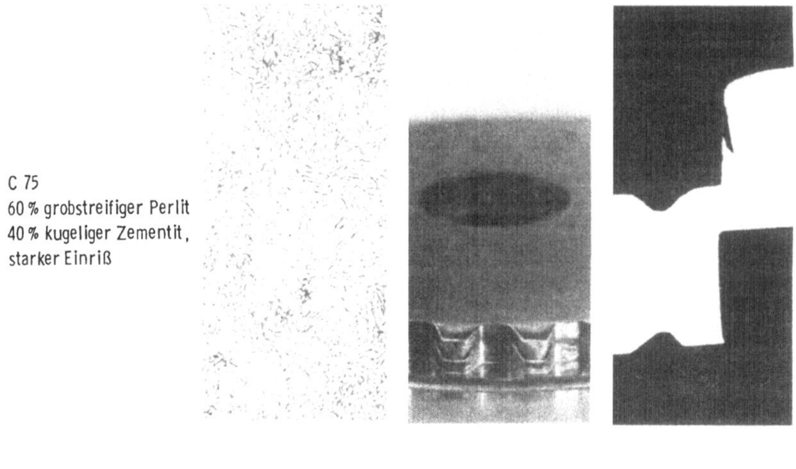

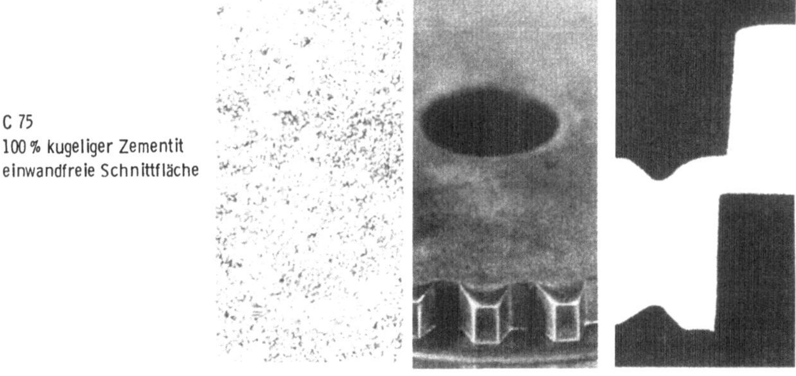

Bild 4–43. Schnittflächenqualität bei unterschiedlichem Gefüge des Werkstückstoffs (nach *Kurzhöfer*).

Festigkeit durch die Mechanismen der Mischkristallverfestigung, Feinkornbildung und Ausscheidungshärtung und erreichen bei perlitarmen bzw. perlitfreien Gefügen Festigkeitswerte bis zu $R_{p\,0,2} = 700\ N/mm^2$ und $R_m = 900\ N/mm^2$.

4.2.3.2 NE-Metalle

Die Feinschneidfähigkeit der NE-Metalle und ihrer Legierungen hängt vor allem von der chemischen Zusammensetzung, dem Kaltwalzgrad des Blechwerkstoffs und dem Aushärtungsgrad ab. Reines Aluminium und reines Kupfer lassen sich gut feinschneiden; das gleiche gilt für nicht aushärtbare Aluminium-Magnesium-Legierungen, z.B. AlMg 1 oder AlMg 3, deren Dehnungswerte in weichem Zustand mindestens 17% betragen [77]. Entsprechendes gilt für Kupfer-Zink-Legierungen (Messingsorten) bis zu einem Zinkgehalt von rd. 30%, da diese noch relativ weich sind. Einen Überblick über die gängigen feinschneidbaren NE-Metalle gibt Tabelle 4–4.

Mit zunehmendem Zinkgehalt nimmt die Feinschneidfähigkeit ab. Typische Qualitäten hierfür sind die Messingsorten CuZn 37 und CuZn 40. Bei

Tabelle 4–4. Feinschneidbare NE-Metalle.

Kurzzeichen	Werkstoff Nr.	Zugfestigkeit in N/mm^2	Feinschneidfähigkeit
Kupfer- und Kupferlegierungen			
C-Cu	2.0120	250	1
CuZn 10	2.0230	350	1
CuZn 20	2.0250	390	1
CuZn 30	2.0265	420	1
CuZn 37	2.0321	440	1
CuZn 40	2.0360	460	2
CuSn 2	2.1010	250	1
CuSn 8	2.1030	450	2
CuNi 12 Zn 24	2.0730	470	2
CuNi 25 Zn 15	2.0750	540	2
CuNi 5	2.0862	260	1
CuNi 25	2.0830	290	2
CuAl 5	2.0916	440	2
CuAl 8	2.0920	440	2
CuBe 1,7	2.1245	420	3
CuBe 2	2.1247	450	3
Aluminium- und Aluminiumlegierungen			
Al 99,5	3.0255	90	1
AlMn	3.0515	130	1
AlMg 1	3.3315	130	2
AlMg 3	3.3535	210	2
AlMgMn	3.3527	210	2
AlMgSi 1	3.2315	280	2
AlCuMg 1	3.1325	390	3
AlZnMg 1	3.4335	360	3

(Feinschneidfähigkeit: 1 = gut; 2 = mittel; 3 = schwierig)

noch größeren Zinkgehalten wird der Anteil spröder Phasen so groß, daß sich Ein- und Abrisse nicht vermeiden lassen.

Allgemein kann gesagt werden, daß die Feinschneidfähigkeit mit größerer Werkstoffestigkeit abnimmt; dabei ist es unwesentlich, ob die Festigkeitssteigerung durch Mischkristallhärtung oder durch das Kaltwalzen (Versetzungshärten) entstanden ist. Auch hochaushärtbare Aluminiumlegierungen sind schwer bzw. nicht mehr einrißfrei feinschneidbar.

4.2.4 Verfahrensvarianten und Fertigungsbeispiele

Die Produktpalette der Feinschnitteile reicht von sehr kleinen, dünnen Teilen, wie sie in der Kamera- oder Elektroindustrie vorkommen, bis zu großflächigen Werkstücken von 14 mm Blechdicke, die in der Automobilindustrie und im Landmaschinenbau Verwendung finden.

Die Bilder 4–44 und 4–45 zeigen beispielhaft Teile, wie sie in den verschiedenen Industriezweigen Verwendung finden. Die Fertigung kann dabei sowohl im Gesamtschnitt wie auch im Folgeschnitt oder durch Kombination von Feinschneiden mit Umformprozessen wie Prägen, Biegen, Stauchen erfolgen.

Der im Bild 4–44 gezeigte Steuerboden ist im Gesamtschnitt hergestellt.

Während ursprünglich die Fertigung des Steuerbodens für eine hydraulische Pumpe rein spanend erfolgte, hat sich die Herstellung durch Feinschneiden als wirtschaftlicher erwiesen, da alle notwendigen Toleranzen und Eigenschaften erreicht werden können.

Eine Maßtoleranz von ± 0,05 mm, hohe Werkstoffestigkeit am Fertigteil und ein sehr kleines Verhältnis von Schlitzbreite zu Blechdicke bestimmen den Feinschneid-Schwierigkeitsgrad. Die in der Scheibe nierenförmig angebrachten Schlitze müssen eng toleriert sein, um den durch Verdrehen der Scheibe bestimmten Ölfluß genau steuern zu können; weiterhin muß das Teil an allen Oberflächen vollkommen glatt, von geringer Rauhtiefe und widerstandsfähig gegen Abrieb sein.

Der Steuerboden wird aus einem 8,5 mm dicken Band feingeschnitten, entgratet und anschließend oberflächengehärtet. Alle Feinschnittflächen weisen 100% Glattschnitt auf, die Rauhtiefe beträgt in der Regel $R_a < 1$ µm.

Bei der Kombination von Umformen und Feinschneiden kommt der Werkstoffauswahl noch größere Bedeutung zu, da im Normalfall der Werkstoff zuerst umgeformt und damit kaltverfestigt wird und anschließend feingeschnitten werden muß. Eine extreme Verformung des Werkstoffs tritt bei der im Bild 4–45 gezeigten Fertigung eines Messers durch Umform- und Feinschneidoperationen auf.

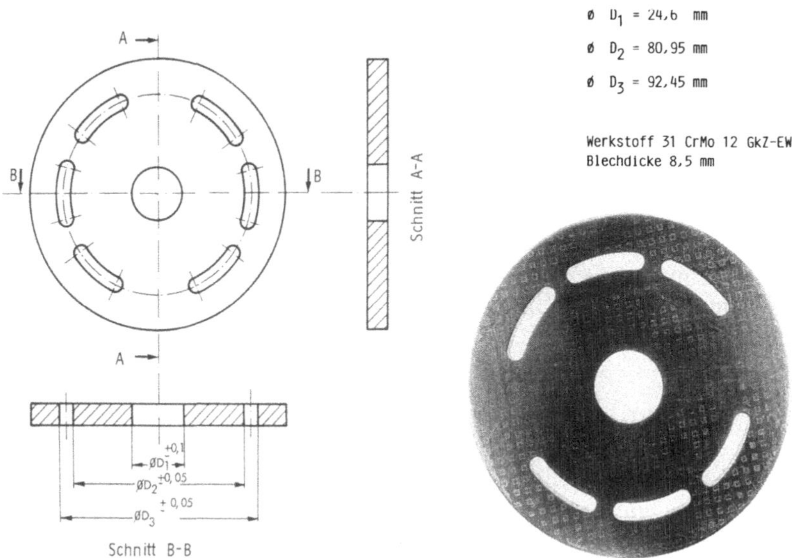

Bild 4–44. Feingeschnittener Steuerboden (Gesamtschnitt) (nach Feintool).

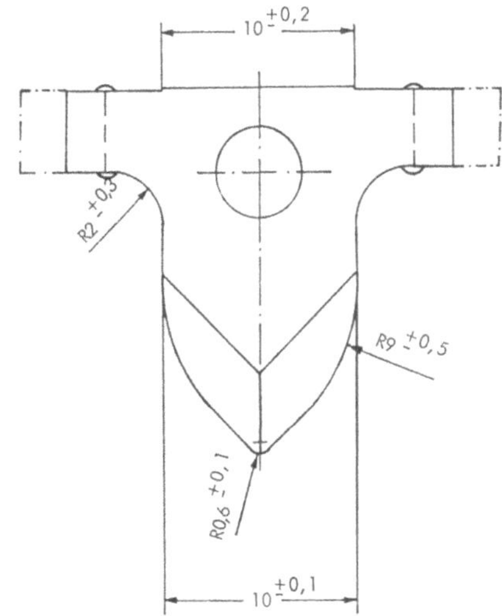

Bild 4–45.
Messer eines elektrischen Dosenöffners (nach Feintool).

Das für einen elektrischen Dosenöffner bestimmte Messer ist sowohl von seiner geometrischen Gestalt als auch von den geforderten Festigkeitseigenschaften als kompliziert zu bezeichnen. Obwohl neben sehr kleinen Maßtoleranzen die geforderten Werkstückeigenschaften wie dicke Werkstückaufnahme, dünne Messerspitze, zäher Werkstückkern und harte Messerschneide gegen eine rein umformtechnische Lösung sprechen, wird das Schneidmesser in einem Folgeverbundwerkzeug ohne spanende Bearbeitung einbaufertig hergestellt.

Aus einem weichgeglühten Streifenmaterial wird die Grundkontur freigeschnitten. In den darauffolgenden Stufen wird die Kontur des Messers durch Prägen, Feinschneiden und Biegen erzeugt. Nach dem Biegen um 90° folgt das Ausschneiden des Teils.

4.2.5 Fertigungsgenauigkeiten

Neben der allgemein üblichen Konstruktionsvermaßung wird die Bemaßung der Schnittfläche entsprechend Richtlinie VDI 2906, Blatt 5 und VDI 3345 nach dem im Bild 4–46 dargestellten Schema vorgenommen [274; 279].

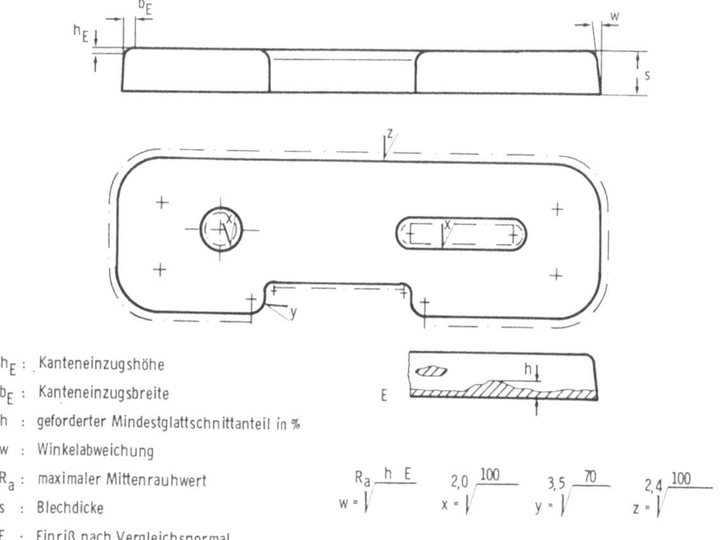

Bild 4–46. Vermaßung von Feinschnitteilen.

Man unterscheidet neben den vollkommen glatten Schnittflächen solche mit Einriß oder Abriß und kennzeichnet die Schnittflächengüte durch ein Symbol, das die maximal zulässige Rauhtiefe R_a sowie den Mindest-Glattschnittanteil h_s/s in Prozent von der Blechdicke s bei Abriß beinhaltet. Zur leichteren Bestimmung der Schnittflächengüte kann ein Oberflächenvergleichsnormal zur Hilfe genommen werden [279]. Hierin sind Beispiele für verschiedene Glattschnittanteile bei Abriß und bei Einriß enthalten, außerdem vier verschiedene qualitative Einrißformen und sechs verschiedene Oberflächenprofile mit Rauhtiefen von $R_a = 0{,}2$ bis 3,8 µm.

Typische Merkmale von Feinschnitteilen sind Kanteneinzug und Schnittgrat. Der Kanteneinzug ist von der geometrischen Form des Schnitteils abhängig. Während die Einzugstiefe mit kleiner werdendem Eckenradius und steigender Blechdicke zunimmt, wird sie durch höhere Werkstofffestigkeit verringert. Die Einzugstiefe kann rd. 20% und die Einzugsbreite rd. 30% der Blechdicke betragen [279].

Die Größe des Schnittgrates ist dagegen nur von der Werkstoffqualität und dem Zustand der Schneidkanten abhängig. Je weicher der Werkstoff und je verschlissener die Werkzeugkanten sind, desto größer ist der Schnittgrat. Er muß durch geeignete Verfahren wie z.B. Bandschleifen, Gleitschleifen oder elektrochemisch entfernt werden.

Die maßlichen Toleranzen von Feinschnitteilen liegen im Bereich von hundertstel Millimetern; für Außen- und Innenformen werden in der Tabelle 4–5 Toleranzen angegeben [77; 203; 279].

Da Feinschnittflächen durch plastisches Fließen des Werkstoffs entstehen, tritt mit zunehmendem Schneidweg eine Kaltverfestigung der Randzone auf.

Tabelle 4–5. Maßtoleranzen für Feinschnitteile.

Materialdicke in mm	Zugfestigkeit bis 500 N/mm² Innenformen ISO-Qualität	Aussenformen ISO-Qualität	Lochabstände	Zugfestigkeit über 500 N/mm² Innenformen ISO-Qualität	Aussenformen ISO-Qualität	Lochabstände
0,5...1	6...7	7	± 0,01 mm	7	8	± 0,01 mm
1...2	7	7	± 0,015 mm	7...8	8	± 0,015 mm
2...3	7	7	± 0,02 mm	8	8	± 0,02 mm
3...4	7	8	± 0,02 mm	8	9	± 0,02 mm
4...5	7...8	8	± 0,03 mm	8	9	± 0,03 mm
5...6	8	9	± 0,03 mm	8...9	9	± 0,03 mm
...6	8...9	9	± 0,03 mm	9	9	± 0,03 mm

Prinzipielle Härteunterschiede in der Randzone zeigen Lochwandungen, die mit unterschiedlich großem Schneidspalt geschnitten wurden und zum einen vollkommen glatt, zum anderen mit Abriß behaftet sind. Die Schnittflächen der Lochwandungen sowie der Härteverlauf in den Randzonen ist im Bild 4–47 dargestellt.

Die Kaltverfestigung der Randzone wirkt sich neben der Funktion als verschleißhemmende Schicht positiv auf das Bauteilverhalten der Werkstücke aus.

Dauerfestigkeitsuntersuchungen an innengelochten Flachstäben zeigten, daß das Verfahren Feinschneiden den herkömmlichen spanenden Verfahren in bezug auf die Dauerfestigkeit überlegen ist [120]. Die Dauerfestig-

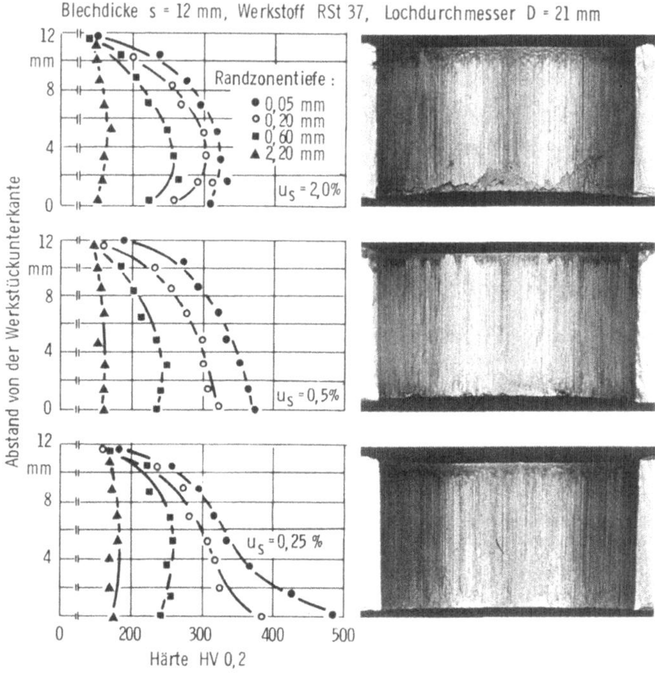

bez. Schneidspalt u_S Gegenhalterkraft F_G = 200 kN
Niederhalter mit Ringzacke Niederhalterkraft F_N = 400 kN

Bild 4–47. Schnittflächenqualität und Randzonenbeschaffenheit von feingeschnittenen Löchern in Abhängigkeit vom Schneidspalt.

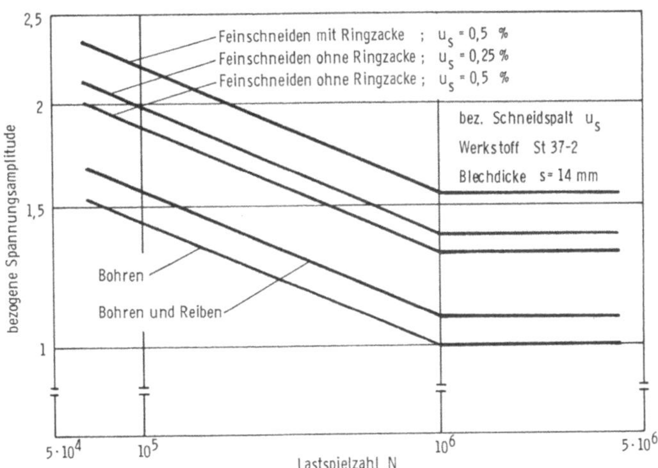

Bild 4–48. Wöhlerschaubild für gelochte Proben, die durch Feinschneiden bzw. Zerspanen hergestellt wurden (nach *Fritsch*).

keitswerte der feingeschnittenen Proben liegen über den Werten der spanend gefertigten Proben, Bild 4–48.

Ein dem Bohren nachgeschalteter Reibvorgang bewirkt eine Anhebung der Dauerfestigkeit, jedoch liegen diese Werte ebenfalls niedriger als bei den feingeschnittenen Proben. Ein kleiner Schneidspalt von $u_s = 0{,}25\,\%$ bewirkt gegenüber einem Schneidspalt von $u_s = 0{,}5\,\%$ eine Steigerung der Dauerfestigkeit. Auffallend ist, daß die von der Ringzacke um das Loch konzentrisch eingepreßte Kerbe sich entgegen den Erwartungen positiv auf die Dauerfestigkeit auswirkt.

4.3 Verfahren mit energiereichen Strahlen

4.3.1 Laserstrahlschneiden

Das Laserstrahlschneiden ist ein flexibles und leistungsfähiges thermisches Schneidverfahren, das einen festen Platz unter den trennenden Blechbearbeitungsverfahren hat und gerade in den letzten Jahren eine immer größere Verbreitung findet. Im industriellen Einsatz werden heute überwiegend schnell längsgeströmte CO_2-Gaslaser ($\lambda = 10{,}6\,\mu m$) und in zunehmendem Maße auch Nd:YAG-Festkörperlaser ($\lambda = 1{,}06\,\mu m$) zum Schneiden verwendet. Der Grund für den weit verbreiteten Einsatz von

CO_2-Lasern liegt zum einen in dem ausgereiften Entwicklungsstadium dieses Lasertyps und zum anderen in den hohen verfügbaren Strahlleistungen (bis zu mehreren kW). Mit der fortschreitenden Entwicklung der Nd:YAG-Laserstrahlquellen, der damit verbundenen Steigerung der verfügbaren Strahlleistung und den Vorteilen der kurzwelligeren Nd:YAG-Strahlung, ist die zunehmende Anwendung dieses Lasers in der Materialbearbeitung, speziell beim Schneiden, zu verzeichnen. Die wesentlichen Vorteile dieses Lasertyps gegenüber dem CO_2-Laser sind die höhere Absorption der kurzwelligeren Nd:YAG-Strahlung an metallischen Oberflächen und die Möglichkeit, die Strahlung mittels Lichtleitfasern an den Bearbeitungsort zu führen, woraus eine entsprechend leichte Handhabbarkeit resultiert. Nd:YAG-Laserstrahlquellen stehen heute mit einer Ausgangsleistung bis zu 3 kW für den industriellen Einsatz zur Verfügung. Dennoch ist der CO_2-Laser zum jetzigen Zeitpunkt nach wie vor der am häufigsten verwendete Lasertyp für die Materialbearbeitung, wobei das Schneiden von Metallen die überwiegende Anwendung ist.

Die von der Strahlquelle erzeugte Laserstrahlung besitzt ausgezeichnete Eigenschaften, welche die Anwendung der Laserstrahlung in der Materialbearbeitung erst ermöglichen. Laserlicht zeichnet sich gegenüber der Strahlung konventioneller Lichtquellen durch folgende Eigenschaften aus:

- Monochromasie (Strahlung gleicher Wellenlänge),
- zeitliche und räumliche Kohärenz (gleiche Phasenlage),
- geringe Divergenz,
- hohe Strahlintensität.

Die jeweiligen Werte für diese charakteristischen physikalischen Größen resultieren aus dem laseraktiven Medium, dem Pumpverfahren und aus dem zur Erzielung des Lasereffektes notwendigen technischen Aufbau der Strahlquelle. Sie können für die einzelnen Lasertypen sehr unterschiedlich sein [24; 96; 116].

Um die für die Materialbearbeitung nötigen, je nach Bearbeitungsverfahren unterschiedlich hohen Laserstrahlintensitäten zu erzeugen, wird die aus der Strahlquelle austretende Laserstrahlung an der Prozeßstelle fokussiert. Die Fokussierung der Laserstrahlung erfolgt beim Schneiden in der Regel durch Linsen, wodurch Laserstrahlintensitäten $> 10^5$ bis 10^6 W/cm^2, wie sie zum Trennen von Metallen mindestens nötig sind, erreicht werden. Der fokussierte Laserstrahl wird durch entsprechende Handhabungssysteme relativ zum Werkstück bewegt und erzeugt so im Zusammenwirken mit dem Prozeßgasstrom die Schnittfuge.

Im Vergleich zu anderen Trennverfahren zeichnet sich das Laserstrahlschneiden durch eine schmale Schnittfuge bei gleichzeitig nahezu senkrechten Schnittflanken aus. Die Beurteilung der Bearbeitungsergebnisse erfolgt dabei in Anlehnung an die DIN 2310, Teil 5 [263]. Weitere Vorteile des Verfahrens sind die berührungslose Bearbeitung, die geringe thermische Belastung des Bauteils und die hohen Bearbeitungsgeschwindigkeiten. Das Bauteilspektrum beim Laserstrahlschneiden umfaßt zweidimensionale und auch dreidimensionale Geometrien. Beim Zuschnitt von ebenen Blechtafeln werden in der Regel CNC-gesteuerte Schneidmaschinen mit zweiachsiger Handhabung eingesetzt, die über maximale Laserstrahlleistungen von 1 bis 2,5 kW verfügen, mit denen größere Blechdicken bis zu 10 mm und darüber getrennt werden können. Komplexe räumliche Konturschnitte werden mit 3D-Bearbeitungsmaschinen, die über wenigstens fünf Bewegungsachsen verfügen, durchgeführt; ein typischer Anwendungsfall ist hier das dreidimensionale Besäumen von tiefgezogenen Karosseriebauteilen im Prototypenbau.

Bei Verwendung von CO_2-Lasern erfolgt die Strahlführung von der Strahlquelle zum Bearbeitungsort über Umlenkspiegel. Im Falle einer bewegten Optik wird der Laserstrahl mit translatorisch und/oder rotatorisch bewegten Spiegeln zum Teil über Entfernungen von mehreren Metern geführt; dies bedingt gerade bei fünf- und mehrachsigen Handhabungssystemen entsprechend hohe Anforderungen an das mechanische und thermische Verhalten des Strahlführungssystems. Wird dagegen ein Nd:YAG-Laser in Kombination mit einem 3D-Handhabungssystem verwendet, ist bei Verwendung einer Lichtleitfaser zur Strahlführung ein erheblich geringerer konstruktiver Aufwand nötig.

4.3.1.1 Verfahrensprinzip

Der Schneidprozeß stellt sich als Überlagerung zweier gleichzeitig an der Prozeßstelle ablaufender Teilvorgänge dar. Das Verfahrensprinzip beruht darauf, daß der fokussierte Laserstrahl an der Schneidfront innerhalb der Schnittfuge absorbiert wird und so die zum thermischen Trennen benötigte Energie ganz oder teilweise bereitgestellt wird. Zusätzlich wird durch die konzentrisch angeordnete Schneiddüse Prozeßgas zugeführt, Bild 4–49. Das Prozeßgas soll einerseits die Fokussieroptik vor Dämpfen und Spritzern aus dem Prozeß schützen und andererseits den abgetragenen Werkstoff durch seine kinetische Energie aus dem Schnittspalt austreiben.

Wird der Fugenwerkstoff als Flüssigkeit, Oxid oder Dampf aus der Schnittfuge entfernt, sind die drei Verfahrensvarianten Schmelz-, Brenn- und Sublimierschneiden zu unterscheiden [31; 96; 116; 246]. Das Laserstrahlsublimierschneiden tritt nur dann ein, wenn Werkstoffe geschnitten werden, die keinen ausgeprägten schmelzflüssigen Zustand besitzen, wie

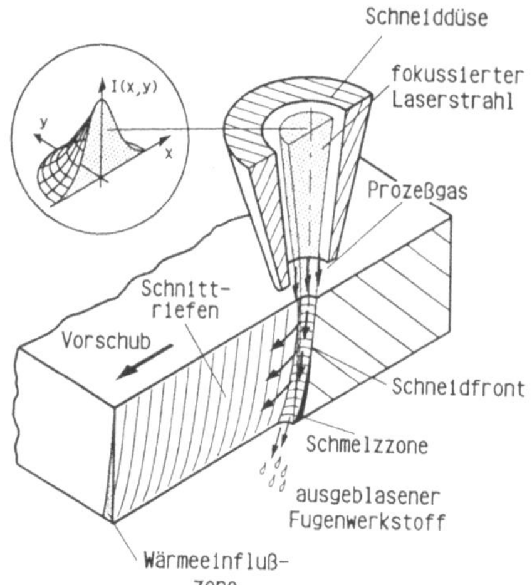

Bild 4–49.
Prinzip des Laserstrahlschneidens.

zum Beispiel Holz, Papier oder Kunststoffe. Für die Metallbearbeitung hat das Sublimierschneiden daher keine Bedeutung. Vielmehr kommt das Laserstrahlbrenn- und -schmelzschneiden in der Blechbearbeitung zur Anwendung.

4.3.1.2 Schneidverfahren und Anwendungsfelder

Laserstrahlbrennschneiden

Das Laserstrahlbrennschneiden ist das am häufigsten angewendete Laserschneidverfahren mit der größten industriellen Relevanz beim Trennen von Metallen. Dabei wird der Werkstoff, ähnlich wie beim autogenen Brennschneiden auf Entzündungstemperatur erwärmt und durch die Zugabe von Sauerstoff verbrannt. Es findet eine exotherme Reaktion zwischen dem Eisenwerkstoff und dem Schneidsauerstoff statt, die den Schneidvorgang in einem erheblichen Maße unterstützt, wodurch hohe Schneidleistungen realisiert werden können. Das entstehende Eisenoxid (Schlacke) wird vom Sauerstoffstrahl aus der Schnittfuge geblasen. Prinzipiell müssen für die Anwendbarkeit des Brennschneidens mit dem Laser, ebenso wie beim autogenen Brennschneiden, drei Voraussetzungen erfüllt sein [44]. Zum einen muß die Entzündungstemperatur des zu schneidenden Werkstoffs im Sauerstoffstrom niedriger sein als die Schmelztemperatur, zum anderen darf die Schmelztemperatur der sich bildenden Metalloxide nicht höher liegen als die des Metalles und schließlich muß durch eine ausgeglichene Wärmebilanz gewährleistet sein, daß die Temperatur an der Schneidstelle nicht unter die Entzündungstemperatur sinkt.

Nachteilig kann sich beim Brennschneiden die an den Schnittflächen entstehende, dünne Oxidhaut auswirken. Trotzdem ist das Laserstrahlbrennschneiden das am häufigsten angewendete Laserschneidverfahren. Das Laserstrahlbrennschneiden kommt vorzugsweise beim Trennen von unlegiertem und niedriglegiertem Stahl zum Einsatz. Es wird dabei im Vergleich zum Laserstrahlschmelzschneiden eine etwa 5- bis 10fach höhere Vorschubgeschwindigkeit erreicht. Mit CO_2-Laserstrahlquellen im Leistungsbereich bis 2,6 kW können beispielsweise unlegierte und niedriglegierte Stahlwerkstoffe bis zu einer Dicke von 20 mm getrennt werden, Bild 4–50.

Der Haupteinsatzbereich des Laserstrahlbrennschneidens liegt aber vorzugsweise im Bereich bis 10 mm Materialdicke; dabei werden Schnittspaltbreiten < 0,3 mm erzielt. Typische Werte für die gemittelte Rauhtiefe liegen beispielsweise bei einer Blechdicke von s = 1 mm bei R_z = 10 µm und nehmen mit steigender Materialdicke progressiv auf Werte im Bereich R_z = 50 µm bei s = 8 mm zu. Mit weiter steigender Blechdicke (s > 10 mm) sind höhere Laserleistungen (P_L > 2 kW) erforderlich und es wird zunehmend schwieriger, die Reaktionsprodukte durch den Sauerstoffstrahl aus der Schnittfuge zu entfernen, wobei es teilweise zum Ausbrennen der Schnittfuge kommen kann. Die Folge ist eine erhöhte Schnittfugenkonizität, verbunden mit einer im Vergleich zu dünneren Blechen erheblich

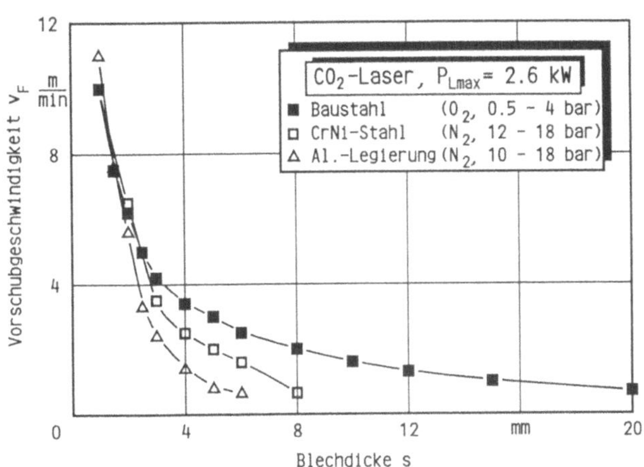

Bild 4–50. Typische maximale Schneidgeschwindigkeiten für das Laserstrahlbrenn- und -schmelzschneiden von verschiedenen Metallen mit einem konventionellen Lasersystem mit einer maximalen Strahlleistung von 2,6 kW (nach Trumpf).

schlechteren Schnittflächenqualität. Diese Problematik war Gegenstand neuester Untersuchungen [59], in denen das Laserstrahlbrennschneiden niedriglegierter Stähle eingehend untersucht und zwei Möglichkeiten der Prozeßoptimerung vorgestellt werden.

Die eine Möglichkeit besteht darin, das Laserstrahlbrennschneiden als reaktionsbestimmten Schneidprozeß zu optimieren, wobei durch eine zusätzliche Heizquelle die Werkstückoberfläche rings um die Schneidfront permanent auf Zündtemperatur der Eisen-Sauerstoffreaktion gehalten wird. Als Wärmequellen bieten sich dabei ein zweiter Laserstrahl, eine induktive Heizung oder eine Brennerflamme an. Dieses in [59] als „Abbrandstabilisiertes Laserstrahlbrennschneiden" bezeichnete Verfahren ermöglicht im Bereich großer Blechdicken ($s > 10$ mm) eine Steigerung der Vorschubgeschwindigkeit um bis zu 100%. Die andere, in [59] beschriebene Möglichkeit der Verfahrensverbesserung ist die Optimierung des laserbestimmten Schneidprozesses. Hier wird über die Dämpfung der Eisenverbrennung durch Reduktion des Sauerstoffangebotes und Kühlung der Werkstückoberfläche oder über die teilweise Verdampfung des Fugenmaterials im Pulsbetrieb eine Optimierung des Prozeßverlaufs für Blechdicken $s < 15$ mm erreicht.

Eine weitere Werkstoffgruppe, welche mittels Laserstrahl-Brennschneiden getrennt werden kann, ist die der Chrom- und Chrom-Nickel-Stähle. Die aus dem Grundwerkstoff und Oxiden bestehende Schmelze kann aufgrund ihrer hohen Viskosität nicht vollständig aus der Schnittfuge entfernt werden und setzt sich an der Unterseite der Schnittkanten als schwer entfernbarer Grat ab. Die die Schnittfläche überziehende Oxidschicht und der bei höheren Blechdicken im allgemeinen unvermeidbare Grat an der Blechunterseite sind Ausgangspunkte für Korrosion und daher nur selten tolerierbar. Das Laserstrahlbrennschneiden von rostfreien Stählen wird dann eingesetzt, wenn die Schnittflächenqualität gegenüber einer höheren Vorschubgeschwindigkeit eine untergeordnete Rolle spielt. Werden oxidfreie Schnittflächen gefordert, müssen zum Schneiden inerte Gase verwendet werden.

Laserstrahlschmelzschneiden

Beim Schmelzschneiden wird der Werkstoff ausschließlich durch die Energie der absorbierten Laserstrahlung aufgeschmolzen und im schmelzflüssigen Zustand durch ein reaktionsträges oder inertes Prozeßgas aus der Schnittfuge geblasen. Als Prozeßgase werden aus Kostengründen vorzugsweise Stickstoff, aber im Einzelfall auch Edelgase wie Argon oder Helium, eingesetzt. Die dabei angewendeten Gasdrücke können Werte bis zu 20 bar (HIG-Schneiden, **H**ochdruck-**I**nertgas-**S**chneiden) erreichen [209].

Durch die im Vergleich zum Brennschneiden fehlende Verbrennungswärme und die schlechtere Absorption der Laserstrahlung in der Schnittfuge ist die Vorschubgeschwindigkeit deutlich geringer als beim Laserstrahlbrennschneiden. Die erzeugten Schnittkanten sind aufgrund der Schutzgaswirkung des reaktionsträgen bzw. inerten Prozeßgases oxidfrei. Das Laserstrahlschmelzschneiden kommt vorzugsweise zum Einsatz, wenn z.B. bei Edelstählen oxidfreie Schnittkanten gefordert werden, Bild 4–51. Es werden dabei deutlich geringere Vorschubgeschwindigkeiten als beim Brennschneiden von Baustahl erzielt (vgl. Bild 4–50), ebenso ist die maximal trennbare Materialdicke vergleichsweise gering. Eine weitere Anwendung ist das Trennen von hochschmelzenden Nichteisenwerkstoffen wie Titan.

Laserstrahlschneiden von NE-Metallen

Das industriell bedeutendste NE-Metall ist das Aluminium bzw. dessen Legierungen. Die Eignung von Al-Legierungen zum Laserstrahlschneiden ist im Vergleich zu den Fe-Legierungen jedoch erheblich geringer. Die Ursachen hierfür liegen im wesentlichen in dem hohen Reflexionsvermögen, der hohen Wärmeleitfähigkeit und der Neigung zur Bildung hoch-

Bild 4–51. Bearbeitungsbeispiele zum Laserstrahlschmelzschneiden von rostfreien Stählen.

schmelzender Oxidhäute dieser Werkstoffgruppe, wodurch die Laserstrahlschneidbarkeit erheblich reduziert wird. Ein Ansatz zur Verbesserung der Schneidbarkeit von Al-Legierungen ist der Einsatz des Nd:YAG-Lasers. Mit einem Nd:YAG-Laser lassen sich gegenüber einem CO_2-Laser bei gleicher Schnittspaltweite höhere Vorschubgeschwindigkeiten aufgrund eines größeren Absorptionsgrades der Laserstrahlung an der Schneidfront erzielen. Dies ist allerdings in Abhängigkeit der Strahlformung des fokussierten Laserstrahles auf den Bereich kleiner Blechdicken begrenzt [78].

In der Regel werden Al-Legierungen mit Stickstoff als Prozeßgas laserstrahlschmelzgeschnitten, wobei nur sehr geringe Vorschubgeschwindigkeiten bei hohen Schneidgasdrücken erreicht werden (vgl. Bild 4–50). Gleichzeitig werden aufgrund der hochschmelzenden Oxide nur vergleichsweise mäßige Schnittkantenqualitäten erreicht. Besonders bei höheren Blechdicken bildet sich an der Blechunterseite ein Grat, der durch mechanische Nacharbeit entfernt werden muß.

Das Laserstrahlschneiden von Kupfer- und Messingwerkstoffen wird ebenso wie beim Aluminium, allerdings in einem noch höherem Maße, durch ein sehr hohes Reflexionsvermögen in Verbindung mit einer sehr hohen Wärmeleitfähigkeit erschwert. Diese Werkstoffe können prinzipiell mit dem Laser getrennt werden. In der Praxis sind diese Werkstoffe aufgrund der genannten Hemmnisse nur bis ca. 2 mm (Ms) bzw. 1 mm (Cu) Materialdicke schneidbar.

4.3.1.3 Vergleich mit konkurrierenden Trennverfahren

Das Laserstrahlschneiden als trennendes Fertigungsverfahren der Blechbearbeitung steht in einigen Anwendungsfällen in direkter Konkurrenz zu „konventionellen" Trennverfahren. Die wichtigsten Trennverfahren sind dabei das Plasmaschneiden und das Stanzen bzw. Nibbeln (vgl. Abschn. 4.1 und 4.2). Eine konkurrenzlose Anwendung des Laserstrahlschneidens ist das Besäumen von komplexen dreidimensionalen Geometrien in Verbindung mit einem fünf- oder mehrachsigen Handhabungssystem. Diese Technologie ist prinzipiell auch beim Plasmaschneiden anwendbar, wird allerdings nicht durchgeführt, so daß für derartige Anwendungsfälle nur das Laserstrahlschneiden zur Verfügung steht.

In der ebenen Blechbearbeitung ist das Plasmaschneiden und das Stanzen bzw. Nibbeln eine direkte Konkurrenz zum Laserstrahlschneiden. Mit dem Plasmaschneiden steht, wie auch beim Laserstrahlschneiden, durch die frei wählbare Programmierung der Schnittkontur, ein geometrisch ähnlich hoch flexibles Trennverfahren zur Verfügung. Die Schnittfugenbreite liegt im Bereich von 2 bis 4 mm und somit um das 20- bis 40fache über den beim

Laserstrahlschneiden üblichen Werten. Es bildet sich eine vergleichsweise stark konische Schnittfuge aus. Die erreichbaren Schnittgeschwindigkeiten liegen beispielsweise beim Schneiden von Stahl St 37 deutlich über denen beim Laserstrahlschneiden. Besonders mit zunehmender Blechdicke kann mittels Plasmaschneiden eine erheblich höhere Vorschubgeschwindigkeit erreicht werden. Bei einer Blechdicke von 10 mm beträgt beim Plasmaschneiden die Vorschubgeschwindigkeit $v_F = 3{,}5$ m/min im Vergleich zu $v_F = 1{,}1$ m/min beim Laserstrahlschneiden. Das Plasmaschneiden ist damit dem Laserstrahlschneiden im Bereich hoher Blechdicken bezüglich der erreichbaren Prozeßgeschwindigkeiten überlegen, wenn keine hohen Qualitätsanforderungen an die Schnittkantengüte gestellt werden und große Schnittspaltweiten toleriert werden können.

Ein Vergleich der Verfahren Stanzen bzw. Nibbeln mit dem Laserstrahlschneiden ist aufgund des nicht formgebenden Laserstrahles und dem im Gegensatz dazu mit formgebenden Werkzeugen arbeitenden Stanzen und Nibbeln immer nur in Abhängigkeit der zu erzeugenden Schnittgeometrie zulässig. Dieser Sachverhalt wird anhand der im Bild 4–52 abgebildeten Werkstückgeometrie aus St 37 (s = 2 mm) deutlich.

Die Löcher mit 30 mm Durchmesser lassen sich sowohl Stanzen als auch durch Lasertrahlschneiden herstellen. Für den Stanzvorgang werden je Loch ca. 0,25 s benötigt, der Laser braucht für den zeitraubenden Einstechvorgang und den Schnitt ca. 1 s, woraus die im Bild 4–51 angege-

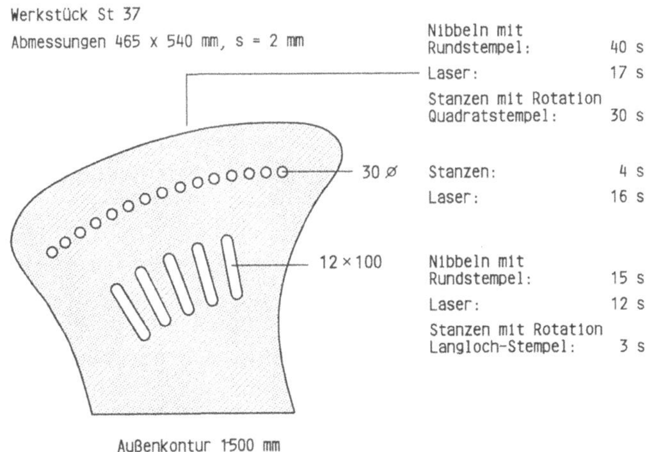

Bild 4–52. Vergleich Stanzen/Nibbeln – Laserstrahlschneiden (nach Trumpf).

bene, relativ hohe Bearbeitungszeit für das Laserstrahlschneiden der Löcher resultiert.

Das Langloch kann in 3 s mit einem Rundstempel genibbelt oder in 2,5 s mit dem Laser geschnitten werden. Das Stanzen der Langlöcher mit einem Langlochstempel in mehreren Hüben ist in diesem Anwendungsfall eine zeitlich sehr vorteilhafte Bearbeitungstechnik. Dabei wird ein frei drehbares (Rotation), CNC-gesteuertes Langlochwerkzeug eingesetzt, mit dem Langlöcher in beliebigen Winkellagen in der Blechtafel erzeugt werden können. Diese Technologie ermöglicht das Einbringen eines Langloches in nur 0,5 s. Die Rauhigkeit beträgt 0,2 mm beim Nibbeln, 0,03 mm beim Stanzen und 0,01 mm beim Laserstrahlschneiden.

Die Bearbeitungszeit für die Außenkontur beträgt beim Laserstrahlschneiden 17 s, während beim Nibbeln mit einem Rundstempel 40 s benötigt werden. Wird dagegen die Außenkontur mittels eines Quadratstempels mit Rotation erzeugt, der im Vergleich zum Nibbeln mit einem Rundstempel einen höheren Vorschub pro Hub ermöglicht, reduziert sich die Bearbeitungszeit auf 30 s. Es ist anzumerken, daß sowohl beim Nibbeln als auch beim Stanzen mittels Quadratstempel im Gegensatz zum Laserstrahlschneiden nicht exakt die vorgegebene Bauteilkontur erzeugt werden kann. Vielmehr wird in Abhängigkeit vom Stempeldurchmesser beim Nibbeln bzw. von der Quadratkantenlänge beim Stanzen und dem Vorschub pro Hub mehr oder weniger eine Sägezahnkontur bzw. ein Polygonzug erzeugt. Bei vielen Bearbeitungsaufgaben ist eine derartige Ausbildung der Schnittkante, sofern diese keine Funktionskante ist oder lediglich als Trennkante dient, tolerierbar.

Anhand der im Bild 4–52 vorgestellten Bearbeitungsaufgaben wird deutlich, daß weder dem Laserstrahlschneiden noch dem Stanzen bzw. Nibbeln eindeutige verfahrensspezifische Vorteile zuzuschreiben sind, welche eines der Verfahren als das Vorteilhafteste erscheinen lassen würde. Vielmehr ist die richtige Auswahl des Trennverfahrens in Abhängigkeit von der Bearbeitungsgeometrie und den Anforderungen, die an die Schnittkantenqualität gestellt werden, zu treffen, um eine möglichst wirtschaftliche Fertigung zu erzielen. Diesem Umstand haben die Hersteller von Blechbearbeitungsmaschinen Rechnung getragen, indem sie Maschinentypen, die aus einer Kombination von Stanz- und Laserschneidmaschine bestehen, anbieten. Hierbei werden viele Lochungen gleicher Durchmesser durch Stanzen erzeugt, während geometrisch komplexere Konturen mit höheren Schnittlängen, Langlöcher, schmale Stege und Löcher verschiedener Durchmesser dem Laser vorbehalten bleiben oder auch durch Stanzwerkzeuge mit Rotation hergestellt werden [28].

4.3.2 Wasser-Abrasivstrahlschneiden

Die Nutzung von feststoffbeladenen Wasserstrahlen hoher kinetischer Energie als Schneidwerkzeug in der Fertigung stellt eine noch junge Erweiterung der Anwendungen des Wirkmediums Wasser zur Stofftrennung dar. Die spezifischen Verfahrenseigenschaften, die in vielen Anwendungsfällen gegenüber klassischen Trenntechniken Vorteile in sich bergen, liegen u. a. im athermischen Charakter des Prozesses, der geringen mechanischen Belastung des Werkstückes sowie der weitgehenden Verschleißfreiheit aufgrund des Fehlens eines im Eingriff befindlichen Werkzeuges. Ähnlich dem Prinzip der Strahlerzeugung in der Sandstrahltechnik dient ein fluidgetragener Impulsstrom zur Leistungsübertragung an ein Strahlmittel, das mit hoher kinetischer Energie in seinem Wirkungsbereich am Bauteil einen Materialabtrag im Sinne eines gezielt eingesetzten Abrasionsvorgangs bewirkt. Gegenüber dem dort üblichen Treibmedium Luft bietet der Wasserstrahl als Impulsträger die Vorteile höherer Leistungsdichten und besserer Strahlkohärenz und somit höherer Trennwirkung. Damit steht ein Schneidverfahren zur Verfügung, für das hinsichtlich der bearbeitbaren Werkstoffpalette nahezu keinerlei Restriktionen bestehen. Die Grenzen der Anwendung liegen aus technischer Sicht in der Größe der maximal trennbaren Werkstückdicke, den gestellten Qualitätsforderungen und der zu bearbeitenden Bauteilform.

Eine grundlegende Übersicht über das Verfahren und dessen Einsatzmöglichkeiten findet sich im Band 3 dieser Buchreihe. Im folgenden Abschnitt liegen die Schwerpunkte der Betrachtungen in der Anwendung des „Werkzeuges“ Wasser-Abrasivstrahl auf ebene metallische Werkstoffe und die charakteristischen Merkmale des damit erzielbaren Bearbeitungsergebnisses.

4.3.2.1 Eigenschaften des Prozesses und des Schnittergebnisses

Der Abtragvorgang beim Wasser-Abrasivstrahlschneiden erfolgt durch das Auftreffen einer großen Anzahl von Feststoffpartikeln hoher Härte und hoher kinetischer Energie auf die Werkstückoberfläche. Dabei wird durch Ablösen von Werkstückmaterial nach unterschiedlichen Mechanismen ein Massenabtrag am Werkstück im Sinne einer Mikrozerspanung erzeugt. Hierbei lassen sich signifikante Analogien zu Verschleiß- und Erosionsvorgängen ziehen [53; 54; 84; 199; 238]. Die dabei entstehenden Abtragprodukte sind in ihren volumetrischen Abmessungen, abhängig von der Kornklasse des verwendeten Strahlmittels, drei bis vier Größenordnungen kleiner als die abtragenden Feststoffpartikel [199].

Die nach der Bearbeitung vorliegende Schnittflächentopografie wie auch die Geometrie des Schnittspaltes werden dominant durch die Verfahrenseigenschaften und die dem Abtragfortschritt zugrundeliegenden Mechanismen geprägt. Eine allgemeingültige mathematische Formulierung des Schneidvorgangs ist bis heute nicht möglich, da zum einen der Abrasivstrahl und der Materialabtrag durch Abmessungen und Geschwindigkeiten gekennzeichnet sind, die außerhalb des Gültigkeitsbereiches klassischer strömungs- und bruchmechanischer Kennwerte liegen. Zum anderen resultieren Schwierigkeiten bei der Beschreibung aus den rückkopplungsbehafteten Wechselwirkungen zwischen dem instabilen und verformungsfähigen Werkzeug des Prozesses und den an der Wirkstelle zeitlich und örtlich veränderlichen Eingriffsbedingungen.

Das charakteristische Erscheinungsbild mit Wasser-Abrasivstrahlen erzeugter Oberflächen und Schnittfugen ist im Bild 4–53 dargestellt. Kennzeichnende Merkmale bilden dabei eine qualitativ hochwertige riefenfreie Zone im Bereich des Strahleintrittes und eine mit zunehmender Strahllauflänge anwachsende Welligkeit der Schnittfläche. Diese Welligkeit weist eine – auch vom Verfahren des Brennschneidens her bekannte – Struktur mit einer Krümmung entgegen der Vorschubrichtung des Wasser-Abrasiv-

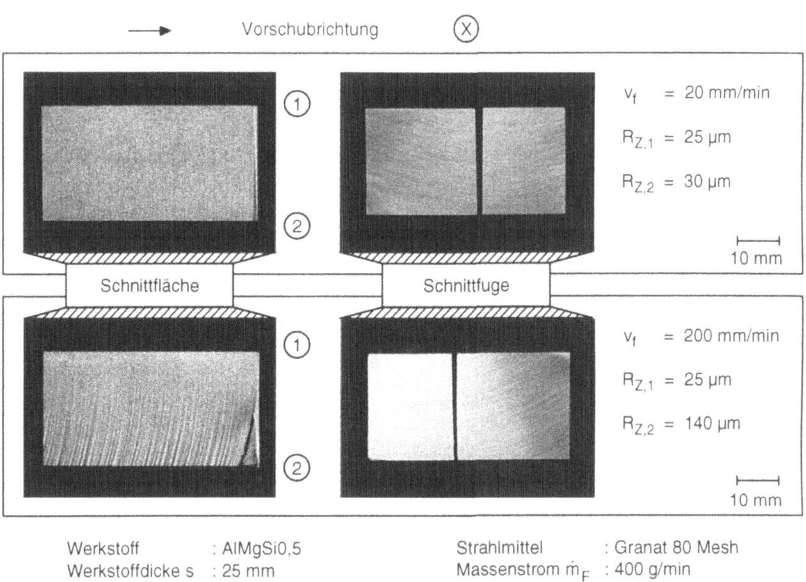

Bild 4–53. Ausbildung der Schnittflächen und -fugen beim Wasser-Abrasivstrahlschneiden.

strahles auf. Der Grad der Ausprägung sowie der Anteil des riefenbehafteten Bereiches an der Werkstückdicke ist abhängig von der Wahl der Einstellparameter und der Werkstückdicke selbst und stellt prinzipiell ein indirektes Maß für die Trennleistung dar. Die erzeugte Schnittfuge weist eine leichte Konizität auf, die in der Regel – je nach Qualitätsforderung – nur einen geringen Nachbearbeitungsaufwand erfordert.

4.3.2.2 *Qualitätsbestimmende Merkmale*

Im Vordergrund der zu betrachtenden Qualitätskriterien beim Schneiden mit Wasser-Abrasivstrahlen stehen die geometrischen Kenngrößen, die die Schnittfugenform und Schnittflächentopografie beschreiben. Eine bearbeitungsbedingte mechanische oder thermische Veränderung der Randzoneneigenschaften konnte durch Untersuchungen [17; 40; 47; 85] bislang nicht nachgewiesen werden.

Eine Zusammenstellung der die Schnittfugenform charakterisierenden geometrischen Kenngrößen enthält in Anlehnung an [275] Bild 4–54. Eine hinreichend genaue Beschreibung der erzeugten Schnittfuge kann durch die Angabe der Breite der strahlbeeinflußten Zone b_0 auf der Werkstückoberfläche, der eine Verrundung r_0 der Werkstückkante zuzurechnen ist, und die Breite der Schnittfuge am Strahlein- sowie -austritt (b_{SO}, b_{SU})

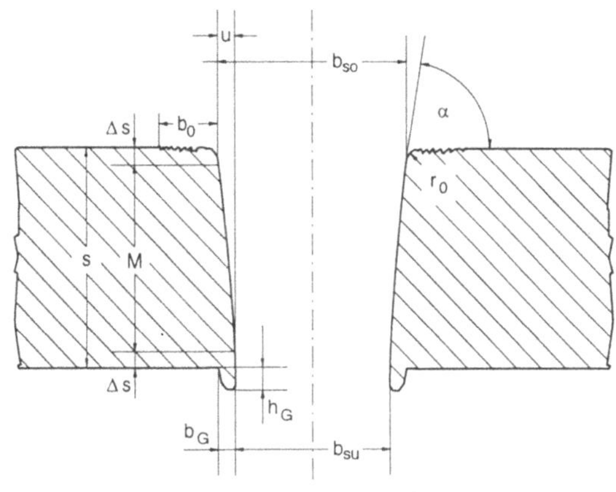

α : Flankenwinkel
b_G : Gratbreite
b_0 : Breite der "strahlbeeinflußten Zone"
b_{so} : Schnittfugenbreite an der Werkstückoberseite
b_{su} : Schnittfugenbreite an der Werkstückunterseite
h_G : Grathöhe
r_0 : Kantenrundungsradius
u : Rechtwinkligkeits- und Neigungstoleranz
M : Meßbereich zur Bestimmung von u
Δs : Blechdicke

Bild 4–54. Kenngrößen an Schnittflächen beim Wasser-Abrasivstrahlschneiden.

erfolgen. Aus den beiden letztgenannten Größen lassen sich als alternative Kenngrößen der Flankenwinkel α und die Rechtwinkligkeitstoleranz u in einfacher Weise bestimmen. Der Betrag der Kantenverrundung hängt in hohem Maße von der mit wachsendem Arbeitsabstand verbundenen Aufweitung des Strahles ab und liegt bei praxisnah gewählter Einstellung in der Größenordnung von 0,1 mm.

Die Bildung eines Bearbeitungsgrates ist insbesondere beim Trennen von Werkstoffen mit ausgeprägten Zähigkeitseigenschaften zu beobachten. Dieser Grat äußert sich in der Gestalt von verformten Werkstoffpartikeln, die nicht vollständig abgetrennt werden und auf der Austrittseite des Strahles über das Bauteil hinausragen. Außer bei Werkstoffen mit den genannten Eigenschaften sind die Höhe und Breite des Grates von untergeordneter Größenordnung und können i. a. vernachlässigt werden.

In gleichem Maße wie die Größe der Kantenverrundung wird die Breite der Erosionszone auf der Werkstückoberfläche durch den Abstand a_D zwischen Fokussierrohraustritt und Werkstück beeinflußt. Diese Zone resultiert aus den am Strahlrand mitgeführten Wassertropfen und Feststoffpartikeln, wobei die kinetische Energie letzterer nicht ausreicht, eine für den Schneidabtrag notwendige Tiefenwirkung zu erzielen. Der in guter Näherung lineare Zusammenhang zwischen der Breite der daraus resultierenden Erosionszone und dem Arbeitsabstand läßt dabei auf einen konstanten Kegelwinkel des aus dem Fokus austretenden Strahles schließen. Dieser beträgt für die gewählte Parameterkonstellation nach Bild 4–53 und einen Fokusdurchmesser von $d_F = 0{,}8$ mm annähernd 7°. Die Größe dieses Winkels zeigt dabei eine deutliche Abhängigkeit vom Durchmesser des eingesetzten Fokussierrohres, woraus generell eine abnehmende Strahlqualität infolge der mit wachsendem Fokusdurchmesser geringer werdenden Strahlbündelung erkennbar wird.

Die mit der Zunahme des Arbeitsabstandes und des Fokusdurchmessers verbundene Vergrößerung der Wirkzone des Strahles auf der Werkstückoberfläche führt zu analogen Effekten hinsichtlich der resultierenden Schnittfugenbreite, Bild 4–55. Ausgehend von einer, bei minimalem Arbeitsabstand annähernd dem Fokussierrohrdurchmesser entsprechenden Fugenbreite auf der Strahleintrittseite führt der bei Vergrößerung des Arbeitsabstandes anwachsende Strahldurchmesser zu einer Zunahme der Schnittfugenbreite b_{SO}. Im dargestellten Bereich ist diese in guter Näherung direkt proportional zum Arbeitsabstand und dem Fokusdurchmesser. Die mit einer Zunahme des Strahldurchmessers einhergehende Abnahme der Leistungsdichte führt allerdings zu einem Rückgang der Trennwirkung mit zunehmender Lauflänge des Strahles im Werkstück, demzufolge die Schnittfugenbreite b_{SU} auf der Strahlaustrittseite nicht in gleichem Maße zunimmt.

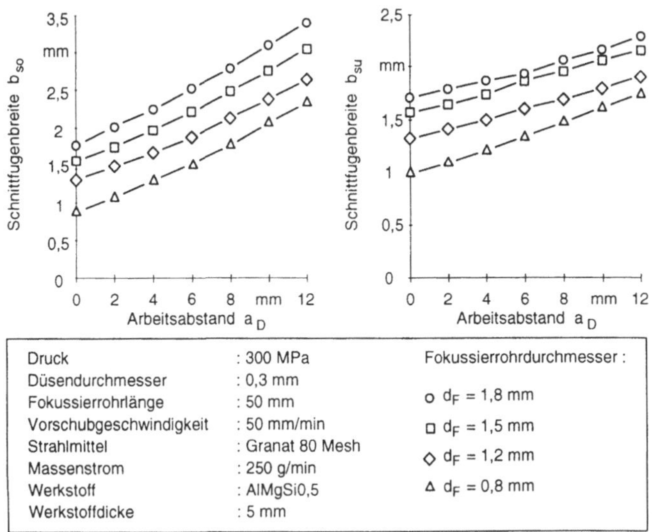

Bild 4–55. Einflußgrößen auf die Schnittfugenbreite.

Bei konstant gehaltenem Arbeitsabstand (< 5 mm) ist die Schnittfugenbreite auf der Strahleintrittseite weitgehend unabhängig von der Höhe der Vorschubgeschwindigkeit, wobei die Breite näherungsweise der Größe des Fokusdurchmessers entspricht. Mit einer Erhöhung der Vorschubgeschwindigkeit läßt jedoch die Abtragwirksamkeit des Strahlmantels in der Tiefe des Werkstücks nach, woraus eine Reduzierung der Schnittfugenbreite am Strahlaustritt resultiert. Diese Abnahme ist bei größeren Werkstückdicken zwangsläufig stärker ausgeprägt. Damit ist es bei Konstanthaltung der übrigen Parameter möglich, allein über die Einstellung einer geeigneten Vorschubgeschwindigkeit, Schnittfugen zu erzeugen, die einen Flankenwinkel von 90° aufweisen. Zu beachten ist dabei allerdings, daß die die Meßpunkte der Schnittfugenbreiten verbindende Konturlinie der Schnittfläche in der Regel keine Gerade darstellt, sondern abhängig von der Dicke des geschnittenen Werkstückes eine aus der Strahldivergenz resultierende Konkavität aufweist.

Neben der Schnittfugenform enthalten auch die durch das Schneiden mit Wasser-Abrasivstrahlen erzeugten Schnittflächen verfahrensspezifische Charakteristika. Zu den dominanten Einflußgrößen auf die Schnittflächenausbildung zählen die die Rauheit der Oberfläche bestimmenden Wechselwirkungsprozesse zwischen den Feststoffpartikeln und dem Werkstückstoff, deren wesentliche Parameter die Stoffeigenschaften beider Partner und die

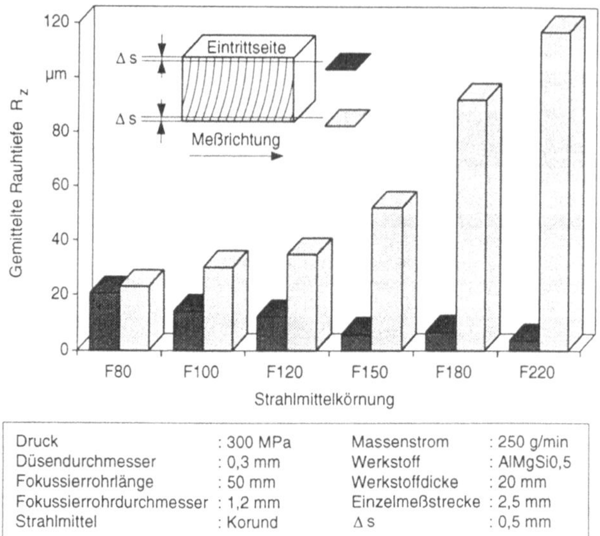

Druck	: 300 MPa	Massenstrom	: 250 g/min
Düsendurchmesser	: 0,3 mm	Werkstoff	: AlMgSi0,5
Fokussierrohrlänge	: 50 mm	Werkstoffdicke	: 20 mm
Fokussierrohrdurchmesser	: 1,2 mm	Einzelmeßstrecke	: 2,5 mm
Strahlmittel	: Korund	Δs	: 0,5 mm

Bild 4–56. Abhängigkeit der Schnittflächenrauheit von der Partikelgröße.

Partikelgröße bilden, sowie die die Welligkeit beeinflussenden zyklischen Stufenbildungen auf der Schnittfront [16; 84; 85; 153]. Als ausschlaggebend für die Entstehung der Stufen und damit die Ausbildung eines Wellenprofils auf der Schnittfläche kann rein qualitativ das Ergebnis einer anwendungsspezifischen Kombination aus eingebrachter Streckenenergie, Werkstoffwiderstand und Werkstückdicke angesehen werden. Hierbei wirkt eine Erhöhung des Leistungseintrages durch den Strahl bzw. eine Verringerung der Vorschubgeschwindigkeit der Stufenbildung entgegen, wohingegen die Vergrößerung der Werkstückdicke und/oder das Vorliegen eines schwer trennbaren Werkstoffs diese begünstigen. Im Spektrum aller denkbaren Kombinationsmöglichkeiten kommen demnach beim Wasser-Abrasivstrahlschneiden sowohl riefenbehaftete als auch riefenfreie Schnittflächen vor. Zur hinreichenden Beschreibung der Schnittflächentopografie mit Hilfe von Oberflächenkennwerten werden daher im allgemeinen mehrere Angaben benötigt, die einerseits der Rauheit und andererseits der eventuell vorliegenden Welligkeit Rechnung tragen und in geeigneter Weise im Bereich sowohl des Strahleintrittes als auch des -austrittes ermittelt werden.

Die Werte für die gemittelte Rauhtiefe R_Z in diesen Bereichen der Schnittfläche eines Aluminiumwerkstoffs sind im Bild 4–56 in Abhängigkeit von der Korngröße des eingesetzten Feststoffs aufgetragen. Die Meßrichtung liegt hierbei parallel zur Vorschubrichtung im Abstand $\Delta s = 0{,}5$ mm von den Werkstückkanten; eine annähernd senkrecht dazu verlaufende Riefenstruktur wird somit ebenfalls erfaßt. Es wird dabei offensichtlich, daß der Einsatz einer feineren Strahlmittelkörnung eine gegensätzliche Beeinflussung der Oberflächenqualität zur Folge hat. Im Bereich der Werkstückoberkante wird die Rauhtiefe im wesentlichen durch die Wechselwirkungen zwischen den Partikeln und der Werkstückoberfläche bestimmt, woraus die mit einer Verringerung der Partikelgröße verbundene Reduzierung der gemittelten Rauhtiefe resultiert; eine Riefenbildung liegt hier aufgrund der noch vorhandenen hohen Strahlenergie nicht vor. Die mit einer geringeren Partikelmasse einhergehende Verringerung der kinetischen Energie der Partikel führt allerdings zu einer Abnahme der Trennfähigkeit mit zunehmender Lauflänge des Strahles über der Werkstückhöhe und einer einsetzenden Stufenbildung auf der Schnittfront. Die Vergrößerung der Rauhtiefe auf der Strahlaustrittseite der Schnittfläche dokumentiert das hieraus resultierende Anwachsen der Riefenstruktur, wie sie sich allgemein bei abnehmender Strahlleistung auf der Schnittfläche ausprägt.

4.3.2.3 Leistungsmerkmale und Anwendungsgrenzen

Als Bewertungsgröße der Trennfähigkeit des Wasser-Abrasivstrahles wird, der Praxis des Verfahrens entsprechend, i. a. die Kerbtiefe h_K eines im vollen Material endenden Schnittes herangezogen.

Generell verhält sich dabei die maximale Kerbtiefe bei konstant gehaltenen übrigen Parametern näherungsweise direkt proportional zum Schneidwasserdruck und umgekehrt proportional zur eingestellten Vorschubgeschwindigkeit. Nach *Blickwedel* [16] läßt sich hierfür eine Beziehung aufstellen, die bei konstant gehaltenen Strahlmittelparametern lediglich zwei unbekannte werkstoffabhängige Konstanten enthält, die mit Hilfe zweier Referenzversuche für den jeweiligen Anwendungsfall bestimmt werden müssen:

$$h_K = c_S \frac{(p - p_0)}{v_f\,(0{,}86 + 2{,}09/v_f)} \,. \qquad (4\text{–}14)$$

Die Größen p und v_f bezeichnen hierin den Schneidwasserdruck bzw. die Vorschubgeschwindigkeit und die Größe p_0 einen materialspezifischen Schwelldruck, der zur Erzielung eines Materialabtrages mindestens erforderlich ist. Durch den Abtragkoeffizienten c_S werden im wesentlichen die Werkstoffeigenschaften der am Schneidprozeß beteiligten Materialien sowie der Wirkungsgrad der Impulsübertragung zwischen Feststoff und Werkstückstoff charakterisiert. Für diese Größe, die nur rein empirisch zu ermitteln ist, besteht keine Korrelation zu klassischen Werkstoffkennwerten. Die Anwendung der Gleichung läßt auch bei Werkstoffen mit sehr unterschiedlichen Festigkeits- und Zähigkeitseigenschaften eine Vorhersagegenauigkeit zu, die innerhalb der Wiederholgenauigkeit von Einzelversuchen liegt.

Durch die Verschleiß- und Erosionsvorgängen ähnlichen Mechanismen des Werkstoffabtrages beim Wasser-Abrasivstrahlschneiden bestehen hinsichtlich der bearbeitbaren Materialien nahezu keinerlei Restriktionen. Es lassen sich hiermit neben Nichteisenmetallen sowohl Baustähle verschiedener Qualitäten wie auch rostfreie Stähle oder hochfeste Nickel- und Titanbasislegierungen trennen, Bild 4–57.

Als herausragende Verfahrenseigenschaften sind dabei die geringe mechanische und thermische Belastung des Werkstückes zu sehen, die zu keiner nachweisbaren Strukturveränderung in der Randzone der Schnittflächen führen. Darüber hinaus lassen die geringen Strahlabmessungen die Bearbeitung auch filigraner Strukturen mit schmalen Schnittspalten bei omnidirektionaler Schneidwirkung senkrecht zur Strahlachse zu, Bild 4–58.

Trotz der offensichtlich möglichen Anwendungsbreite des Verfahrens, liegt die Anzahl der derzeit realisierten Installationen weit unterhalb derjenigen des Wasserstrahlschneidens ohne Feststoffzusatz. In vielen Fällen stehen

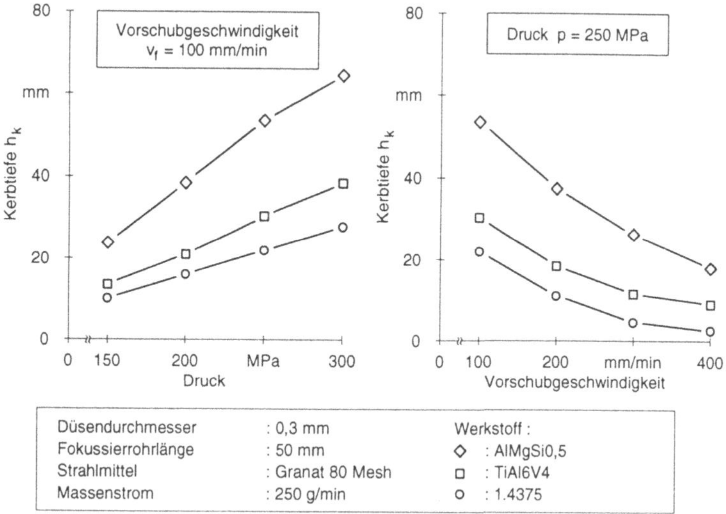

Bild 4–57. Leistungsmerkmale des Wasser-Abrasivstrahlschneidens.

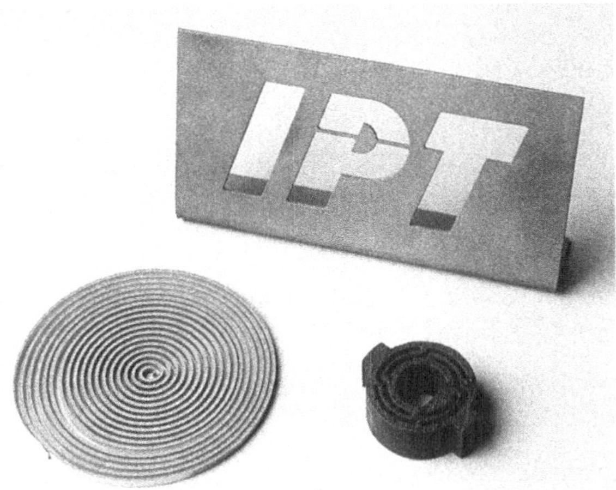

Bild 4–58. Anwendungsbeispiele.

einer Nutzung der Verfahrensvorzüge wirtschaftliche Einschränkungen entgegen, die im wesentlichen aus dem vergleichsweise hohen verfahrenstechnischen Aufwand, den hohen Anlagen- und Betriebskosten und den prinzipbedingt niedrigen Schnittraten resultieren. Zunehmend einsatzhemmend wirkt sich zudem der wachsende Entsorgungsaufwand für die durch das Schneidgut kontaminierten Strahlmittelrückstände aus. Geschlossene und praxistaugliche Kreislaufkonzepte existieren derzeit noch nicht.

Schrifttum

[1] *Adler, G.:* Umformen von Blech bei Raumtemperatur. Industrie-Anzeiger 88 (1966) Nr. 88, S. 1823–1833.

[2] *Avery, S.H.,* u. *W.A. Backofen:* A structural basis for superplasticity. Transactions of the ASM 58 (1965), S. 551–562.

[3] *Bander, U.:* Ableitung von Verformungsbestwerten für das Tiefziehen von Hohlkörpern aus dicken Stahlblechen. Diss. Univ. Stuttgart 1949.

[4] *Barrenberg, H.,* u. *N. Götte:* Hartmetallbestückte Umformwerkzeuge – Konstruktions- und Ausführungsbeispiele. Blech, Rohre, Profile 34 (1987) Nr. 10, S. 675–678.

[5] *Bath, C.:* Streckziehen von Karosserieteilen. Werkstatt und Betrieb 98 (1965) Nr. 3, S. 143–144.

[6] *Beck, G.:* Die Bedeutung des Werkstückwerkstoffs beim Feinschneiden. Bänder, Bleche, Rohre 14 (1973) Nr. 8, S. 339–344.

[7] *Beck, K.:* Eine neue 400-MP-Reckziehmaschine in der Flugzeugindustrie. Maschinenbautechnik 10 (1961) Nr. 1, S. 28–31.

[8] *Bensmann, G.,* u.a.: Möglichkeiten und Weiterentwicklung des hydromechanischen Tiefziehens. Werkstatt und Betrieb 114 (1981) Nr. 9, S. 679–685.

[9] *Birzer, F.:* Präzisionsfeinschnitteile für High-Tech-Anwendungen. VDI-Z-Special Blechbearbeitung (1993) Okt., S. 38–39.

[10] *Birzer, F.:* Feinschneiden: Flache oder umgeformte Teile – das Know-how steckt im Werkzeug. VDI-Z-Special Blechbearbeitung (1991) Nov., S. 48–51.

[11] *Birzer, F.:* Stand und Entwicklung der Feinschneidtechnik. wt-Z. ind. Fertigung 71 (1981), S. 207–212.

[12] *Birzer, F.:* Feinschneiden hochwertiger Feinkornstähle. Technische Rundschau (1978) Nr. 44, S. 33–36.

[13] *Birzer, F., J. Haack* u. *G. Kurzhöfer:* Feinschneiden und Feinschneidwerkstoffe. Feintool AG, Lyss/Schweiz; Hoesch-Werke, Hohenlimburg, 1976.

[14] *Birzer, F.:* Gefügestruktur und Feinstanzfähigkeit eines Stahles. tz für prakt. Metallbearbeitung 68 (1974) Nr. 3, S. 85–88.

[15] *Blaich, M.:* Umformeigenschaften von Blechen aus Aluminiumlegierungen. Industrie-Anzeiger 103 (1981) Nr. 95, S. 32–33.

[16] Blickwedel, H.: Erzeugung und Wirkung von Hochdruck-Abrasivstrahlen. Fortschritt-Berichte VDI, Reihe 2: Fertigungstechnik, Nr. 206. Düsseldorf: VDI-Verlag 1990.

[17] *Blickwedel, H., B. Decker, H. Haferkamp* u. *H. Louis:* Submerged cutting with abrasive water jets. Proceedings of the 8th International Symposium on Jet Cutting Technology. Durham/England 1986. Paper 27, Hrsg. BHRA Fluid Engineering, Cranfield/UK.

[18] *Boetz, F.:* Einbaufertig nach Entgraten – Stand der Technik beim Feinschneiden als Verfahren der Massenproduktion. Maschinenmarkt 96 (1990) Nr. 43, S. 50–56.

[19] *Brackhoff, H. F.:* Numerisch gesteuertes (CNC) Umformbearbeitungszentrum zum Drücken von Blechen. Industrie-Anzeiger 102 (1980) Nr. 37, S. 17–21.

[20] *Brambauer, E.:* Ermittlung der maximalen Aufweitverhältnisse beim Kragenziehen. VEB Kombinat Umformtechnik Erfurt 3 (1971), S. 45–48.

[21] *Bridgemann, P. W.:* Studies in Large Plastic Flow and Fracture. New York, Toronto, London: Mc Graw Hill Book Company 1952.

[22] *Brüller, E.:* Stanz-Biege-Automaten im Einsatz, Teil 2. Drahtwelt (1978) Nr. 5, S. 181–186.

[23] *Brüller, E.:* Konstruktion und Funktion von Stanz- und Biegeautomaten. Blech, Rohre, Profile 25 (1978) Nr. 4, S. 154–159.

[24] *Brunner, W.,* u. *K. Junge:* Lasertechnik – eine Einführung. Heidelberg: Hüthig-Verlag 1982.

[25] *Bühler, H., F. Pollmar* u. *A. Rose:* Einfluß von Werkzeugstoff und seiner Wärmebehandlung auf das Schneiden von Feinblechen. Archiv für das Eisenhüttenwesen 41 (1970) Nr. 10, S. 989–996.

[26] *Bühler, H.*, u. *E. v. Finckenstein:* Hochgeschwindigkeitsumformung rohrförmiger Werkstücke durch magnetische Kräfte. Bänder, Bleche, Rohre 7 (1966) Nr. 3, S. 115–123.

[27] *Busch, R.K.:* Untersuchung über das Abstreckziehen von zylindrischen Hohlkörpern bei Raumtemperatur. Bericht Nr. 10 aus dem Institut für Umformtechnik der Univ. Stuttgart. Essen: Girardet-Verlag 1969.

[28] *Carius, R.:* Flexibilität, Produktivität und Wirtschaftlichkeit durch High-Tech in der Blechbearbeitung. Moderne Technologie im Stanzen, Laser- und Plasmaschneiden. Mitteilungen der Fa. Trumpf GmbH & Co.

[29] *Dannenmann, E.:* Einfluß der plastischen Eigenschaften und der Oberflächenmikrostruktur von Feinblechen auf Zieh- und Biegevorgänge. Bericht Nr. 75 aus dem Institut für Umformtechnik der Univ. Stuttgart. Berlin, Heidelberg, New York: Springer-Verlag 1983.

[30] *Dannenmann, E.:* Die Veränderung der Oberflächenbeschaffenheit beim Tiefziehen von Näpfen. Industrie-Anzeiger 91 (1969) Nr. 93, S. 2253–2254.

[31] *Decker, I.*, u. *J. Ruge:* Fertigungstechnische Aspekte des Laserstrahlschneidens. DVS-Berichte, Bd. 99. Düsseldorf: Deutscher Verlag für Schweißtechnik 1985.

[32] *Dengler, K.*, u. *G. Glomski:* Die Hochleistungsimpulstechnik – eine zukunftsträchtige Hochgeschwindigkeits-Umformtechnologie. Blech, Rohre, Profile 38 (1991) Nr. 4, S. 285–286.

[33] *Dietz, H.*, u. *F. Hamann:* Hochgeschwindigkeitsverfahren zur Umformung metallischer Werkstücke. Siemens Forsch.- und Entw.-Ber. Bd. 4 (1975) Nr. 3, S. 141–147.

[34] *Doege, E.*, u.a.: Einfluß der Umformmaschine auf die Werkstückgenauigkeit. HFF-Bericht Nr. 6, 1980.

[35] *Doege, E.:* Wichtige Einflußgrößen beim Tiefziehen. Wt-Z. ind. Fertig. 66 (1976) Nr. 11, S. 615–619.

[36] *Doege, E.*, u.a.: Tiefziehen auf einfach- und doppeltwirkenden Karosseriepressen unter Berücksichtigung des Gelenkantriebes. Werkstatt und Betrieb 104 (1971), S. 737–747.

[37] *Dohmann, F.*, u. *Ch. Hartl:* Möglichkeiten der Innenhochdruckumformung unter besonderer Beachtung des Formens von Strang-

preßprofilen. Tagungsband Neuere Entwicklungen in der Massivumformung. Oberursel: DGM-Verlag 1993, S. 255–280.

[38] *Dohmann, F.,* u. *P. Bieling:* Grundlagen und Anwendung des Innenhochdruckumformens. Blech, Rohre, Profile 38 (1991) Nr. 5, S. 379–385.

[39] *Dohmann, F.,* u. *F. Klaas:* Innenhochdruckumformen rohrförmiger Werkstücke. Bänder, Bleche, Rohre 6 (1986), S. 117–120.

[40] *Donnan, O.H.:* Abrasive jet cutting development for specialist industrial applications. Proceedings of the 7th International Symposium on Jet Cutting Technology, Ottawa/Canada, 1984. Paper E2, Hrsg. BHRA Fluid Engineering, Cranfield/UK.

[41] *Dröge, K.H.:* Kräfte und Materialfluß beim Drücken. Diss. Univ. Stuttgart 1954.

[42] *Ebertshäuser, H.:* Technologie der Blechverarbeitung. Düsseldorf: Michael-Triltsch-Verlag 1967.

[43] *Ehrenberg, H.:* Vorrichtung zum Aushalsen von Behälterböden. Schweißtechnik 6 (1975), S. 98–100.

[44] Eichhorn, F.: Schweißtechnische Fertigungsverfahren, Bd. 1: Schweiß- und Schneidtechnologien. Düsseldorf: VDI-Verlag 1983.

[45] *Eichner, A.J.:* Fertigen komplexer Formstücke in kleinen und mittleren Serien aus superplastischem Aluminium. Werkstatt und Betrieb 114 (1980) Nr. 10, S. 715–718.

[46] *Eisenköbl, R.:* Pulvermetallurgisch hergestellte Schnellarbeitsstähle für Stanz- und Kaltarbeitswerkzeuge. Werkstatt und Betrieb 113 (1980) Nr. 10, S. 709–715.

[47] *Faber, K.,* u. *H. Oweinah:* Influence of process parameters on blasting performance with the abrasive-jet. Proceedings of the 10th International Symposium on Jet Cutting Technology, Amsterdam/Netherlands, 1990. Paper H5, Hrsg. BHRA The Fluid Engineering Centre, Cranfield/UK.

[48] *Fait, J.:* Grundlagenuntersuchung zur Ermittlung von Kenngrößen für das CNC-Schwenkbiegen. Industrie-Anzeiger 109 (1987) Nr. 42, S. 36–37.

[49] *Fait, J., u. R. Rothstein:* Beitrag zur Prozeßsimulation des Schwenk- und U-Biegens. Industrie-Anzeiger 109 (1987) Nr. 10, S. 45–46.

[50] *v. Finckenstein, E.,* u.a.: Die Prozeßsimulation beim Biegeumformen als Voraussetzung für eine rechnerintegrierte Fertigung. VDI-Berichte Nr. 694. Düsseldorf: VDI-Verlag 1988, s. bes. S. 179–194.

[51] *v. Finckenstein, E.,* u. *R. Kühne:* Zur Technik des NC-Drückens. Werkstattechnik 71 (1981) Nr. 4, S. 231–235.

[52] *v. Finckenstein, E.,* u. *K.-J. Lawrenz:* Beschichtete Bleche umformen. Bänder, Bleche, Rohre 19 (1978) Nr. 11, S. 457–460.

[53] *Finnie, I.:* The mechanism of erosion of ductile metals. Proceedings of the 3rd US National Congress of Applied Mechanics, S. 527–532.

[54] *Finnie, I.,* u. *D.H. McFadden:* On the velocity dependence of the erosion of ductile metals by solid particles at low angles of incidence. Wear 48 (1978), S. 181–190.

[55] *Fischekov, N.:* Konstruktion von Schneidwerkzeugen für Elektrobleche. Werkstatt und Betrieb 125 (1992) Nr. 10, S. 785–788.

[56] *Fischer, H.,* u. *B. Hentschel:* Ergebnisse der Untersuchungen über Langloch- und Rechteckdurchzüge. VEB Kombinat Umformtechnik Erfurt 3 (1972), S. 41–47.

[57] *Floreen, S.:* Superplasticity in pure Nickel. Scripta Metallurgia 1 (1967), S. 19–23.

[58] *Frackiewicz, H., W. Kalita, Z. Mucha* u. *W. Trampczynski:* Laserformgebung der Bleche. VDI-Berichte Nr. 876. Düsseldorf: VDI-Verlag 1990, s. bes. S. 317–328.

[59] *Franke, J.W.:* Modellierung und Optimierung des Laserstrahlbrennschneidens niedriglegierter Stähle. Diss. RWTH Aachen 1994. DVS-Berichte Bd. 161.

[60] *Friedrich, H.E.,* u.a.: SPF/DB on the way to the production stage for Ti and Al applications, Superplasticity and Superplastic forming. The Minerals, Metals & Materials Society (1988), S. 649–664.

[61] *Fritz, H., H. Gattinger, K. Peters, E. Sack* u. *H. Winterkamp:* Herstellung von Grobblech, Warmbreitband und Feinblech. Düsseldorf: Verlag Stahleisen 1976.

[62] *Furlan, R.,* u.a.: Production of Ti 6 Al 4V components, Superplasticity and Superplastic forming. The Minerals, Metals & Materials Society (1988), S. 665–677.

[63] *Garconnet, C.:* Effective applications of the fine-blanking technique – Part 2. Sheet Metal Industries 2 (1982), S. 158–161.

[64] *Garconnet, C.:* Effective applications of the fine-blanking technique – Part 1. Sheet Metal Industries 12 (1981), S. 961–970.

[65] *Geiger, M.,* u. *F. Vollertsen:* Rapid Prototyping für Aluminium-Bleche. VDI-Berichte Nr. 1080. Düsseldorf: VDI-Verlag 1994, s. bes. S. 293–298.

[66] *Geiger, M.,* u. *F. Vollertsen:* Laserstrahlbiegen von Eisen- und NE-Legierungen. Blech, Rohre, Profile 40 (1993) Nr. 9, S. 666–670.

[67] *Geiger, M.,* u. *W. Heckel:* 3D-Lichtschnittsensor zur Biegewinkelerfassung. Blech, Rohre, Profile 40 (1993) Nr. 3, S. 235–240.

[68] *Geiger, M., F. Vollertsen* u. *St. Amon:* Flexible Blechumformung mit Laserstrahlung – Laserstrahlbiegen. Bleche, Rohre, Profile 38 (1991) Nr. 11, S. 856–861.

[69] *Gillis, P. D.:* Tensile deformation of a flat sheet. Int. J. Mech. Sci. 21 (1979), S. 109-117.

[70] *Gologranc, F.:* Theoretische Betrachtung zur Aufnahme von Fließkurven im kontinuierlichen hydraulischen Tiefungsversuch. Blech 4 (1977), S. 116–121.

[71] *Goodwin, G. M.:* Application of strain analysis to sheet metal forming problems in the press shop. Society of Automotive Engineers Nr. 680 093 (1968), S. 380–387.

[72] *Gorbauch, S., K.-H. Heidel* u. *S. Kühmel:* Entwicklungsstand und Anwendungsmöglichkeiten des Abstreckdrückens. Fertigungstechnik und Betrieb 28 (1978), S. 174–177.

[73] *Green, A. P.:* A theoretical investigation of the compression of a ductile material between smooth flat dies. Philos. Mag. 42 (1951), S. 900–918.

[74] *Grundig, W.,* u. *H. P. Liebig:* Das Gesetz der Volumenkonstanz als allgemeine Voraussetzung bei der Ermittlung von Streck- und Tiefziehfähigkeit aus Ergebnissen des Zugversuches. Archiv Eisenhüttenwesen 41 (1976) Nr. 1, S. 27–32.

[75] *Gümpel, P.,* u. a.: Kosten senken – Pulvermetallurgisch erzeugte Stähle für Werkzeuge in der Umformtechnik. Maschinenmarkt 97 (1991) Nr. 51, S. 20–25.

[76] *Guidi, A.:* Nachschneiden und Feinschneiden. München: Hanser-Verlag 1965.

[77] *Haack, J.,* u. *F. Birzer:* Feinschneiden – Handbuch für die Praxis. Feintool AG, Lyss/Schweiz. Bern: Hallwag-Verlag 1977.

[78] *Haferkamp, H.,* u. *A. Homburg:* Trennen von Aluminium- und Titanlegierungen. Abschlußpräsentation des BMFT-Verbundprojektes „Trennen mit Festkörperlasern", 12.10.1993, VDI-TZ Düsseldorf.

[79] *Haller, G.,* u. a.: Form- und Schneidwerkzeuge – Entwicklung der Herstellung. HFF-Bericht Nr. 6, 1980.

[80] *Hasek, V. V.:* Beeinflussung des Werkstoffflusses durch Ziehwulste und Ziehstäbe. Industrie-Anzeiger 103 (1981) Nr. 59, S. 26–27.

[81] *Hasek, V. V.:* Steuerung des Stoffflusses beim Ziehen von großen unregelmäßigen Blechteilen und Untersuchung von Möglichkeiten zur Vermeidung von Faltenbildung. Bericht Nr. 56 aus dem Institut für Umformtechnik der Univ. Stuttgart. Berlin, Heidelberg, New York: Springer-Verlag 1980.

[82] *Hasek, V. V.,* u. *K. Lange:* Das Grenzformänderungsschaubild und seine Anwendung bei Tiefzieh- und Streckziehvorgängen. In: Unterlagen zum Seminar „Neuere Entwicklungen in der Blechbearbeitung". Stuttgart: Forschungsgesellschaft Umformtechnik mbH 1980.

[83] *Hasek, V. V.:* Untersuchung und theoretische Beschreibung wichtiger Einflußgrößen auf das Grenzformänderungsschaubild. Blech, Rohre, Profile 25 (1978), S. 213–220, 285–292, 493–499, 613–627.

[84] *Hashish, M.:* A modeling study of metal cutting with abrasive water jets. Transactions of the ASME 106 (1984) Jan., S. 88–100.

[85] *Hashish, M.:* Cutting with abrasive water jets. The carbide and tool journal (1984) Nr. 9/10, S. 16–23.

[86] *Hauber, O.:* Titanverarbeitung im Flugzeugzellenbau. Blech (1967) Nr. 10, S. 44–54.

[87] *Hayama, M.,* u. *K. Kawai:* Das Drücken von Blechen in der Kleinserienfertigung. Blech, Rohre, Profile 28 (1981) Nr. 1, S. 514–517.

[88] *Herziger, G.,* u. *P. Loosen:* Werkstoffbearbeitung mit Laserstrahlung. München, Wien: Hanser-Verlag 1993.

[89] *Heßler, Ch.,* u. *B. Engel:* Komplizierte Leichtbau-Werkstücke durch hydraulischen Innendruck umformen. Werkstatt und Betrieb 125 (1992) Nr. 6, S. 477–481.

[90] *Heßler, Ch.:* Beitrag zur Entwicklung des hydraulischen Rohr-Innendruck-Umformens. Diss. TH Darmstadt 1991.

[91] *Hilbert, H.:* Stanzereitechnik, Bd. 2: Umformende Werkzeuge. München, Wien: Hanser-Verlag 1970.

[92] *Hill, R.:* The mathematical theory of plasticity. Engineering Science Theories. Oxford: Clarendon Press 1950.

[93] *Hirohashi, M.,* u. *H. Asanuma:* Superplasticity of hypoeutectoid Al-Zn alloy sheets. Aluminium 66 (1990) Nr. 11, S. 1074–1078.

[94] *Hofmann, R.:* Neuzeitliche Streckziehpressen, Konstruktionen. Technik und Forschung 47 (1963) Nr. 195, S. 893–894.

[95] *Hojas, M.,* u. a.: Superplastische Aluminiumbleche. Metall 2 (1991) Nr. 45, S. 130–134.

[96] *Hügel, H.:* Strahlwerkzeug Laser. Eine Einführung. Stuttgart: Teubner-Verlag 1992.

[97] *Hutchings, I. M.:* Mechanisms of the erosion of metals by solid particles. Erosion: Preventition and Useful Applications. Philadelphia: American Society for Testing Materials, 1979, S. 60–75.

[98] *Huxholl, L.:* Biegemaschinen auf der EMO '93. Blech, Rohre, Profile 40 (1993) Nr. 11, S. 824–827.

[99] *Ibinger, K.,* u. *H. Spalke:* Oberflächenbehandlung von Umformwerkzeugen. Werkstatt und Betrieb 113 (1980) Nr. 3, S. 335–337.

[100] *Ising, G.:* Verwaltung inklusive. Industrie-Anzeiger 35 (1993), S. 65–67.

[101] *Jahnke, H., R. Retzke* u. *W. Weber:* Umformen und Schneiden; 4. Aufl. Berlin: VEB Verlag Technik 1978.

[102] *Jemeljaneko, D. T., u. B. D. Zukovsskij:* Das Kalibrieren von Walzen der kontinuierlichen Rohrwalzenstraßen. Stahl (1947) Nr. 7, S. 616–626.

[103] *Johnston, R., B. Fogg* u. *Chisholm:* An Investigation into the Fine Blanking Process. Proc. 96th Machine Tool Design and Research Conf., Birmingham 1968, S. 397–410.

[104] *Kaehler, K.:* Zu neuen Einsätzen. Industrie-Anzeiger 46 (1992), S. 21–23.

[105] *Kahl, K. W.:* Vorausbestimmung des Biegewinkels. Industrie-Anzeiger 104 (1982) Nr. 85, S. 22–24.

[106] Kalckhoff, M.: Profil-Streckziehen im Flugzeugbau. Metall 14 (1960) Nr. 3, S. 224–227.

[107] *Keeler, S. P.:* Determination of forming limits in automotive stampings. Society of Automotive Engineers Nr. 650 535 (1965), S. 1–9.

[108] *Kienzle, O.:* Mechanische Umformtechnik; Plastizitätstheorie, Werkstoffmechanik, Fertigung. Berlin, Heidelberg, New York: Springer-Verlag 1968.

[109] *Kienzle, O.,* u. *M. Meyer:* Verfahren zur Erzielung glatter Schnittflächen bei vollkantigem Schneiden von Blechen. Köln und Opladen: Westdeutscher Verlag 1963.

[110] *Kienzle, O.:* Untersuchungen über das Biegen. Mitt. d. Forschungsgesellschaft Blechverarbeitung Nr. 6, S. 57–65.

[111] *Kienzle, O.,* u. *H. Timmerbeil:* Herstellung und Gestaltung durchgezogener enger Kragen an Fein- und Mittelblechen. Mitt. d. Forschungsgesellschaft Blechverarbeitung (1953) S. 250–252; (1954) S. 2–9, 41–43, 66–70.

[112] *Kittel, S., F. Küpper, G. Herziger, R. Kopp* u. *K. Wissenbach:* Laserstrahlumformen von Blechen. Bänder, Bleche, Rohre (1993) Nr. 3, S. 54–62.

[113] *Klaas, F.,* u. *K. Kaehler:* Herstellung innovativer Hohlteilformen mit dem Innenhochdruckverfahren. 14. Umformtechnisches Kolloquium Hannover, 1993, S. 9/1–9/10.

[114] *Klinger, R.,* u. *E. Krucker:* Praxis des Abkant- und Profilpressens. Technische Rundschau 48 (1956) Nr. 20, S. 17–29; Nr. 21, S. 17–29; Nr. 26, S. 17–33.

[115] *König, W., M. Weck, H.-J. Herfurth, H. Ostendarp* u. *A. K. Zaboklicki:* Formgebung mit Laserstrahlung. VDI-Z 135 (1993) Nr. 4, S. 14–17.

[116] *König, W.:* Fertigungsverfahren, Bd. 2: Abtragen; 2. Aufl. Düsseldorf: VDI-Verlag 1990.

[117] *König, W., F. Rotter* u. *A. Krapoth:* Feinschneiden dicker Bleche – Experiment und Theorie. Industrie-Anzeiger 106 (1984) Nr. 14, S. 24–28.

[118] *König, W.*, u. *F. Rotter:* Anwendungsbereiche der Feinschneidtechnik durch die Kombination von Schneiden und Umformen. Feintool-Information 23. Feintool AG, Lyss/Schweiz 1983.

[119] *König, W., F. Rotter, Ch. Strassburger* u. *O. Maid:* Neue Möglichkeiten der Feinschneidtechnologie durch hochfeste perlitarme Stähle. tz für Metallbearbeitung 76 (1982) Nr. 3, S. 52–58.

[120] *König, W., F. Rotter* u.a.: Stanzen von Löchern hoher Formtreue und Oberflächengüte in dickwandige Bauteile aus Stahl durch Anwendung der Feinschneidtechnologie. KfK-PFT 18. Kernforschungszentrum Karlsruhe, November 1982.

[121] *König, W.*, u.a.: Blechumformung mit elastischen Wirkmedien. Industrie-Anzeiger 103 (1981) Nr. 35, S. 20–23.

[122] *König, W., F. Rotter* u. *R. Muhr:* Glattwandige maßgenaue Löcher im Stahlbau durch Feinschneiden. Industrie-Anzeiger 103 (1981) Nr. 35, S. 27–29.

[123] *Kostron, H.:* Zur Mathematik des Zugversuchs. Archiv für das Eisenhüttenwesen 22 (1951), S. 317–325.

[124] *Krämer, W.:* Untersuchungen über das Genauschneiden von Stahl und NE-Metallen. Essen: Girardet-Verlag 1969.

[125] *Krämer, W.:* Beitrag zur Kraft- und Arbeitsermittlung beim Schneiden von Blech. Industrie-Anzeiger 90 (1968), S. 361–365.

[126] *Krause, U.:* Vergleich verschiedener Verfahren zum Bestimmen der Formänderungsfestigkeit bei der Kaltumformung. Diss. Univ. Hannover 1962.

[127] *Krauss, W.:* Neue Verfahren der Umformung von Blechen und Profilen aus den USA. Bänder, Bleche, Rohre 7 (1966) Nr. 7, S. 403–408.

[128] *Kübert, M.:* Verfahrensbeschreibung und Anwendungsbeispiele zum Tiefziehen dicker Bleche mit und ohne Faltenbildung. Blech, Rohre, Profile 28 (1981) Nr. 9, S. 404–408.

[129] *Kübert, M.:* Aufbringen und Auswerten von Meßrastern beim Blechumformen. Werkstatt und Betrieb 113 (1980) Nr. 7, S. 483–487.

[130] *Kühne, R.:* Ermittlung von Verfahrensgrenzen beim Drücken. Industrie-Anzeiger 104 (1982) Nr. 102, S. 22–23.

[131] *Küppers, W.:* Das Verhalten nichtrostender Feinbleche beim Kragenziehen. Blech, Rohre, Profile 10 (1971), S. 403–409.

[132] *Kuhn, W.:* Untersuchungen über das Streckziehen von Stahlhülsen mit mehreren Ziehringen. Diss. ETH Zürich 1958.

[133] *Kursetz, E.:* Das Streckformziehen als modernes Verfahren der Blechformteilherstellung. tz für praktische Metallbearbeitung 65 (1971) Nr. 8, S. 357–362.

[134] *Kursetz, E.:* Kombiniertes Streckformen und Tiefziehen. Maschinenmarkt 75 (1969) Nr. 60, S. 1368–1370.

[135] *Kursetz, E.:* Umformung von Blechen und Profilen auf Streckformmaschinen. Maschinenmarkt 71 (1965) Nr. 75, S. 21–24.

[136] *Kursetz, E.:* Blechumformung im amerikanischen Flugzeugbau. Blech 7 (1960) Nr. 5, S. 260–268.

[137] *Lane, F.B.:* Streckformmaschinen. Werkstatt und Betrieb 88 (1955) Nr. 5, S. 247–249.

[138] *Lane, F.B.:* Streckformen, eine neue Art der Blechumformung im Flugzeugbau. Luftfahrttechnik (1955), S. 91–96.

[139] *Lange, E.:* Untersuchung des Tiefziehverhaltens von Feinblechen unter besonderer Berücksichtigung des Gelenkantriebes. Diss. TU Clausthal 1974.

[140] *Lange, K.:* Umformtechnik, Bd. 4: Sonderverfahren, Prozeßsimulation, Werkzeugtechnik, Produktion. Berlin, Heidelberg, New York: Springer-Verlag 1993.

[141] *Lange, K.:* Umformtechnik – Handbuch für Industrie und Wissenschaft, Bd. 3: Blechbearbeitung. Berlin, Heidelberg, New York: Springer-Verlag 1990.

[142] *Lange, K.*, u. *E. Kling:* Entwicklungen in der Blechbearbeitungstechnik am Beispiel jüngerer Forschungsergebnisse. Blech, Rohre, Profile 28 (1981) Nr. 3, S. 99–104.

[143] *Lange, K.:* Entwicklungsstufen der Umformtechnik. Industrie-Anzeiger 87 (1965) Nr. 49, S. 967–970; Nr. 57, S. 1327–1332.

[144] *Lee, D.*, u. *W.A. Backofen:* Superplasticity in some Ti- and Zr-alloys. Trans. Metallurg. Soc. AIME 239 (1967), S. 1034–1040.

[145] *Lehmann, Th.:* Probleme des Blechbiegens. VDI-Z 100 (1958) Nr. 27, S. 1295–1300.

[146] *Lippmann, H.:* Ebenes Hochkantbiegen eines schmalen Balkens unter Berücksichtigung der Verfestigung. Ing.-Archiv 27 (1959), S. 153–168.

[147] *Ludowig, G.*, u. *G. Zicke:* Programmiersystem für das CNC-Walzrunden. wt-Z. ind. Fertig. 71 (1981), S. 287–291.

[148] *Ludwig, H.I.:* Grundlagen und Anwendungsgebiete der Drückverfahren. Bänder, Bleche, Rohre 10 (1969) Nr. 9, S. 540–548; Nr. 10, S. 623–629; Nr. 11, S. 667–676.

[149] *Macherauch, E.:* Praktikum in Werkstoffkunde. Braunschweig, Wiesbaden: Vieweg-Verlag 1981.

[150] *Maeda, T.*, u. *T. Nakagava:* Experimental Investigation on fine blanking. Scientific papers of the Institute of physical and chemical research 62 (1968), S. 65–80.

[151] *Maßberg, W.*, u. *P.-M. Bugdoll:* Anbiegen im automatischen Walzrundprozeß. Blech, Rohre, Profile 40 (1993) Nr. 6, S. 476–480.

[152] *May, O.:* Die Traktrix-Kurve, Ziehring mit schraubenförmiger Schulter und das Abstrecken durch mehrere Züge. Werkstattstechnik 51 (1961) Nr. 9, S. 476–479.

[153] *Meier-Wiechert, G.:* Unterwassereinsatz von Wasserabrasivstrahlen. Fortschritt-Berichte VDI, Reihe 2: Fertigungstechnik. Düsseldorf: VDI-Verlag 1993.

[154] *Michel, B.:* In einem Arbeitsgang. Industrie-Anzeiger 35 (1993), S. 26–28.

[155] *Michler, K.W.:* Biegemaschinen, Teil 1: Stanz- und Biegeautomaten. Werkstattblatt 791. München: Hanser-Verlag.

[156] *Mikkers, J.C.:* Untersuchungen über die Stempelversetzungen beim Stanzen. Bänder, Bleche, Rohre 11 (1970) Nr. 4, S. 223–228.

[157] *Milcke, F.:* Ermittlung der Längseigenspannungen in walzprofilierten Kaltprofilen. Diss. TU Dortmund 1978.

[158] *Möhrlin, W.:* Die grundlegenden Tiefziehverfahren. Industrie-Anzeiger 84 (1962), S. 1901–1904.

[159] *Müller, H.:* Vorgänger beim elektrohydraulischen und elektromagnetischen Umformen von metallischen Werkstücken. Bericht Nr. 11 aus dem Institut für Umformtechnik der Univ. Stuttgart. Essen: Girardet-Verlag 1969.

[160] *Müschenborn, W.,* u.a.: Herstellung und Eigenschaften von hochfestem kaltgewalztem Feinblech aus mikrolegiertem Stahl. Thyssen Technische Berichte 6 (1974) Nr. 1, S. 22–27.

[161] *Müschenborn, W.,* u.a.: Die erzeugungsbedingten Gütemerkmale von kaltgewalztem Feinblech unter dem Blickwinkel der Kaltumformbarkeit. Thyssenforschung 4 (1972) Nr. 1/2, S. 43–55.

[162] *Müschenborn, W.:* Untersuchungen der Formänderungen an zwei Ziehteilen mit Hilfe eines photochemisch aufgebrachten Netzgitters. Thyssenforschung 1 (1969) Nr. 3, S. 109–115.

[163] *Nakagawa, T.:* Neue Entwicklungen bei der Fertigung von Karosserieteilen. Blech, Rohre, Profile 40 (1993) Nr. 12, S. 906–909.

[164] *Nortström, L.-A.,* u. *B. Johansson:* Auswahlkriterien für Kaltarbeits-Werkzeugstähle. Blech, Rohre, Profile 36 (1989) Nr. 10, S. 803–805.

[165] *Oehler, G.,* u. *F. Kaiser:* Schnitt-, Stanz- und Ziehwerkzeuge; 7. Aufl. Berlin, Heidelberg, New York: Springer-Verlag 1993.

[166] *Oehler, G.:* Einfluß der Rückfederung auf Maßtoleranzen an Blechen. Bänder, Bleche, Rohre 30 (1983) Nr. 3, S. 99.

[167] *Oehler, G.:* Blechdurchzüge für Gewinde. wt-Z. ind. Fertig. 62 (1972) Nr. 7, S. 386–388.

[168] *Oehler, G.:* Streckziehmaschine für Teile großer Abmessungen. Mitt. d. Forschungsgesellschaft Blechbearbeitung (1964) Nr. 1/2, S. 20–22.

[169] *Oehler, G.:* Das zylindrische Stülpziehen unter ölhydraulischen Pressen. Werkstatt und Betrieb 97 (1964) Nr. 10, S. 133–134.

[170] *Oehler, G.:* Biegen. München: Hanser-Verlag 1963.

[171] *Oehler, G.:* Scharfkantiges Biegen dicker Bleche. Werkstattechnik 38 (1944), S. 157–158.

[172] *Padmanabhan, K.A., u. G.J. Davies:* Superplasticity. Berlin, Heidelberg, New York: Springer-Verlag 1980.

[173] *Panknin, W.:* Herstellung zweiteiliger Dosen durch Tiefziehen und Abstreckziehen. Werkstatt und Betrieb 110 (1977) Nr. 6, S. 380–384.

[174] *Panknin, W.:* Gesetzmäßigkeiten des Ziehens und Drückens bei der Blechumformung. Zeitschrift für Metallkunde 61 (1970) Nr. 6, S. 407–414.

[175] *Panknin, W.:* Bedeutung der Werkstoffeigenschaften für die Verarbeitung von Blech. Grundlagen der bildsamen Formgebung. Düsseldorf: Verlag Stahleisen 1966, s. bes. S. 364–383.

[176] *Panknin, W.:* Sonderverfahren der Tiefziehtechnik. Grundlagen der bildsamen Formgebung. Düsseldorf: Verlag Stahleisen 1966, s. bes. S. 489–503.

[177] *Panknin, W.:* Die Bestimmung der Fließkurve und der Dehnungsfähigkeit von Blechen durch den hydraulischen Tiefungsversuch. Industrie-Anzeiger 49 (1964), S. 915–918.

[178] *Panknin, W.*, u. *W. Eychmüller:* Einfluß von Oberflächenbehandlung auf das Tiefziehverhalten von Stahlblechen. Mitt. d. Forschungsgesellschaft Blechverarbeitung (1955) Nr. 19, S. 229–231.

[179] *Pawelski, O.:* Ein neues Gerät zum Messen des Reibungsbeiwertes bei plastischen Formänderungen. Stahl und Eisen 84 (1964) Nr. 20, S. 1233–1243.

[180] *Perevezentsev, V.N.*, u.a.: The theory of structural superplasticity-I. Acta metall. mater. 40 (1992) Nr. 5, S. 887–894.

[181] *Perevezentsev, V.N.*, u.a.: The theory of structural superplasticity-II. Acta metall. mater. 40 (1992) Nr. 5, S. 895–905.

[182] *Radtke, H.:* Scharfkantiges Formbiegen hochfester Blechwerkstoffe. Maschinenmarkt 85 (1979) Nr. 10, S. 158–160.

[183] *Radtke, H.:* Der Umformvorgang beim Stülpziehen. Mitt. d. Forschungsgesellschaft Blechverarbeitung (1965) Nr. 11, S. 185–195.

[184] *Radtke, H.:* Untersuchungen des Feinstanzvorganges. Forsch.-Ber. des Landes NRW Nr. 2152. Köln und Opladen: Westdeutscher Verlag.

[185] *Rauter, A.*, u. *J. Reissner:* Ein Beitrag zur Theorie des Kragenziehprozesses. Bänder, Bleche, Rohre 11 (1975), S. 461–463.

[186] *Reihle, M.:* Ein einfaches Verfahren zur Aufnahme von Fließkurven von Stahl bei Raumtemperatur. Archiv für das Eisenhüttenwesen 32 (1961), S. 331–336.

[187] *Reihle, M.:* Verhalten des Gleitreibungskoeffizienten von Tiefziehblechen bei hohen Flächenpressungen. Diss. Univ. Stuttgart 1959.

[188] *Reissner, J.*, u.a.: Das Grenzaufweitverhältnis beim Kragenziehen in Feinblechen. Maschinenmarkt 82 (1976) Nr. 99, S. 1919–1920.

[189] *Romanowski, W. P.:* Handbuch der Stanzereitechnik. Berlin: VEB Verlag Technik 1965.

[190] *Rotter, F.:* Genaue Werkstücke wirtschaftlich fertigen. Industrie-Anzeiger 26 (1985), S. 17–21.

[191] *Rotter, F.:* Feinschneiden dicker Bleche. Diss. RWTH Aachen 1984.

[192] *Rüdinger, K.:* Zum Umformverhalten von bandgefertigtem Titanblech. Blech, Rohre, Profile 28 (1981) Nr. 6, S. 234–237.

[193] *Sachs, G.,* u. *G. Expey:* Effect of spacing between die in the tandem drawing of tubular parts. Transactions of the ASME (1974), S. 139–143.

[194] *Sachs, G.:* Roll forming and draw-bench forming straight sections. Principles and Methods of Sheet-Metal Fabricating. New York: Reinhold Publ. Corp. 1951.

[195] *Sanson, M.:* Blechformung durch Streckziehpressen. tz für praktische Metallbearbeitung 61 (1967) Nr. 3, S. 147–149.

[196] *Schäfer, R.:* Feinschneiden und Umformen elektrotechnischer Bauteile. Schweizer Präzisions-Fertigungstechnik (1993), S. 30–34.

[197] *Schilling, R.:* Umform-Eigenspannungen in Blechen berechnen mit der FE-Methode. Bänder, Bleche, Rohre 34 (1993) Nr. 7, S. 29–32, S. 37–38.

[198] *Schlosser, D.:* Geometrische Eigenschaften tiefgezogener kreiszylindrischer Näpfe. Bericht Nr. 45 aus dem Institut für Umformtechnik der Univ. Stuttgart. Essen: Girardet-Verlag 1977.

[199] *Schmelzer, M.:* Mechanismen der Strahlerzeugung beim Wasser-Abrasivstrahlschneiden. Diss. RWTH Aachen 1994.

[200] *Schmidt, W.:* Die senkrechte Anisotropie von Feinblechen. Blech, Rohre, Profile 25 (1978), S. 271–275.

[201] *Schmoeckel, D.,* u. *S. Schlagau:* Verbesserung der Verfahrensgrenzen beim Kragenziehen durch Überlagerung von Druckspannungen. Annals of the CIRP 37 (1988) Nr. 1, S. 271–274.

[202] *Schneider, Ch.,* u. *W. Prange:* „Tailored blanks“ – ein Werkstoff für neue Formen der Konstruktion. Thyssen Technische Berichte (1992) Nr. 1, S. 97–106.

[203] *Schörken, H.:* Feinschneiden genauer als 0,01 mm. Der Zuliefermarkt (1992) Okt., S. 173–176.

[204] *Schröder, G.*, u. *H. Rydstad:* Isothermschmieden – ein neuer Weg zum Präzisionsumformen. Werkstatt und Betrieb 118 (1985) Nr. 6, S. 315–320.

[205] *Schuler, L.:* Handbuch für die spanlose Formgebung. Stuttgart: Ernst-Klett-Verlag 1964, s. bes. S. 99–107.

[206] *Schwager, A.*, u.a.: Neue Verfahrenskombinationen Umformen-Spanen. Blech, Rohre, Profile 34 (1987) Nr. 11, S. 739–742.

[207] *Sellin, W.:* Tiefziehtechnik. Berlin, Heidelberg, New York: Springer-Verlag 1955.

[208] *Semlinger, E.:* Stanztechnik; 2. Aufl. Braunschweig: Vieweg-Verlag 1973.

[209] *Semrau, H.:* Erzeugen von oxidfreien Schnittflächen durch Laserstrahlschneiden. Diss. Univ. Hannover 1989.

[210] *Siebel, E.:* Grundlagen und Begriffe der bildsamen Formgebung. Düsseldorf: VDI-Verlag 1962.

[211] *Siebel, E.*, u. *H. Beisswänger:* Tiefziehen. München: Hanser-Verlag 1955.

[212] *Siebel, E.*, u. *H. Weiss:* Untersuchungen über das Abstrecken. Mitt. d. Forschungsgesellschaft Blechverarbeitung (1954) Nr. 11.

[213] *Siebel, E.:* Werkstoffmechanik. VDI-Z 14 (1952), S. 465–471.

[214] *Siegert, K.*, u. *T. Werle:* Verfahrenskombination verbessert Umformteile aus Blech. Wissenschaft und Technik 4 (1992), S. 66–68.

[215] *Singer, H.:* Wirtschaftliches Feinschneiden mit optimalen Werkstoffen. Technische Rundschau (1976) Nr. 12, S. 13–14; Nr. 19, S. 19–21.

[216] *Spallarassa, G.*, u. *R. Gropetti:* Numerisch gesteuertes Streckziehen. Werkstatt und Betrieb 114 (1981) Nr. 8, S. 565–567.

[217] *Spur, G.*, u. *Th. Stöferle:* Handbuch der Fertigungstechnik, Bd. 2/3: Umformen, Zerteilen. München, Wien: Hanser-Verlag 1985.

[218] *Spur, G.:* Handbuch der Fertigungstechnik, Bd 2/1: Umformen. München, Wien: Hanser-Verlag 1983.

[219] *Stahl, W.:* Schneller Wechsel. Maschinenmarkt 99 (1993) Nr. 35, S. 32–35.

[220] *Stahl, W.:* Schonende Behandlung der Oberfläche. Schweizer Maschinenmarkt 37 (1992), S. 24–29.

[221] *Strassburger, Ch., O. Maid, W. Müschenborn, W. König* u. *F. Rotter:* Feinschneidbarkeit von Warmbändern aus höherfesten, mikrolegierten und sulfidkontrollierten Feinkornbaustählen. Thyssen Techn. Berichte 2 (1982), S. 146–153.

[222] *Strasser, F.:* Blechdurchzüge. Werkstatt und Betrieb 113 (1980) Nr. 1, S. 50–52.

[223] *Stromberger, C.,* u. *K.O. Pfaff:* Lochen von austenitischen Feinblechen mit Stempeln kleinen Durchmessers. Werkstatt und Betrieb 103 (1970) Nr. 2, S. 135–140.

[224] *Suy, J.:* Ziehen unregelmäßiger Blechteile. Industrie-Anzeiger 99 (1977), S. 1704–1706.

[225] *Thamasett, E.:* Kräfte und Grenzformänderungen beim Abstreckdrücken zylindrischer, rotationssymmetrischer Hohlkörper aus Aluminium. Diss. Univ. Stuttgart 1961.

[226] *Thomsen, T.H.,* u.a.: The forming of superplastic sheet-metal in bulging dies. Final Report „Deformation processing of anisotropic materials", MIT 1969.

[227] *Timmerbeil, F.W.:* Der Einfluß der Schneidkantenabnutzung auf den Schneidvorgang am Blech. Werkstattechnik und Maschinen 46 (1956), S. 58–66.

[228] *Tölke, K.D.:* Unerwünschte Verformungen und Profilverkrümmungen beim Walzprofilieren. Diss. Univ. Hannover 1970.

[229] *Trisevskij, I.S., V.V. Klepanda* u. *F.I. Skokov:* Kaltgeformte Stahlleichtprofile. Berlin: Büro Neue Technik WB Stahl- und Walzwerke 1964.

[230] *Tschätsch, H.:* Taschenbuch der Umformtechnik; Verfahren, Maschinen, Werkzeuge. München, Wien: Hanser-Verlag 1977.

[231] *Wagner, S.:* Einfluß der Blechoberfläche und des Werkzeugs auf das tribologische Verhalten beim Tiefziehen und Streckziehen. Maschinenmarkt 98 (1992) Nr. 12, S. 24–31.

[232] *Vater, M.,* u. *H. Stapper:* Biegen von Grobblechen zu U-Profilen mit Gegenhalter. Mitt. d. Deutschen Gesellschaft für Blechverarbeitung und Oberflächenbehandlung 21 (1970), S. 153–155.

[233] *v. Wedel, E.:* Die geschichtliche Entwicklung des Umformens in Gesenken. Düsseldorf: VDI-Verlag 1969.

[234] *Weimar, G.:* Messung und Beeinflussung von Kantendehnungen beim Walzprofilieren. Industrie-Anzeiger 90 (1968), S. 2012–2013.

[235] *Weimar, G.:* Längsdehnungen und Verwerfungen beim Bandprofilwalzen. Diss. Univ. Hannover 1966.

[236] *Wend, E.F.:* Aussagekraft der Werkstoffkenngrößen für das Umformverhalten rost- und säurebeständiger Bleche und Bänder. VDI-Z 113 (1971) Nr. 8, S. 582–588.

[237] *Wilken, R.:* Das Biegen von Innenborden mit Stempeln. Mitt. d. Forschungsgesellschaft Blechverarbeitung (1958), S. 56–63.

[238] *Winter, R.E.,* u. *I.M. Hutchings:* Solid particle erosion studies using single angular particles. Wear 29 (1974), S. 181–194.

[239] *Witthüser, K.-P.:* Untersuchung von Prüfverfahren zur Beurteilung der Reibungsverhältnisse beim Tiefziehen. Diss. Univ. Hannover 1980.

[240] *Zicke, G.:* Automatisierung in der Umformtechnik am Beispiel des Walzrundens. Industrie-Anzeiger 101 (1979) Nr. 79, S. 72–76.

[241] *Ziegler, W.:* Die Näpfchenprüfung nach Swift. Industrie-Anzeiger 91 (1969), S. 2250–2252.

[242] *Ziegler, W.:* Die Bedeutung des Werkstoffs für die Grenzformänderung beim Tiefziehen metallischer Werkstoffe. Diss. TU Berlin 1966.

[243] *Zika, J.,* u. *J. Reißner:* Beanspruchungs- und fertigungsgerechte Werkstoffauswahl in der Blechumformtechnik. Fertigung (1972) Nr. 1, S. 9–15.

[244] *Zünkler, B.:* Der Einfluß der Werkstoffverfestigung auf die Ziehkraft und das Grenzziehverhältnis beim Tiefziehen. Blech, Rohre, Profile 20 (1973), S. 343–346.

[245] *N.N.:* Werkzeugwechsler für Gesenkbiegepressen. Blech, Rohre, Profile 41 (1994) Nr. 2, S. 116.

[246] *N.N.:* Schneiden mit CO_2-Lasern. Hrsg. VDI-Technologiezentrum Physikalische Technologien. Düsseldorf: VDI-Verlag 1993.

[247] *N.N.:* Firmenschrift der Fa. GSA, Aalen 1992.

[248] *N.N.:* MAGNEFORM zum Fügen und Formen, Firmenschrift der Fa. Pulse Power GmbH, Dortmund.

[249] *N. N.:* Schnelle magnetische Umformung. Ein Projekt der PPT, gefördert vom Land Nordrhein-Westfalen, Förderungskennzeichen Nr. 335-88-40, Dortmund 1991.

[250] *N. N.:* Lieferprogramm der Firma Brockhaus, Plettenberg.

[251] *N. N.:* Die rationelle Fertigung von Fahrzeugrädern. Technische Mitteilungen Nr. 12 der Fa. Leifeld & Co., Ahlen.

[252] *N. N.:* Entwicklungen und Trends beim Metalldrücken. Blech, Rohre, Profile 29 (1982) Nr. 6, S. 255.

[253] *N. N.:* Mitteilungen der Firma MBB/VFh Bremen 1982.

[254] *N. N.:* Fertigung von Präzisionsrohren mit CNC-gesteuerten Streckdrückmaschinen. Industrie-Anzeiger 102 (1980) Nr. 43, S. 22–23.

[255] *N. N.:* Technische Mitteilung Nr. 362 der Fa. Fuchs, Mannheim 1990.

[256] *N. N.:* Herstellung von rotationssymmetrischen Hohlkörpern durch Drücken. Industrie-Anzeiger 103 (1981) Nr. 92, S. 22–23.

[257] *N. N.:* Kaltscheratlas.

[258] *N. N.:* Streckziehpressen. Firmenschrift der Fritz Müller Pressenfabrik, Esslingen 1972.

[259] *N. N.:* Verbessertes Streckbiegeverfahren. Luftfahrttechnik (1955) Nr. 7, S. 13.

[260] Produktion im Produzierenden Gewerbe. Wiesbaden: Statistisches Bundesamt (Hrsg.), Fachserie 4, Reihe 3.1, 1992.

[261] Stahl-Eisen-Prüfblatt 1126: Ermittlung der senkrechten Anisotropie (r-Wert) von Feinblech im Zugversuch. Hrsg. Verein Deutscher Eisenhüttenleute. Düsseldorf: Verlag Stahleisen 1984.

[262] Verein Deutscher Eisenhüttenleute (VDEh): Herstellung von kaltgewalztem Band. Düsseldorf: Verlag Stahleisen 1970.

[263] DIN 2310: Thermisches Schneiden; Laserstrahlschneiden von metallischen Werkstoffgruppen; Verfahrensgrundlagen, Güte, Maßtoleranzen. Blatt 5. Hrsg. Deutsches Institut für Normung. Köln, Berlin: Beuth-Verlag. Ausg. Dezember 1990.

[264] DIN 8580: Fertigungsverfahren. Hrsg. Deutsches Institut für Normung. Köln, Berlin: Beuth-Verlag. Ausg. Juni 1974.

[265] DIN 8583: Fertigungsverfahren Druckumformen. Hrsg. Deutsches Institut für Normung. Köln, Berlin: Beuth-Verlag. Ausg. 1970.

[266] DIN 8584: Fertigungsverfahren Zugdruckumformen. Hrsg. Deutsches Institut für Normung. Köln, Berlin: Beuth-Verlag. Ausg. 1971.

[267] DIN 8585: Fertigungsverfahren Zugumformen. Tiefen: Unterteilung und Begriffe. Blatt 4. Hrsg. Deutsches Institut für Normung. Köln, Berlin: Beuth-Verlag. Ausg. April 1971.

[268] DIN 8586: Fertigungsverfahren Biegeumformen. Einordnung, Unterteilung, Begriffe. Hrsg. Deutsches Institut für Normung. Köln, Berlin: Beuth-Verlag. Ausg. April 1971.

[269] DIN 8588: Fertigungsverfahren Zerteilen. Hrsg. Deutsches Institut für Normung. Köln, Berlin: Beuth-Verlag. Ausg. Juni 1985.

[270] DIN 50101: Tiefungsversuch an Blechen und Bändern nach Erichsen. Blatt 1–2. Hrsg. Deutsches Institut für Normung. Köln, Berlin: Beuth-Verlag. Ausg. September 1979.

[271] DIN 50111: Technologischer Biegeversuch (Faltversuch). Hrsg. Deutsches Institut für Normung. Köln, Berlin: Beuth-Verlag. Ausg. 1977.

[272] DIN 50114: Zugversuch ohne Feindehnungsmessung an Blechen, Bändern oder Streifen mit einer Dicke unter 3 mm. Hrsg. Deutsches Institut für Normung. Köln, Berlin: Beuth-Verlag. Ausg. 1981.

[273] DIN 50153: Hin- und Herbiegeversuch an Blechen, Bändern oder Streifen mit einer Dicke unter 3 mm. Hrsg. Deutsches Institut für Normung. Köln, Berlin: Beuth-Verlag. Ausg. 1979.

[274] VDI 2906: Schnittflächenqualität beim Schneiden, Beschneiden und Lochen von Werkstücken aus Metall. Blatt 5: Feinschneiden. Hrsg. Verein Deutscher Ingenieure. Ausg. Mai 1994.

[275] VDI 2906: Schnittflächenqualität beim Schneiden, Beschneiden und Lochen von Werkstücken aus Metall. Blatt 10: Abrasiv-Wasserstrahlschneiden. Hrsg. Verein Deutscher Ingenieure. Ausg. Mai 1994.

[276] VDI 3141: Ziehen über Wulste. Hrsg. Verein Deutscher Ingenieure. Ausg. Juni 1965.

[277] VDI 3142: Gummi-Zug-Schnitt-Verfahren. Hrsg. Verein Deutscher Ingenieure. Ausg. 1965.

[278] VDI 3200: Fließkurven metallischer Werkstoffe. Hrsg. Verein Deutscher Ingenieure. Ausg. April 1982.

[279] VDI 3345: Feinschneiden. Hrsg. Verein Deutscher Ingenieure. Ausg. 1980.

[280] VDI 3359: Blechdurchzüge, Fertigungsverfahren und Werkzeuggestaltung. Hrsg. Verein Deutscher Ingenieure. Ausg. 1971.

[281] VDI 3367: Richtwerte über Steg- und Randbreiten in der Stanztechnik. Ermittlung der Streifen- und Werkstückanzahl. Hrsg. Verein Deutscher Ingenieure. Ausg. Juli 1970.

[282] VDI 3389: Biegeumformen, Blatt 1: Technologie. Hrsg. Verein Deutscher Ingenieure. Ausg. April 1971.

[283] VDI 3389: Biegeumformen, Blatt 2: Abbiegewerkzeuge für U- und winkelförmige Biegeteile. Hrsg. Verein Deutscher Ingenieure. Ausg. Januar 1975.

[284] VDI 3389: Biegeumformen, Blatt 3: 90°-Keilbiegen. Hrsg. Verein Deutscher Ingenieure. Ausg. Juli 1973.

Sachwörterverzeichnis